JN188393

日本の戦時科学技術動員体制

— 軍産学連携と研究助成の制度化 —

水沢　光著

吉川弘文館

目　　次

第2章　対日技術封鎖下の基礎研究シフト

第3章　技術院設立と科学技術振興

第Ⅱ部 研究助成の制度化と戦後への連続

第1章 科学技術動員と軍産学の連携

第2章 科学研究費交付金の創設

序章　先行研究と本書の課題

は じ め に

　科学・技術への国家的支援が現在のような形で制度化されるのは，2つの世界大戦期の科学技術動員を契機としてである。日本においては，特にアジア・太平洋戦争期の取り組みによって，科学・技術への国家的な振興が本格化した。国家総動員体制を構築する中で，社会の他の多くの部門と同様に，科学・技術についても戦争遂行のための指導統制が進められたのである。戦時期に本格化した科学・技術への支援や統制は，戦後も形を変えて生き残り，現在の科学技術政策へと繋がっている。

　本研究では，アジア・太平洋戦争期の科学技術動員を分析し，戦時中にもかかわらず基礎研究が奨励されたこと，対日技術封鎖の拡大が基礎研究重視の傾向を促進したことを明らかにする。本書刊行によって，対日技術封鎖の実態，それに対する日本側の認識や反応などに関する部分を大幅に拡充した。日本においては，近年，科学技術政策がイノベーション重視の傾向を強めるとともに，科学研究と安全保障の関わりが注目されるなど，社会における科学研究のあり方が問題となっている。本研究の内容が基礎研究の社会的位置づけについて，議論を深める上での一助となればと期待している。

第1節　本研究の目的と先行研究

1　科学技術動員と科学研究

　第二次世界大戦期の科学技術動員に関しては，米英で原爆開発やレーダー開発などの大規模なプロジェクト型の研究開発が実施され，多額の資金と多数の研究者を動員するビッグサイエンス（巨大科学）の起源となったことが知られている。アメリカの原爆開発プロジェクト「マンハッタン計画」では，総額

20億ドルの資金が投入され，10万人以上の科学者や技術者が動員された。科学研究のあり方の変容に応じて研究の目的も変化し，社会的な活動としての科学研究は，研究者の知的好奇心に基づく「好奇心駆動型」から，研究活動に資金を提供する国家や企業の打ち出す課題（ミッション）を解決する「課題解決型」へと移り変わったとされる。また，戦時の科学技術動員は，軍部・軍需産業・学術界の連合体が政治的・社会的に過剰な影響力を持つ「軍産学複合体」の起源としても注目されてきた。欧米での科学技術動員の経験は，現代的な科学技術政策の起源となり，社会における科学研究のあり方や科学研究に大きな影響をもたらしたと捉えられてきたのである。

さらに近年の研究では，科学技術政策の黎明期であった20世紀前半は，イノベーション概念の歴史を考える上でも画期と位置づけられている。欧米のイノベーション概念について研究しているブノワ・ゴダン[1]は，既に1945年以前から，基礎研究から応用研究が生まれるとする概念が英米圏において広がっていたことを指摘している。基礎研究および応用研究に関するこうした考え方は，戦後社会において，イノベーション概念におけるリニアモデルへと結実することなる。

第二次世界大戦後の先進国の科学技術政策は，イノベーションについてのリニアモデルを前提としていた。リニアモデルとは，「科学的発見から新しい技術や産業が生まれる」という見方で，「基礎研究→応用研究→開発研究→生産」という直線的（linear）なプロセスを前提としたイノベーションの捉え方である[2]。1945年7月にアメリカ科学研究開発局（Office of Scientific Research and Development：OSRD）局長のヴァネヴァー・ブッシュ（Vannevar Bush）が大統領に提出した報告書「科学—果てしなきフロンティア」[3]は，リニアモデルの考え方をベースにして，基礎研究の重要性を訴えた。科学行政官として戦時の科学技術動員に携わったブッシュは，戦後においても，基礎研究を支援することで，雇用創出・国民の健康・安全保障に資すると主張したのである。ブッシュの報告書は戦後アメリカの科学政策に大きな影響を与え，冷戦期には，大学などの基礎研究に対する連邦政府からの資金提供が大幅に増加することになった。

戦時中にもかかわらず基礎研究が重視されたことを示す本書の内容は，1940年代において世界的に基礎研究が重視されていたことを示唆する。本研究は，

同時期の日本においても，基礎研究が応用研究を生み出すという概念が共有されていたこと，技術封鎖をきっかけにして戦後の欧米諸国よりも一足早く基礎研究重視の施策がとられたことを明らかにしている。

　世界的にみると，欧米諸国のような科学研究の先進国はごく一部で，当時の日本のような後発国や途上国が数の上では多数を占める。日本の科学技術動員の歴史は，リニアモデルの世界的な広がりを考える上でも，また，先進の欧米諸国の状況を再検討する上でも参考になるものと思われる。技術封鎖というと，関係の断絶というイメージが先行するが，現実には，技術交易を持つ関係性が存在した上で途絶という状況に至るもので，途絶に至る過程で両国は相互に影響を受けることになる。本研究は，後発国の技術開発が先進国の基礎研究に依存しているという考え方が既に生まれていたこと，欧米諸国が安全保障に直結するものとして基礎研究を位置づけ対日封鎖を実施したこと，対日封鎖が基礎研究振興をもたらし自主技術の開発を促したことを明らかにする。本書のこうした成果により，国際社会における基礎研究についての認識を，より立体的に捉えることができるだろう。

2　日本の科学技術動員

　日本の科学技術動員には顕著な成果がなかったことから，戦後直後から科学者や技術者を効率的に動員することに失敗したとの評価がなされてきた。占領軍の調査[4]では，日本での新技術の開発が，アメリカ・ドイツに比べてはるかに遅れていたと述べ，開発が遅れた要因を以下のように指摘した。最大の原因は，陸海軍が，軍部における技術的な課題解決のために，大学の科学者を効果的に動員することに失敗したことである。日本には，適切に動員されたならば重要な貢献をなしたであろう多くの科学者がいたが，科学技術動員のための適切な組織がなく，また陸軍と海軍との間の協力関係がほとんどなかったために，研究開発は進まなかった。アメリカの科学研究開発局にならって，政府の科学技術動員の中枢機関として技術院が創設されたが，陸海軍の協力が得られなかったため，技術院は十分に機能を発揮できなかった。

　日本の動員体制が非効率的なものだったという指摘は，既に戦時中からみられ，戦時下の新聞などでも，研究組織の重複などの問題がたびたび批判されて

きた。占領軍調査に結実したこうした評価は，新兵器開発に結びつかなかった日本の科学技術動員体制の問題点を，端的に示したものといえるだろう。動員体制の非効率性についての指摘は，その後も繰り返しなされてきた。ウォルター・グルンデンは，ビッグサイエンスの形成の失敗という観点から，日本の科学技術動員を論じている[5]。グルンデンによれば，アメリカのマンハッタン計画やイギリスの空洞マグネトロン，ドイツのV2ロケットなどの新兵器開発は，科学・経済・国家という3つの要素の相互作用により，ビッグサイエンスを形成した。これに対して，日本では，核兵器・レーダー・ミサイルなどの研究開発プロジェクトが戦時中に実施されたが，終戦までに本格的に実用化されたものは1つもない。グルンデンは日本がビッグサイエンスの形成に失敗した原因として，資源の欠乏・工業力不足と並んで，非効率な動員体制があったことを指摘し，陸海軍の縄張り意識や各省庁のセクショナリズムによって，様々なレベルで不合理な組織の重複に悩まされたことを述べている。

　一方で，1970年代以降の廣重徹らの研究により，日本の動員では，研究助成制度など科学研究の基礎的条件の整備に重きが置かれたことが明らかとなってきた。廣重は，日本を中心にした20世紀前半の科学技術政策の通史をまとめるなかで[6]，戦時期の科学技術動員の分析にもかなりの紙幅を割いている。廣重も，占領軍調査と同様に，日本の科学技術動員の特徴として，研究の小規模性，科学者のイニシアティブの弱さ，行政組織の重複や研究組織のセクショナリズムなどの非効率性をあげている。一方で，動員が始まる以前に近代的な学界体制ができあがっていた欧米諸国に対し，日本では科学研究の基礎的条件を作り出すことを動員と並行して行わなければならなかったと指摘し，動員体制の下で研究費が増加し，共同研究が一部で進展するなど科学研究活動は空前の規模に達したとしている。そして，科学技術動員によって，科学行政の経験が積まれ，科学研究費や研究機関，理工系の教育機関などが設立されたことで，戦後の科学振興へと繋がったと評価している。

　科学技術動員の経験が戦後へと繋がったとする認識は，科学技術庁科学技術政策研究所のまとめた科学技術政策の通史においても共有されている。科学技術庁科学技術政策研究所監修『日本の科学技術政策史』（未踏科学技術協会，1990年）では，戦時の科学技術動員は必ずしも成功したとはいえないとしつつ

も，科学技術の振興方策に関する議論や経験が積まれたこと，科学研究費交付金などの制度の整備，研究費の増大による研究活動の活発化，理工系人材養成の拡大などが，戦後の科学技術政策の進展や，経済および科学技術の発展に寄与したと指摘している。

　さらに，沢井実らの研究により，科学と技術の関係が比較的希薄な戦時期日本において，軍・産業界・大学などの共同研究が奨励されたことで，戦後の産学連携の発展に繋がったことなどが明らかにされてきた。沢井は第一次世界大戦から戦後の高度成長期までの日本の研究開発体制（ナショナル・イノベーション・システム）の特質を，詳細なデータを用いて実証的に提示している[7]。戦時中には，大学や官公私立の科学者技術者は個人単位では陸海軍の各種試験研究機関に嘱託として動員され，大学などの研究機関は軍の研究機関に丸ごと動員されたことを示し，共同研究が深化したことを述べている。戦後は逆に技術の軍民転換が進んだが，戦時動員のもとで形作られた官産学の連携体制には強い連続性が認められることを明らかにしている。

　また，平本厚らは，戦時までは組織の利害が強く，共同研究開発が成立しにくい状況であったが，戦時期になると，欧米からの技術輸入の途絶や軍事的要請などから科学技術動員が進められ，共同研究が促進されたとする[8]。事例分析として，「第3章　真空管技術と共同研究開発の生成」（平本厚）で戦前から戦中における共同研究の開始と広がりを，「第4章　半導体技術の発展を支えた共同研究」（青木洋）で戦中から戦後の共同研究を，「第5章　音響兵器から魚群探知機へ」（沢井実）で戦時から戦後への技術の軍民転換と共同研究を取り上げ，戦時期の経験により産官学の垣根が決定的に低下したと評価している。

　本研究は，戦時動員を通じて科学研究の基礎的条件の整備が進んだとする先行研究をさらに発展させるものと位置づけることができるだろう。本書では，航空技術分野の研究機関の整備（第Ⅰ部）と研究助成制度（第Ⅱ部）に焦点をあて，戦時中に研究の基礎的条件が整備されていったこと，整備された研究体制が戦後へと引き継がれたことをみていく。分析にあたっては，特に戦時中にもかかわらず基礎研究が奨励されたことに注目して，日本の科学技術動員の特徴を浮き彫りにすることを目指した。

3 技術院の設立・対日技術封鎖・研究助成

　本書第 I 部で取り上げた技術院の設立については，これまで技術官僚のイニシアティブが注目されてきた。大淀昇一は，企画院の技術官僚であった宮本武之輔を通して，官僚組織内における技術官僚の地位向上運動とからめて，技術院設立に掲げた 1941 年の「科学技術新体制確立要綱」成立までを詳述している [9]。「技術者運動」は，官僚組織内の地位向上と国家政策への発言権の拡大をめざすものとして，大正時代から続いてきたものであった。科学・技術の質が勝敗を決する総力戦下で，こうした「技術者運動」が活発化し，技術官僚の政治参画が実現したことを，大淀は実証的に明らかにしている。大淀は，技術官僚によって当初計画された技術院が，技術行政の統一機関をめざすものであり，その行政領域はあらゆる部門の科学技術を対象とする計画であったことを指摘している。

　また，技術院施策については，動員と並行して，科学振興を含むものであったことが先行研究によって明らかにされている。山崎正勝は，「井上匡四郎文書」に基づき，技術院において実際に行われた科学技術動員の制度的な特徴を論じている [10]。山崎は，技術院における科学技術動員の特徴として，当初から科学技術振興と動員の二重の構造を持っていたこと，基礎研究を大きく含む研究動員が行われたことを指摘している。

　以上のような実証的な研究にもかかわらず，技術院の指導した研究活動が，軍の研究開発とどのような関係にあったのかについては，先行研究では十分に解明されていない。政府の科学技術動員の中枢機関として誕生した技術院では，航空技術に関する研究が中心的課題であったことが知られている。技術院は行政官庁であったため，実際の研究活動は，技術院から委託・命令を受けた官民における研究機関で行われた。技術院が指導したこれらの研究活動が，軍部・民間航空機製造会社における研究開発とどのような関係にあったのか，航空技術に関わる研究開発全体の中での意味・役割は不明のままになっている。

　これに対し本書では，これまで，ばらばらに扱われてきた政府と軍部の研究開発体制を関連させて分析することにより，太平洋戦争期において，軍部が政府の研究機関に求めた研究開発上の役割が変化したことを明らかにする。応用

研究の推進一辺倒から，「比較的基礎的ト見ラル、科学技術」を含むものへと，航空研究戦略が変容したことを示す。そして，海外技術からの自立期にあった後発工業国・日本における，研究開発の置かれた状況と関係づけて，日本の科学技術政策の特徴を分析する。

応用研究推進から基礎研究重視への転換は，対日技術封鎖が引き金となった。1930 年代末の対日技術封鎖については，太平洋戦争開戦の引き金の 1 つとなった対日経済封鎖の前哨戦として取り上げられる場合が多く，詳細な状況や日本側の対応について，ほとんど研究されてこなかった[11]。これに対し本書では，日本の科学技術動員に影響を与えた重要な問題として，対日技術封鎖そのものに焦点をあてて，その実情とインパクトを明らかにした。

科学技術政策の分野では，1990 年代前半の日本において，応用研究重視から基礎研究振興へと施策が転換する「基礎研究シフト」が起こったことが知られている。日米貿易摩擦の激化した 1980 年代には，日本が海外の技術開発の成果を横取りしているとする，いわゆる「基礎研究ただのり論」が欧米諸国から声高に主張された。こうした批判を受けて，1990 年代前半の日本では，海外依存からの脱却や国際社会への貢献などを意図して，研究機関などで基礎研究シフトが起こり，1995 年には科学技術基本法が成立することとなった。時代状況は異なるが，1940 年代はじめにおいても，海外技術に頼ることが難しくなる中で，同様の基礎研究シフトが起こったといえるだろう。

本書第Ⅱ部で取り上げた科学研究費交付金については，創設の経緯や社会的背景をめぐって，これまで様々な指摘がなされてきたが，資料的裏付けが乏しいこともあり，十分なものとはいえない。廣重徹は，1938 年 5 月に予備役陸軍大将の荒木貞夫が文部大臣に就任したのをきっかけにして，文部省が科学行政に積極的になったと述べ，科学振興調査会の設置や科学研究費交付金の創設に関しても，荒木の個人的な影響が大きかったと評価している[12]。しかし，本書第Ⅱ部第 2 章で述べるように，荒木が文部大臣に着任する以前から，文部省は学術行政の貧困を認めて政策の転換を模索しており，廣重の主張は，こうした状況と矛盾する。

一方，沢井実は，文部省と企画院の対立に焦点をあて，企画院による科学審議会設置に対抗して，文部省が科学振興調査会を設置したと説明している[13]。

沢井の主張は，当時の文部省の施策を理解する上で重要な指摘であるが，そうした文部省の政治的意図とは別に，戦時下で基礎研究を重視する政策が実行されるに至った社会経済的背景についても，検討することが必要だと思われる。本書では，応用研究奨励だけの施策が行き詰まり，1939年に基礎研究重視の科学研究費交付金が設置されたこと，対日封鎖への危惧が，具体化しつつあった科学振興策の実施を後押しする役割を果たしたことを明らかにした。また，研究助成の制度が戦後に引き継がれたという廣重の指摘をさらに深掘りし，研究分野別の配分状況などを分析することで，幅広い分野の基礎研究を助成する体制が戦後へと引き継がれたことを示した。

科学研究費交付金の設立以前からあった日本学術振興会の研究費については，山中千尋が，櫻井錠二の資料をもとに，1932年の日本学術振興会設立までの経過をまとめている[14]。山中は，日本学術振興会の設立意義を，研究助成の仕組みを整えたこと，特に個人研究によって広く研究の機会を与えたことと評価している。本書第II部第2章で示すように，日本学術振興会の研究費は実際には応用研究重視となったが，文部省の科学行政を本格化させ1938年に科学振興調査会設置もたらしたのも，櫻井錠二ら科学界の進言だった。学術振興を求める櫻井らの主張が，時期によって異なる結果をもたらしたことは興味深い。

4　研究者の社会的責任と大量破壊兵器

戦時動員をめぐっては，科学者の戦争協力についての研究や社会的責任に関する議論が積み上げられてきた。欧米では，特にナチス支配下の科学者とナチスとの関係が注目され，科学者をナチスへの協力者／非協力者に区分する議論もなされた。しかし，研究が深まるにつれ，多くの科学者は協力とも非協力とも単純には区分できないグレーゾーンに位置することがわかってきた。日本においても，戦時動員された多くの科学者の状況は複雑で，軍との関係を評価することは簡単ではない。戦時中の日本の核開発を分析した山崎正勝は，軍に対する核物理学者たちの態度を「消極的なアコモデーション」と評価している[15]。「アコモデーション」は積極的な協力ではない便宜供与を意味しており，科学者の戦争協力をめぐる研究において，積極的な協力を意味する「コラボレーション」と区別される概念である。陸軍の原爆開発の中心となった仁科芳雄

は，軍や政府のやり方に抗議するわけでもなく軍の研究に携わったが，戦時中に原爆ができないと認識しながら，サイクロトロンによる基礎研究を進めたと，山崎は指摘している。日本における戦争協力についての評価が難しいのは，軍自身が，原爆製造などの開発だけでなく，核物理学の基礎研究を奨励したことである。1951 年の日本学術会議によるアンケートにおいて 1 割を超える研究者が，戦時中（1940〜44 年）が「最も自由に研究ができた」と回答したことも，戦時における研究費の増加や研究環境の整備と無関係ではないだろう [16]。戦時下において幅広い基礎研究が奨励されたことを示す本研究は，科学者の戦争協力や社会的責任についての議論を実態に即して進める上でも，重要な意味を持つだろう。

なお，ここまで日本では，欧米ほどの規模でのプロジェクト型の研究開発は実施されなかったと述べてきたが，近年の研究によって，まとまった規模での大量破壊兵器の開発が実施されたことが明らかになってきている。常石敬一は，1930 年代初頭から終戦までの陸軍軍医学校防疫研究室および 731 部隊の活動，戦後の米軍への極秘情報の提供までを明らかにしている [17]。吉見義明・松野誠也は，ともに毒ガス戦について包括的に扱い，前者は毒ガスの実戦使用に関して詳しく論じており [18]，後者は毒ガス兵器の開発における科学者の関与についても触れている [19]。渡辺賢二・山田朗は，生物化学兵器の開発をおこなった陸軍登戸研究所の活動内容を明らかにしている [20]。大量破壊兵器の問題については，本書ではほとんど触れることができなかったが，日本の動員の全体像を描くには，化学兵器や生物兵器の開発を含めた解明が必要となるだろう。

第 2 節　本研究の課題

本書の目的は，科学技術動員における多岐にわたる施策の中でも，基礎的な研究，幅広い科学研究の振興が進められた点に注目して，国家による科学技術振興の内実を歴史的に考察することである。戦時中にもかかわらず基礎的な研究が重視されたことは，日本の科学技術動員の重要な特徴の 1 つであり，自主技術の確立をめざしつつも海外技術に依存した状況を脱し切れていなかった当時の日本の状況をよく反映している。基礎的な研究への助成がどのような目的

や経緯で開始されたのかを検討し，国家による科学技術振興の意味を再検討してみたい。

　分析を進める際には，軍部と科学・技術の関係を明らかにするため，研究機関に対する陸軍の要求の変化に着目した。陸軍は科学者・技術者を軍事研究へと取り込むために，動員策の立案，政府への要求を繰り返し行った。政治力の強い陸軍の要求は，政府が科学技術動員を進める直接的なきっかけとなった。各時期の陸軍の要求を分析することで，科学・技術への期待の内容やその社会的背景を実証的に明らかにすることができるだろう。さらに，戦時動員に協力することで科学者側が社会的な発言力を高めた点についても検討した。

　また，軍の要求を変化させ基礎研究シフトをもたらした1930年代末の対日技術封鎖の実状を明らかにすることにも注力した。対日技術封鎖については，これまで経済封鎖の前段階として簡単に触れられるばかりで，全体像が十分に解明されてこなかった。どのような武器がいつまで輸入されていたのか，海外の学術雑誌がいつまで入手できたのか，といった基本的事実を明らかにするとともに，対日封鎖からみえる日本の技術開発の限界や，封鎖がもたらした科学技術動員への影響を分析した。

　本研究を進めるにあたっては，科学技術動員の拡大を求める軍，大学などの研究機関，内閣における科学技術動員の中枢機関となった技術院の技術官僚，現場の科学者，文部省，対日技術封鎖に直面した在外公館など，多様なセクターの資料を分析し，科学技術動員について立体的に分析することを心がけた。

　さらに，戦時の科学技術動員と戦後の科学技術政策の関係についても検討した。1939年に創設された科学研究費交付金の分野別の割合について，戦時から戦後の25年間にわたり分析することで，単に研究助成の制度が戦後に引き継がれただけではなく，研究助成の内容面においても連続していることを示した。

　資料としては，アジア・太平洋戦争期の科学技術動員に関して，陸軍・技術院・文部省などの行政機関や大学などで作成された行政文書を主に用いた。防衛省防衛研究所戦史研究センター所蔵資料，國學院大学図書館蔵の「井上匡四郎文書」（マイクロフィルム版を利用），東京大学文書館所蔵の「内田祥三関係資料」，国立国会図書館憲政資料室所蔵の「犬丸秀雄関係文書」，国立教育政策研

究所教育図書館所蔵の「本田弘人旧蔵資料」などである。また，行政文書では
わからない研究状況を把握するため，中谷宇吉郎雪の科学館所蔵資料など科学
者の個人資料も一部利用した。

第3節　本書の構成

　第Ⅰ部「戦時期の科学技術動員体制」では，軍部が科学・技術とどのように
関わり，取り込もうとしてきたのかを，航空技術分野を中心に論じた。航空技
術は，当時の最先端の技術分野であり，各国が競って開発を進めようとした技
術であった。各国の科学技術動員において，真っ先に振興対象となったのも航
空技術であった。第1章「航空分野の戦時動員」では，科学技術動員のあり方
に大きなインパクトをもたらした陸軍の要求に注目して，軍が研究機関をどの
ように活用しようとしたのかを明らかにした。まず第1節で，創設時の東京帝
国大学航空研究所の所管をめぐる論争を振り返り，軍や航空機製造会社との関
係が希薄な形で同研究所が設置されたことを示した。第2節では，陸軍におけ
る航空兵力の位置づけが，歩兵を援護する補助兵器という評価にとどまり，海
軍と比べて航空技術に関する研究を外部に頼る傾向があったことから，陸軍が
外部の研究機関に対する要求を強めたことを明らかにした。第3節では，1930
年代半ばの陸軍内の「改革」構想や海外視察団報告書を検討し，外部の航空研
究機関に対して陸軍が応用研究の促進を繰り返し要求していたことを示した。
第4節では，陸軍の要求を契機にして，応用研究を重視する中央航空研究所が
1939年に新設されたことを述べた。第5節では，学理研究を重視してきた東
京帝国大学航空研究所でも，1930年後半以降，陸軍からの委託研究を受け入
れ，軍の研究開発に取り込まれていったことを明らかにした。
　第2章「対日技術封鎖下の基礎研究シフト」では，陸軍の要求を変化させた
対日技術封鎖の実状とそのインパクトを明らかにした。まず第1節で，1938
年に始まったアメリカの対日禁輸政策について概観した。第2節では，禁輸政
策に対する日本側の対応について取り上げ，日本政府が禁輸を重大に受け止め
ていたことを明らかにした。第3節では，アメリカの武器類輸出統計をもとに，
禁輸政策の影響をみるとともに，どのような技術分野で，日本がアメリカに依

存していたのかを分析した。第4節では，1939年後半以降の禁輸政策の強化について触れた。第5節では，1941年にドイツおよびイタリアを訪れた陸軍視察団が，技術封鎖に関連して，新技術を生み出す研究環境の整備などの新たな提言を行ったことを明らかにした。

第3章「技術院設立と科学技術振興」では，技術院での研究課題や研究機関の整備方針は，こうした陸軍の新しい要求に基づくものだったことを示し，研究開発全体の中での，技術院の施策の位置づけを論じた。第1節では，陸軍からの要求のもとで，新設する技術院の所管を航空技術とすること，技術院において航空研究の基盤整備を進めること，中央航空研究所を技術院へ移管することなどが決まったことを述べた。第2節では，技術院での航空研究を分析し，陸軍の求める研究課題を国内の研究機関で小規模分散的に行おうとするものだったことを示した。第3節では，技術院の指導のもとで実施された「航空機着氷防止ノ研究」を事例にして，戦時研究に求められた内容が，戦局の悪化によって変化したことを明らかにした。第4節では，技術院指導下での航空研究機関の整備計画について分析し，陸軍が要求していた航空研究の統制機関設置と航空研究機関の拡充の構想を実現するものだったことを示した。第5節では，前節で計画された航空研究機関が，技術院の指導の下で，実際に設立されたことを述べた。第6節では，移管された中央航空研究所の整備拡充が終戦までにどの程度進捗したのかを論じた。

第Ⅱ部「研究助成の制度化と戦後への連続」においては，研究基盤の整備が不十分であったアジア・太平洋戦争期の日本では，戦時動員体制のもとで，一般的な科学技術振興策が実施されたことを取り上げた。第1章「科学技術動員と軍産学の連携」では，日本の科学技術動員の下で行われた施策の全体像を把握するため，研究開発をめぐる諸施策を，（1）軍産学連携の推進，（2）幅広い科学研究の振興，（3）プロジェクト型の研究開発，（4）一般国民からの発明募集，という4つに分類して概観した。それぞれの施策ごとに，そうした施策が実施されることになった経緯，施策の具体的内容，戦後への影響などを取り上げた。まず第1節で，欧米諸国と比べた日本の科学技術動員の特徴として，どのような議論がなされてきたのかを振り返った。第2節では，（1）軍産学連携の推進について取り上げ，1930年代前半から，欧米諸国を手本に，科学と産

業技術の結びつきを強めようとする施策が実施されたことを述べた。第3節では，1930年代以降，戦時期にもかかわらず，（2）幅広い科学研究の振興が進んでいったことを示した。第4節では，日本では本格的に実施されることのなかった，（3）プロジェクト型の研究開発について扱った。第5節では，実業家で衆議院議員でもあった星一の提案をもとに国策として実施された，（4）一般国民からの発明募集について取り上げた。

第2章「科学研究費交付金の創設」では，前章で述べた（2）幅広い科学研究の振興の代表的事例として，1939年に創設された科学研究費交付金を取り上げた。第1節では，文部省編『学制百年史』が科学研究費交付金設置の理由だと指摘した科学封鎖に関して，科学研究費交付金が設置された時点では，まだ科学封鎖は本格化していなかったことを明らかにした。考察の際には，いつごろから封鎖の動きが顕著になるのかを確定するため，1930年代後半から太平洋戦争開始までの各時期における，海外学術情報の入手状況を分析した。第2節では，日中戦争下で要求される応用研究が進展する中で，研究環境の不備が顕在化し，科学研究費交付金の創設や研究機関の拡充などの科学振興策が求められるようになったことを明らかにした。そして，科学封鎖への危惧が，具体化しつつあった科学振興策の実施を後押しする役割を果たしたことを示した。

補論「文部省の科学論文題目速報事業と翻訳事業」では，戦時中に行われた科学振興施策の事例として，第二次世界大戦期における文部省の科学論文題目速報事業および翻訳事業を取り上げた。同施策は，対日封鎖を少しでも克服しようとする試みとしても興味深い。第1節では，海外情報の途絶下に研究者からの要望を受け，科学論文題目速報事業が立案されたことを示した。第2節では，1942年8月の速報事業開始後の研究者からの反響について述べた。第3節では，1943年8月以降も，電信から外交便による現物送付へ仕組みを替え，人文科学分野の雑誌を収集の対象とするなど，事業を拡大しながら，科学の幅広い分野について速報を行ったことを明らかにした。第4節では，ドイツの戦況悪化により1945年3月頃に事業が終焉したことを述べた。第5節では，翻訳事業の立案と第1回の書籍選定について分析し，大学などの修業年限短縮により，教育上の困難に直面した大学教員からの要望を受け，文部省が事業を開始したことを示した。第6節では，第2回の翻訳書籍選定以降も，教員からの

意向を反映し，大学生向けの教科書などが翻訳書として選定していたことを示した。

　第3章「研究費の分野別割合にみる戦時と戦後の連続性」では，日本学術振興会研究費と科学研究費交付金の分野別割合の分析を通して，幅広い研究分野を振興する体制が，戦時から戦後へと受け継がれたことを明らかにした。第1節では，1933〜44年度の日本学術振興会研究費について取り上げ，その分野別割合が各年度によって激しく変動し，戦時色が強まるのに応じて工学分野への配分が増加したことを述べた。ついで，第2節で，科学研究費交付金の創設当初の分野別割合について検討し，自然科学の各分野に万遍なく研究費が配分されたこと，科学研究費交付金の目的が広範な基礎研究の振興にあり，応用重視の日本学術振興会研究費と相互補完の関係にあったことを示した。第3節では，戦争末期の科学研究費交付金について検討し，万遍なく研究費を配分する体制が，科学の戦力化が叫ばれた戦争末期においても基本的に変化しなかったことを明らかにした。第4節では，戦時中に「大東亜共栄圏建設」を追い風にして，人文科学への助成対象拡大が実現したことを述べた。第5節では，終戦により戦時動員が解除された後も，各分野に万遍なく研究費を配分する体制が，継続・発展したことを示した。第6節では，日本学術振興会研究費と科学研究費交付金の分野別割合を比較検討し，研究費配分における戦時と戦後の連続性について改めて分析を行った。

　終章では，本書の議論をまとめ，日本の動員の特徴について改めて論じた。

　　注

1)　Godin, B., "The Linear Model of Innovation: The Historical Construction of an Analytical Framework," *Science, Technology, & Human Values 31*, no. 6 (2006).

2)　ブノワ・ゴダン著，松浦俊輔訳，隠岐さや香解説『イノベーション概念の現代史』名古屋大学出版会，2021年。

3)　Vannevar Bush, *Science the Endless Frontier*, Washington: United States Government Printing Office, 1945.

4)　General Headquarters United States Army Forces, Pacific, Scientific and Technical Advisory Section, *Report on Scientific Intelligence Survey in Japan, September and October 1945*, 1945.

5)　Walter E. Grunden, *Secret Weapons and World War II: Japan in the Shadow of*

Big Science, Lawrence: University Press of Kansas, 2005.

6) 廣重徹『科学の社会史』中央公論社, 1973 年（2002-03 年に岩波現代文庫で復刊）。

7) 沢井実『近代日本の研究開発体制』名古屋大学出版会, 2012 年。

8) 平本厚編著『日本におけるイノベーション・システムとしての共同研究開発はいかに生まれたか―組織間連携の歴史分析―』ミネルヴァ書房, 2014 年。

9) 大淀昇一『宮本武之輔と科学技術行政』東海大学出版会, 1989 年。

10) 山崎正勝「わが国における第二次世界大戦期科学技術動員―井上匡四郎文書に基づく技術院の展開過程の分析―」『東京工業大学人文論叢』第 20 号, 1994 年, Yamazaki Masakatsu, "The Mobilization of Science and Technology during the Second World War in Japan -A Historical Study of the Activities of the Technology Board Based upon the Files of Tadashiro Inoue-," *Historia Scientiarum*, 5 (1995).

11) 例えば, 細谷千博・斉藤真・今井清一・蠟山道雄編『新装版日米関係史 開戦に至る十年 1931-1941 年 3 議会・政党と民間団体』東京大学出版会, 2000 年。

12) 廣重前掲注 1)書。

13) 沢井実「戦争と技術発展」山室建徳編『日本の時代史 25 大日本帝国の崩壊』吉川弘文館, 2004 年。

14) 山中千尋『日本学術振興会の設立に関する研究―櫻井錠二のめざした学術研究体制―』風間書房, 2023 年。

15) 山崎正勝『日本の核開発 1939〜1955―原爆から原子力へ―』績文堂出版, 2011 年。

16) 日本学術会議『日本学術会議総会議事録概要 第 11 回』日本学術会議, 1951 年, 110-112 頁。

17) 常石敬一『731 部隊全史―石井機関と軍学官産共同体―』高文研, 2022 年。

18) 吉見義明『毒ガス戦と日本軍』岩波書店, 2004 年。

19) 松野誠也『日本軍の毒ガス兵器』凱風社, 2005 年。

20) 渡辺賢二『陸軍登戸研究所と謀略戦―科学者たちの戦争―』吉川弘文館, 2012 年, 山田朗「陸軍登戸研究所と日本軍の秘密戦」『生物学史研究』第 97 巻, 2018 年。

第Ⅰ部　戦時期の科学技術動員体制

第1章　航空分野の戦時動員

は じ め に

　本章では，航空分野を中心とした1930年代の研究開発体制について論じる。航空技術は，第一次世界大戦前から先進工業国が共通して国家として大規模に研究開発を支援した技術であった。アジア・太平洋戦争期の日本の科学技術動員においても，航空研究機関の整備と航空研究の推進が重点的な課題となった。航空研究を推進する上で，日本の科学技術動員の進め方に大きな影響を与えたのは，国内研究機関に対する陸軍の要求だった。陸軍は，軍内部の研究機関とは別に，外部の航空研究機関に対しても，強い関心を持っていた。陸軍内部の研究体制が海軍と比べ貧弱だったこともあり，陸軍は，外部の研究成果や人材を，軍の研究開発のために活用する仕組みを作ることに積極的であった。1930年代半ばにおける陸軍の要求は，大規模な国立研究機関である「中央航空研究所」の新設をもたらすとともに，戦時期日本を代表する航空研究機関であった東京帝国大学航空研究所のあり方にも変化を及ぼした。本章では，科学技術動員のあり方に大きなインパクトをもたらした陸軍の要求に注目して，軍が研究機関をどのように活用しようとしたのかを明らかにする。

第1節　東京帝国大学航空研究所

1　陸海軍の研究体制と東京帝国大学航空研究所

　1909年7月，陸軍・海軍・大学関係者が合同して臨時軍用気球研究会を創設したことで，日本における組織的な航空研究は始まった。研究会では，1910年12月に東京の代々木練兵場（現在の代々木公園）で日本初飛行を実施するなど，外国機の購入および飛行，航空機などの試作を行った。その後，海軍および大学関係者が，それぞれ独自の研究体制を整えるようになり，次第に研究会

は陸軍単独で運営されるようになっていった。

　海軍では，1912 年 6 月，海軍航空術研究委員会を創設して，航空機の操縦や整備に携わる人員の養成，外国製航空機の購入，航空機の製造・研究などを行い，海軍独自の発展を図る体制を整備し，同年 10 月には，神奈川県横須賀市に追浜飛行場を開設した。さらに，1916 年 4 月には，同委員会を発展的に解消して，横須賀海軍航空隊を創設した。海軍機では艦上において離発着することが求められるなど，陸軍と海軍では，航空技術に対する軍事的要求が異なるというのが，海軍の言い分であった。

　東京帝国大学では，1916 年，航空に関する基礎研究機関を設立するため，工科大学内に航空学調査委員会を設置した。委員長には，臨時軍用気球研究会のメンバーでもある田中館愛橘（東京帝国大学理科大学教授）が着任した。また，1920 年には，工学部（1919 年に工科大学から改組）に航空学科が創設された。

　陸軍においても，1919 年 4 月，陸軍航空部が設立され，航空に関する調査・研究，航空部隊の教育・訓練，航空機の製造・修理を担うこととなり，同時に陸軍航空学校が陸軍所沢飛行場に設置された。陸海軍・大学関係者がそれぞれ独自に研究する体制を整えたことで，臨時軍用気球研究会はその役目を終え，1920 年 5 月に廃止された。

　臨時軍用気球研究会が航空機全般の技術導入を担ったのに対して，東京帝国大学に設置された航空学調査委員会は，より学術的な教育研究機関の設立を目的としていた。山川健次郎（東京帝国大学総長）らは，臨時軍用気球研究会とは別に基礎的研究を行う機関を設立すべきとの建言書を文部省宛に提出し，この建言書を受けて，工科大学内に設置されたのが航空学調査委員会であった。委員は，田中館愛橘・田丸卓郎（東京帝国大学理科大学教授）・横田成年（東京帝国大学工科大学教授）・井口在屋（同教授）・栖原豊太郎（早稲田大学講師）・和田小六（東京帝国大学工科大学大学院）の 6 人だった [1]。

　航空学調査委員会の主要任務は，航空研究所と航空学科の創設準備だったが，研究所や学科の設立に先駆けて，多少の研究も実施した。例えば，1917 年 7 月には，富士山の山頂に発動機（フランス，ルノー社，空冷 8 筒 V 型 70PS）と動力測定装置を運び上げて，大学構内での稼働時との性能差を調べる実験を行っている [2]。欧米では，既に航空学の研究が進んでおり，航空学調査委員会の

委員たちも，単に航空機を飛ばすだけではなく，こうした実験を今後も実施したいと考えていたものと思われる。

航空学調査委員会による準備を受けて，1918 年 7 月，東京帝国大学に航空学教室（工科大学に航空学 4 講座，理科大学に航空物理学講座）が設置され，同時に航空研究所も開設した。大学構内での発動機やプロペラなどの実験は，騒音等の観点から難しいとされたため，航空研究所は，東京市深川区（現在の東京都江東区）越中島の埋め立て地に設立された [3]。研究所の所員は，航空学教室の教官が務めた。

2 航空研究所の所管をめぐる論争

航空研究所建設中の 1918 年 8 月，研究所への影響力強化を狙う陸軍からの問題提起で，陸軍・海軍・文部省の間で研究所の所管をめぐる論争が起こった。ことの発端は，陸軍が井上幾太郎（陸軍少将）の名前で印刷した「内閣航空局ニ関スル意見」だった。井上は，初期陸軍航空の中核に位置した人物で，1919 年 4 月に陸軍航空部（後の陸軍航空本部）が設置されると初代航空部長となった。「内閣航空局ニ関スル意見」は，新たに内閣に航空局を設けて，同局のもとに「国立航空学研究所」を新設することを求めた。そして「国立航空学研究所」設立とともに，東京帝国大学航空研究所は，講座に必要な設備を除いて「国立航空学研究所」に併合することを主張した。国内には，陸海軍のわずかな実験設備があるだけで，目下建設中の東京帝国大学航空研究所も規模が小さく不完全だとして，完全なる大規模な研究所の必要性を訴えたのである [4]。

「内閣航空局ニ関スル意見」に付された「国立航空学研究所設立費概算調書」によれば，新設する「国立航空学研究所」の目的は，航空機に関する全般の学理を根本的に闡明するとともに実用上の要求に適合する航空機の設計および製作を研究することだった。東京帝国大学航空研究所のように学術研究だけを行うのではなく，機体や発動機の設計・製作・試験などのほか，軍用上の研究，運輸交通上の研究などを幅広く行う計画であった [5]。

これに対して，海軍は，1918 年 12 月 25 日，海軍省軍務局長から陸軍省軍務局長宛ての文書「内閣航空局ニ関スル件」で応答し，大規模な研究機関の必要性については同意しつつも，新たな研究所を新設するのではなく，東京帝国

大学航空研究所を拡張し，文部省の直轄とすることで対処すべきだと主張した。その理由は，「国立航空学研究所」は主として根本学理の研究に従事するものなので，これに最も関係多き文部省の直轄とするのが適当というものであった[6]。

陸海軍の主張に対して，東京帝国大学側は，既存の東京帝国大学航空研究所の拡充を主張し，航空研究所を内閣や文部省附属とすることには反対した。山川健次郎は，1919 年 4 月 19 日に山内四郎（海軍大佐）と会い，研究所を内閣や文部省に附属させると政治家による攪乱を受けやすくなるとして，大学附属案を主張した。海軍は，研究は学者を主とすべきで，学者の意見を無視して研究所を設立すれば，大学と縁を絶つことになるとして，大学附属案を消極的ながら受け入れた[7]。

その後も，陸軍・海軍・文部省・東京帝国大学の間で協議が行われたが，結局「国立航空学研究所」は設立されず，東京帝国大学航空研究所が文部省直轄の研究所になることもなかった。当時は航空研究の黎明期で，希少価値を持つ研究者の意見が通りやすかったものと思われる。1920 年 8 月には内閣航空局が発足し，陸軍大臣の管理のもと，軍事航空を除く航空事業を指導・奨励・保護・監督することとなったが，調査研究については分掌することはなかった[8]。一方，航空研究所は，1921 年，東京帝国大学附属研究所から同附置研究所となり，独立の官制を持つようになった[9]。

研究所の所管だけをみると陸軍の要求が退けられたようにみえるが，新たに公布された航空研究所官制では，軍からの要求を受けて，軍との関係を強化するための様々な制度設計がなされた。航空研究所官制では，航空研究所所員に，陸海軍の佐官・尉官・技師を任命できることが明記された。官制制定の際に付された「航空研究所官制制定理由」によれば，軍事の素養ある者を所員に加え協力研鑽に便ならしめると記されている。ただし，軍の定員外として扱われ，給料は航空研究所から支払われ，軍の直接的な影響を受けないよう一定の配慮がなされた[10]。また 1921 年 7 月には，文部省に航空評議会が設置され，航空機の基礎的学理の研究に関する重要事項を審議することとなった。評議会のメンバーは，会長 1 名と評議員 20 名以内で，評議員は陸軍次官・海軍次官・文部次官の他，学識経験者を任命することとなっていた[11]。文部省編『学制百

年史』(1972 年) においても，航空評議会は「創始期にあったわが国の航空に関する用語記号・材料規格の選定等について基準となるべき見解をとりまとめるなどの業績も残したが，研究所を中心とする陸海軍はじめ，官民の航空研究に関する連絡機関としての機能をもそなえていた」[12] と評価している。

3 開発製造現場からの乖離

官制に「航空研究所は航空機の基礎的学理に関する研究を掌る」(第 2 条)[13] と定められた通り，航空研究所は航空に関する基礎研究に特化した研究機関であった。越中島の研究所内に造られた施設をみると，そのことがよくわかる。1924 年現在の設備は，以下の通りであった。(1) 材料試験室：航空機を構成する木材・軽金属などの性能を試験する。(2) 発動機実験室：航空発動機の構造・性能などを試験研究する（中低圧試験室では高空における低圧低温の状態を保つ構造を有す）。(3) 風洞室：最小直径 1.2 m の吹出式。(4) 精密実験室：外部からの振動を防止するなどして，航空物理学に関する基礎的実験を精密に行う。(5) 中央工場：機械工場・仕上工場・木工工場・製図室などからなる[14]。機体や発動機に関わる学術的研究のための設備ばかりで，実機を制作するための大型工場や，試作機を飛ばすための飛行場などの設備は存在しなかった。

航空研究所の組織体制からも，研究所が基礎研究に重点を置いていたことが確認できる。1924 年時点で所内には 12 の部があり，それぞれ下記の事項を司っていた。(1) 物理部：流体力学および気体力学に関する研究，航空物理学に関する実験および研究，航空機推進機および発動機に関する理論的研究など。(2) 化学部：天然ガス・航空機用ガソリン・ガソリン代用燃料に関する調査並びに研究など。(3) 冶金部：航空機および発動機用軽金属・合金・特殊鋼などの製造法並びに加工法の研究。(4) 材料部：航空機用木材・軽金属・特殊鋼などの調査並びに強力試験，航空機用覆布・膠着材・塗料の調査並びに研究など。(5) 風洞部：航空機の模型による性能の測定実験，その他気流を用いる実験並びに研究，気流中における計器類の性能研究。(6) 発動機部：航空原動機関の理論的および実験的研究，各種発動機および附属器の調査および試験，発動機部品製作方法の研究，発動機の設計および試作など。(7) 飛行機部：飛行機構造の調査並びに研究，飛行機の設計および試作，実験用飛行機による研究。

（8）測器部：航空機に関する各種測器の調査および研究。（9）航空心理部：航空機操縦者の適材選抜に関する研究，航空者の訓練法に関する研究，航空諸条件の心身に及ぼす影響の研究など。（10）中央工場部：機械工場・仕上工場・木工場・鍛鋳工場・製図室などからなり，各部が必要とする装置・機械・器具類の実物や模型の設計および製作。（11）図書部：図書の出納および保管。（12）事務部：庶務および会計 15)。12 の部の内，実物の航空機に直接関わる研究を行ったのは，飛行機部だけであった。

　わずかに行われた実物の航空機に関する研究を担っていたのは，主に陸海軍から派遣された所員であった。先に述べたように航空研究所では，陸海軍の佐官・尉官・技師らを所員として任命できることとなっており，実際に 1924 年現在の職員名簿によれば，所長 1 名，所員 27 人の内，竹内孝一郎（海軍技師）・佐々木達治郎（陸軍砲兵中尉）・岩本周平（陸軍技師兼東京帝国大学教授）の3 名の軍関係者が所員として在籍していた 16)。このうち竹内技師・岩本技師は飛行機部に所属しており，「飛行機の母艦帰着に関する研究」「[牽引力計を取り付けた] 実物飛行機による研究」（竹内技師），「[実物飛行機を用いた] 飛行機の従舵性の研究」「[短距離離着陸などのできる] 特殊飛行機の研究」（岩本技師）など，実物の航空機に関わる研究を担当している（引用文中の [ ] は著者による。以下同様)17)。軍と結びつくことで，応用研究が推進されていたと考えていいだろう。

　次に，航空研究所と同時期に設置された航空学科の教育内容を分析する。前述の航空関係 5 講座を拡張して，1920 年に工学部に航空学科が設置されたが，同学科のカリキュラムも，開発現場との結びつきが薄く，学理的な内容が多くを占めた。1920 年 8 月 4 日の『東京朝日新聞』記事「秋の新学期から東大の航空学科開講」では，航空学科主任の横田成年が，「論理の方は私共で十分にやれる自信はあるが，実地経験においては極めて貧弱だから，此方面に対しては来年からドイツかイギリスの優秀なる専任教師を招聘するつもりである」と述べている 18)。自分たちだけでは実学的な内容が不十分となることを，教員自身が自覚していたのである。横田が招聘する予定とした外国人教師は，結局，着任することはなく，航空学科の教育内容は学理偏重のままとなってしまった。

　スタッフの問題に加えて，実験設備が乏しいことも，カリキュラムが学理中

心となることを助長した。航空学科の第一期生で，講師，助教授を経て，1934年に同学科教授となった守屋富次郎は，同学科における実験設備の不備を以下のように回想している。

> 航空学科は創設以来，実験設備が極めて貧弱で，実験は主として航空研究所を利用してきたが，場所が遠隔であるとともに，航空研究所自身の仕事の都合で，学生のために時間割どおりに施設を開放することが困難であり，学生は時には見学程度に終わって，自分の手で実験するためには極めて不便な状態におかれていた[19]。

航空研究所は，工学部航空学科のある本郷キャンパスから距離も遠く，学生が自由に使えるような施設とはなっていなかったのである。

航空学科と航空研究所との関係に関しては，人間関係のもつれにより両者の溝が深まってしまったことも，航空学科の理論偏重の一因となった。航空学教室が開設した1918年当初は航空研究所と航空学教室は一体的に運営されており，航空学教室主任の横田成年が航空研究所所長も兼務していた。しかし，1920年航空学科の開設時には，両者の分断が目立つようになった。横田は，学内での確執などのため，1919年9月に研究所所長を罷免され，航空学教室専任となり，その後1936年に退官するまで教室主任を務めた。また，航空研究所所員と航空学教室を兼務していた菱田唯蔵も，1919年11月には航空学教室との関係を断っている[20]。

航空学科では，軍の協力を得ることで，開発製造現場との繋がりをなんとか保持しようとした。例えば，零式艦上戦闘機の設計主務者として有名な，航空学科第四期生の堀越二郎は，戦後，以下のように回想している。

> 私がはじめて飛行機に乗ったのは，入学の翌月［1924年5月］であった。そのころ，東大の航空学科では，陸軍か海軍に頼んで，学生を飛行機に乗せてくれるという習慣があった。それを知っていた私たちは，一日も早く飛行機に乗ってみたいと願っていた。そういう私たちの願望は，意外に早くかなえられることになった。海軍から派遣されて同じクラスで勉強していた海軍機関大尉が，一年生一同を茨城県の霞ヶ浦航空隊へ案内してくれたからである[21]。

また，三式戦闘機「飛燕」などの設計主務者を務めた，航空学科第四期生の

土井武夫も，戦後，以下のように回想している。

　[1年生の夏休みだった 1924 年] 七月中旬に，さっそくクラス八人で [埼玉県] 所沢にある陸軍の補給所へ [2 週間の] 工場実習に行った。[中略] 補給所では陸軍の制式機としての己式一型練習機（アンリォ HD 一四 E 二），乙式一型偵察機（サルムソン二 A 二），甲式四型戦闘機（ニューポール二九 C 一）などが実習の対象であった。[中略] 二年生のはじめ [1925 年 4 月頃か]，同級生とともに [東京府] 小石川にある陸軍の砲兵工廠において海防義会の KB 飛行艇を試作しているのを見学しに行った。この KB 飛行艇は，海軍の横田成浩 [正しくは横田成沽] 技師の設計によるもので，BAW 一八五 hp エンジン二基を左右翼に装着した全金属製構造の単葉飛行艇で，当時の日本では画期的なものである [22]。

航空学科では，在学生がはじめて航空機に乗るのも，最新鋭の航空機の試作状況を見学するのも，軍の協力に頼っていたのである。

4　黎明期のアメリカとの比較

　航空研究所の状況を，海外の類似機関と比べてみると，軍との関係に大きな違いがあることがわかる。ここでは，日本と同様，第一次世界大戦との関わりが相対的に少なかったアメリカを比較対象として考えてみたい。NASA の前身である航空諮問委員会（National Advisory Committee for Aeronautics：NACA），は，1915 年に設立された。NACA では，当初より，陸軍からの調査依頼に応えて海軍施設で実験を行うなど，軍と密接な関係を持っていた。1917 年から建設を開始し，1920 年に正式に開設した NACA 初の研究施設であるラングレー研究所（Langley Research Center）も，陸軍との連携を円滑に進めるため，陸軍飛行場の隣に建設された [23]。設立直後から軍と深い関わりを持っていた NACA と比べると，軍との接点が乏しかった東京帝国大学航空研究所の特徴が改めて浮かび上がる。

　次に，航空学科の状況を，アメリカの教育機関と対比してみる。まず，比較対象となる 1920 代はじめのアメリカにおける航空学教育の状況を概観すると，1925 年時点でも，航空学のコースを持つ大学は，スタンフォード大学・マサチューセッツ工科大学・ミシガン大学・ニューヨーク大学・ワシントン大学の

5つしかなかった[24]。各大学のコースは，当初は独立の学科ではなく，機械工学科等の1コースとして出発している場合が多い。以下では，最も初期から航空学教育に取り組んできた，マサチューセッツ工科大学とミシガン大学の状況を概説する。

マサチューセッツ工科大学では，1914年，アメリカ初の航空工学コースを，大学院の造船工学専攻（Department of Naval Architecture）に設置した。航空工学コースは，その後，1920年に物理学専攻（Department of Physics），1933年に機械工学専攻（Department of Mechanical Engineering）に移管され，1939年に独立の航空学専攻（Department of Aeronautics）となる。航空工学コースでは，開設とともに風洞（1.2 m×1.2 m）を建設した。第一次世界大戦中には，この風洞を陸軍に貸与するとともに，通常の学位取得コースとは別に，陸海軍の将校向けに航空学の研修を実施した。第一次世界大戦以降も，風洞は，陸軍の契約研究で忙しい状態が続いた。マサチューセッツ工科大学では，大学院のコース設置が先行し，学部生向けの航空工学コースがはじめて開講したのは1926-27年度のことであった[25]。

アメリカではじめて学部生向けの教育プログラムとして航空工学専攻を設置したのは，ミシガン大学である。ミシガン大学では，1916-17年度に，造船船舶航空工学科（Department of Naval Architecture Marine Engineering and Aeronautics）に航空工学の4年制の教育プログラムが誕生し，学士号を取得することができるようになった。ただし，航空工学科（Department of Aeronautical Engineering）として独立するのは1930年のことである。ミシガン大学の教育プログラムでは設立初期から，風洞や発動機ラボなどの実験設備，試験飛行のための施設などが充実していた[26]。

マサチューセッツ工科大学やミシガン大学などと比べると，東京帝国大学航空学科は，世界的にみても早い時期に独立の学科として発足したことがわかる。初期の段階で独立した学科としてスタートしたことは，新しいカリキュラムをスムーズに打ち出したり，航空という新分野を社会に認知させたりするのに役立った反面，造船や機械など産業界と密接な関係を持った分野と離れてしまったことで，製造現場との繋がりが薄い傾向に拍車をかけた。日本では，航空産業が立ち上がる前に，航空学科や航空研究所が設立されたことも，製造現場と

の関係を疎遠にした。

　また，軍部との関係についても，アメリカと日本では違いがある。マサチューセッツ工科大学では，大学側が軍の教育や研究をサポートしているのに対し，東京帝国大学航空学科では逆に，軍が航空機の試乗や工場見学などの場を提供し，大学での教育を支援している。東京帝国大学でも，陸海軍からの派遣学生を受け入れるなど，大学側が軍の教育を一部担っているが，ごくわずかな人数でしかない。こうした傾向は，後述するように，戦時中においても基本的に変化することがなかった。

第2節　陸軍における航空兵力

1　白兵主義の軍事思想

　日本陸軍にとって，航空兵器は歩兵の戦闘を支援するための兵器であった。陸軍は，軍事力の中心に歩兵を置き，この歩兵を援護する補助兵器として航空兵器を位置づけていた。陸軍の認識の根本には，戦闘での勝敗を決めるのは白兵による突撃だという軍事思想があった。白兵とは，斬り・突き刺す兵器をいい，刀・剣・槍など白刃を有するものの総称である。日本陸軍おいては，白兵突撃とは歩兵による銃剣突撃のことである。これに対し銃砲弾は，白兵を使用するために敵に接近する際の一手段にすぎなかった。同様に，歩兵以外の兵科[27]（騎兵・砲兵・工兵・輜重兵・航空兵）と兵器（戦車・大砲・航空機）は，歩兵の突撃を支援するものとされ，戦力の建設がなされたのである。この基本的な認識は，陸軍に航空兵器が導入されて以降，終戦まで大きく変化することがなかった[28]。

　白兵主義の軍事思想が確立したのは，日露戦争（1904〜05年）後のことである。日露戦争以前，日本陸軍はドイツ式火力主義を採用していた。日露戦争を経て，日本陸軍の軍事思想は火力主義から白兵主義へと転換したのである。この転換の主要な原因は，砲弾・小銃弾の欠乏により，ドイツ式火力主義をマニュアル通りに貫徹できなかったことである[29]。日本の軍需工業力は，陸軍がドイツ式火力主義を貫徹するには，あまりに低い水準にあったのである[30]。

　航空兵の任務が正式に決まったのは，1934年のことである。陸軍では，各

兵科に軍令（軍政に関する天皇の命令）で，操典が制定公布され，教育練成の基礎となっていた。航空兵科は 1925 年に独立したが，航空兵器の用法・戦法が定まらず，10 年近くの間，航空兵操典が制定されることはなかった。1934 年 4 月に裁可された航空兵操典は，地上作戦協力を航空兵の基本任務とみなす軍事思想のもとで編纂された[31]。歩兵らによる地上作戦が主であり，航空兵は地上作戦に協力することが任務だと正式に規定されたのである。

　本章では，「陸軍の期待」などの言い方を便宜上用いるが，航空研究機関に対して，陸軍が全体として統一した認識を持っていたことを意味するわけではない。ここで，陸軍組織について概要を提示し，本章で議論している「陸軍」がどのような部門なのかを，大枠として確認したい。

　そもそも，当時の日本には，「陸軍」という統一的な機関は存在せず，陸軍の最高指導者というものも存在しなかった。天皇に直隷する諸機関を全体として陸軍と総称していたにすぎない。陸軍の中央官衙には陸軍省・参謀本部・教育総監部があり，それぞれの長官は天皇に直隷していた。その内，陸軍省は軍政（軍隊の編成・兵器・人事・衛生に関わる行政）事項を，参謀本部は軍令（軍隊を一つの意志に基づいて指揮・運用する命令）事項を司った。特に陸軍省・参謀本部を指して，陸軍中央部と呼ばれる。これに対して，陸軍部隊は師団を 1 つの単位とし，個々の師団長は天皇に直隷した。一方で，師団長は，軍政および人事に関しては陸軍大臣から，動員計画および作戦計画に関しては参謀総長から，教育に関しては教育総監からの区処（隷属関係のない者に対しての特定事項に関する指示）を受けることとなっていた[32]。

　本章で扱う「陸軍」は，基本的には陸軍中央部のことである。陸軍中央部にも，多様な意見が存在し，統一した要求があったわけではない。一方で，当時の陸軍が，無視できない政治勢力となっていたことも事実である。軍部は，陸軍大臣・海軍大臣の任用資格を現役将官に限定する軍部大臣現役武官制などにより，事実上内閣の死命を制しうる存在となっていた。本章では，陸軍大臣を通じて内閣に突きつけられた要求など，陸軍中央部の軍人が公的に軍部を代表する形で軍部外に求めた要求を，「陸軍の要求」などと表現する。個々の場面では，できるだけ具体的な職名などの状況を述べることとする。

2 航空技術の研究方針

日本の航空機工業が，独自の設計を行えるようになるのは1930年代に入ってからである。日本の航空機工業の発達は，以下の3つの時期に分けることができるとされる[33]。第1期は輸入時代（1910～15年）で，陸海軍が外国製の機体・発動機を購入して，その取り扱いを習得した。第2期は模倣時代（1915～30年）で，国外から機体・発動機の製作権を購入し，招聘した外国人技師の指導の下で機体・発動機を製作するなど，設計・製作の技術導入が行われた。この時期，民間の航空機製造会社の経営が，軍の保護事業として経済的に成り立つ見通しがついた。第3期は自立時代（1930年～）で，国内の航空機製造会社が独自の機体・発動機を設計できるようになった。1932年には，初の純国産発動機である三菱A-5型が，92式400馬力発動機として陸軍の制式発動機に採用された。この92式400馬力発動機が装備された92式偵察機は，1932年に仮制式され，陸軍における初の国産機となった[34]。

航空技術の自立化の進展に合わせて，陸軍では航空技術の研究開発に関する本格的な検討が始まった。1933年10月10日，陸軍は「陸軍・航空本部器材研究方針」を初めて制定した。これ以前の時期には，当初は輸入外国器材を国内審査の上で制式とする状況が続き，その後準国産機の生産を開始するようになっても，その設計を招聘外国人技師に依存しており，独自の研究方針を策定できない状態にあった。1932年になると，こうした状況は変化し，航空機製造会社では，外国人技師から技術を習得した日本人技師によって設計が可能となり，航空器材を自主的に開発できる条件が整ってきたのである[35]。

第3節　陸軍による研究体制「改革」構想

1　国家主義に基づく「改革」構想

陸軍内で民間航空に関する具体的な指導統制策が立案されるのは，1931年に勃発した満洲事変以降のことである。関東軍は，事変勃発とともに，当時日本を代表する民間航空会社であった日本航空輸送株式会社の大連支所に対して徴発命令を発した。大連支所から連絡を受けた日本航空輸送本社および通信省

航空局は，この徴発命令を辞退するように大連支所に伝えた。しかし，関東軍は徴発命令の辞退を認めず，日本航空輸送の輸送機を徴用して特殊輸送に従事させたのであった[36]。民間機による特殊輸送が実際に役立つことを確認した陸軍では，有事の際には民間航空を活用しようとする考え方がその後定着していくことになった[37]。これに対して逓信省航空局は，当時まだ民間航空を軍事的な観点から動員する体制になかった。陸軍側は，この状況に危機感を覚え，民間航空に関する振興・指導統制策の立案を進めていったのである。

　陸軍内でこうした民間航空の指導統制策を立案したのは，統制派と呼ばれるグループである。1933 年まで陸軍部内で実権を握っていたのは荒木貞夫・真崎甚三郎を中心とする皇道派と呼ばれるグループで，観念的・日本主義的な国家革新を唱えていた。これに対して，皇道派の派閥人事やその観念性に反発した陸軍中央部幕僚層が形成した派閥が，統制派である。統制派は，皇道派の観念性に比べてより現実的であり，国家主義に基づく具体的な「改革」構想を研究していたとされる。そうした国家全般にわたる「改革」構想の 1 つとして，民間航空の指導統制策が取り上げられている。1935 年 1 月 10 日付け「対内国策要綱案に関する研究案」[38] は，統制派が作成した国家全般にわたる「改革」案の 1 つである。この「研究案」は，政治機構・経済・農村・教育・財政金融・社会問題・思想・戦時経済・宣伝・警備・航空及防空の 11 項目にわたる「方針」と，より具体的な「要綱」を提示している。11 番目の項目「航空及防空」は，民間航空の指導統制と，防空準備に関する構想を扱った部分である。この項目では，「航空院」および「航空技術実験所」の設立を提案している。第 1 節で東京帝国大学航空研究所の設立時にも同様の構想があったことを紹介したが，この「研究案」は，1930 年代において，民間航空の振興・指導統制のための内閣直属の行政機関の設立を提言した，最も初期の構想である[39]。

　「対内国策要綱案に関する研究案」で，民間航空の指導統制機関とされるのが「航空院」である。「航空及防空」の項目では，民間航空を「航空予備軍」と定義し，その指導統制の具体策を提示している。この具体策として第 1 に提言されるのが，「内閣総理大臣の直属機関としての航空院」の創設である。「航空院」は，民間航空事業の監督・指導・奨励および統制に関する一切の事項を管掌する機関であるとされる。この中には，民間航空に関する教育，「研究案」

が新設を提言する「航空技術実験所」に関する事項も含まれる。さらに、「航空院」の創設に伴い、逓信省航空局は廃止することになっている[40]。統制派は、民間航空を、軍事航空を補完する予備兵力と位置づけ、その発展促進と動員体制の整備のためには、当時の逓信省航空局という体制では不十分だと考えたのである。

「研究案」が新設を提言する「航空技術実験所」に関しては、より詳しい記述がある。「研究案」では、航空技術研究実験の機関を統一強化するために「航空技術実験所」の設立を提言しており、軍事専門以外の航空技術の研究・実験、航空技術の指導および普及を行うとしている。その際、当時の文部省が主管していた東京帝国大学航空研究所の施設は「航空技術実験所」に移管し、これまで東京帝国大学航空研究所で行っていた学術研究は「航空技術実験所」の一分科として行うと述べている[41]。統制派は、現状の研究体制を学術研究に留まるものと認識し、民間会社に航空技術の指導・普及を行うことのできる研究機関の設立を求めたのである。

2　航空視察団（1935 年）の提言

同じ頃、陸軍の航空関係者からも、ヨーロッパ・アメリカの状況をもとに、民間航空の振興・指導統制を求める要求があがっていた。陸軍航空視察団が1935 年 4〜12 月にドイツ・フランス・イギリス・イタリア・ポーランド・アメリカを視察し提出した報告書[42]である。この視察団は、団長の伊藤周次郎少将（陸軍航空本部技術部長）以下 10 名からなり、その他に海外滞在中の 4 名が協力していた。団員はすべて軍人で、その多くは航空技術の専門家であった。視察団の目的は航空戦力の向上刷新のための調査研究であり、技術関係の視察を主としていた。帰国後、視察団が提出した詳細な報告書（図 1）には、視察に基づく提言も含まれている。視察団の提言は航空兵器の研究動向・航空産業振興策・教育制度の問題・航空事故防止策など多岐にわたるが、ここでは行政機関の設置に関する提言に絞って検討する（章末資料 1 参照）。

報告書は、民間航空の中央統制機関として「航空省」の設立を提言している。さらに「航空省」の設立に関して、軍部の要求が確実に反映する組織体制が必要だとして、軍部大臣による航空省大臣の兼任や、主要幹部の現役軍人からの

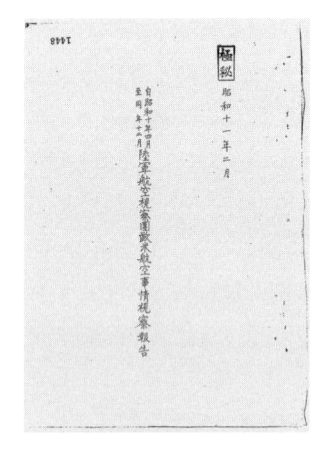

図1 『陸軍航空視察団欧米航空事情視察報告』(防衛省防衛研究所所蔵)

充当といった手段の必要性を提示している[43]。これは民間航空を軍事航空の予備兵力と捉える発想に基づくものであるが，統制派の「研究案」と比べて，より実際的な提言であることがわかる。

　視察団による「航空省」設置の提言は，ヨーロッパ各国での民間航空事業への指導・助成に関する視察に基づくものであった。報告書では，ドイツ航空省（Reichsluftfahrtministerium: RLM）が，民間航空会社であるルフトハンザドイツ航空（Deutsche Lufthansa）に多額の費用を投入し，国策遂行の重要手段としてそれを発展させたことが，ドイツ空軍（Luftwaffe）の基礎になっているとしている。また，イギリスに関しては，インペリアル航空（Imperial Airways）に対する多額の補助指導や，イギリス空軍省（Air Ministry）が行っている民間会社の路線拡張のための努力についても報告している。同様にフランス・イタリアでも，空軍省を設けて，軍の要求に協調するよう民間航空を指導していると報告している[44]。こうしたヨーロッパ各国の民間航空に対する振興・指導統制策を調査した視察団にとって，「航空省」設置の提言は，極めて自然な結論であったと思われる。

　さらに，視察団報告書は，内閣直属の「航空技術研究委員会」および「国立中央航空研究所」の設立も提言している。ここでの「航空技術研究委員会」は，研究すべき航空技術を審議決定し，指導統制する機関である。また，「国立中央航空研究所」は，巨額の経費を必要とする大風洞・高速風洞・プロペラ破壊試験機・発動機高圧試験設備などを備え，一般的共通の航空技術の研究を実施する研究所とされる。そして，軍およびその他の研究所は，各自の専門的問題の研究に専念できるようにすべきだとしている。報告書はその理由として，各国では，工業化に資する膨大な国立研究所を有するのに対して，日本では，東京帝国大学航空研究所という研究機関を有しながらも，学術研究に主体を置き，工業化・実業化には見るべき成果がないとの現状認識を示している[45]。ここ

では，統制派の「研究案」と同様に，工業化に役立つ研究機関の設置を求めているが，研究所の設備例を提示し研究すべき課題の審議決定方法にふれるなど，より具体的な提言であることがわかる。

「航空技術研究委員会」および「国立中央航空研究所」の設立提言は，主にアメリカ・イギリスの視察に基づいていると考えられる。航空関係の委員会と中央航空研究所に関しては，アメリカ・イギリスの事例についてしか報告していないからである。アメリカについては，政府直属の航空諮問委員会（NACA）に関して報告している。この委員会の任務は軍部および民間航空の研究要求を調整することであり，ここで決定された研究課題の大部分は附属の研究所において実施され，一部は大学や民間研究所に分配されると報告書は述べている。イギリスでは，空軍の下で航空研究委員会（Aeronautical Research Committee）が航空技術の諮問を行っており，その研究実施機関として王立航空研究所（Royal Aeronautical Establishment：RAE）および国立物理学研究所（National Physical Laboratory：NPL）などを利用すると報告している[46]。「航空技術研究委員会」および「国立中央航空研究所」の設立提言は，アメリカ・イギリスの現実の機関をモデルにしたものであり，特にアメリカのNACAと類似した組織をめざすものであった。

陸軍航空視察団の報告には，統制派の「研究案」と似通った点が多い。両者はともに，「航空院」あるいは「航空省」といった「通信省航空局」に代わる行政機関の新設を提言しているし，新しい研究機関の設立をも提言しているのである。航空視察団が，報告書作成以前に，統制派の「研究案」の中身を知っていたのかは分からない。しかし，航空技術に詳しい航空関係者による視察団報告は，陸軍大臣に対して報告されたものである。この視察団報告が，陸軍中央部での民間航空の振興・指導統制を求める要求を，さらに具体的で説得力あるものにしたのは間違いないであろう。

3 航空視察団（1937年）の提言

その後，1936年10月から1937年2月に主にドイツ（一部イタリア含む）を対象に再び航空視察団が派遣され，航空技術の研究体制に対する提言は，ドイツの組織をモデルにして提示されることになった。この視察団のメンバーは，

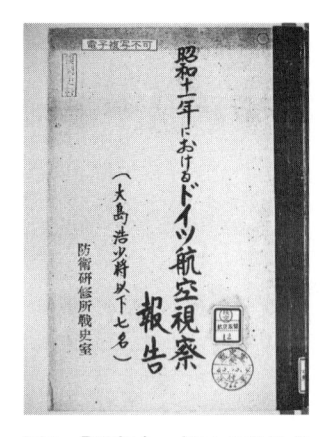

図2 『昭和十一年におけるド
イツ航空視察報告』（防衛省防衛
研究所所蔵）

団長の大島浩（在ドイツ大使館付武官）の他，菅原道大（陸軍航空本部第1課長）・大谷修（陸軍航空技術学校教官）・高島辰彦（陸軍省軍務局軍事課課員）・青木喬（陸軍大学校教官）・島貫忠正（陸軍省軍務局軍事課課員）・松村黄次郎（陸軍航空本部部員）の6名だった。視察団の目的は，1935年の視察では十分に調査できなかったドイツ空軍を研究することだった。ドイツは，1935年3月に再軍備を宣言し，その後短期間に軍備を拡張した。先の視察では1935年5〜6月にドイツを訪問したため，ドイツは空軍建設の途上にあり，十分な調査を行う状態ではなかった。視察団は，1937年3月25日付けの報告（図2)[47]で，国防上の大局的考察・用兵上の考察・編成制度の考察・教育訓練の考察・航空工業及器材行政の考察の5項目に分けて，多岐にわたる報告・提言を行った。以下では，航空研究機関に関わる部分についてのみ分析する（章末資料2参照）。

　視察団報告は，ドイツ航空省の視察に基づいて，航空技術に関わる学術研究を対象にした統制機関の必要性を主張した。報告によれば，ドイツでは，航空省技術局と航空研究所が大学における研究事項を審議統制し，その行政的処理に関しては航空省技術局が行うとされる。ドイツでの視察を受けて，報告は，研究事項および施設の重複を避け，研究を国家（特に軍部）の望む方向へ向かわせるため，軍部・文部を含む統制機関の設置を提言する。また，軍部の望む研究事項に対して，十分な財政的支援を軍が与えるべきだと主張する[48]。1935年の報告と比べると，大学での研究の存在をある程度認めて，統制すれば学術研究も役立つという認識に微妙に変化したことがわかる。

　視察団報告は，ドイツの組織をモデルにして，民間航空機製造会社と密接な関係を持つ大規模な中央航空研究機関の設置を求めた。報告によれば，ドイツの航空研究所（Deutsche Versuchsanstalt für Luftfahrt : DVL）は，建設費および経常予算の大部分を航空省が負担する財団組織であり，航空機製造の現場と緊密な関係を持ち，活発な「実際的研究」を行っているとされる。こうしたドイ

ツの航空研究所の視察に基づいて，報告は「民間試作工業」と密接な関係を持つ中央航空研究機関の設置を提言する。提言によれば，この中央研究機関は，理論・発明・考案の実用化を図るとともに，「民間試作工業」を指導し，「民間試作工業」の研究を援助する機関であり，その組織は財団組織にすべきだとされる。そして，軍部は，軍自体でなければ研究困難な火器・弾薬品などに関する研究機関を保有するが，機体・発動機のような軍官民共通の研究事項はこの中央研究機関に委ねるべきだとする[49]。研究所の組織を，国立ではなく，財団組織とした点に，ドイツの組織をそのままにモデルとしたことが顕著に表れている。

　研究機関に期待された役割は，用兵上の要求に基づく，次世代航空機の研究であった。報告は，外国機の購入などにより，研究機関が「次期ニ出現セシムベキ優秀機ノ研究」に全力を傾倒できるようにすることを求める。そして，用兵上の要求に基づく研究として，対ソ作戦のための寒冷地における装備の研究，ソ連の退避作戦に対して「攻撃機重点主義」をとるための航続距離延長の研究（ディーゼル機関の利用など）をあげる。また，航空機に性能の万能性を要求せず，「戦術的要求」に基づく特色ある機種を研究することを主張し，その例として，攻撃機・高速爆撃機・超高空偵察機を提示する[50]。こうした特定の軍事目的に基づく研究の実施を，視察団は航空研究機関に対して要求したのである。

　国内の航空研究に対する批判的な認識を共有しているため，1937 年の視察団報告は，1935 年における陸軍の要求と基本的に共通している。陸軍の航空研究体制への批判は，国内の航空研究機関が学術研究一辺倒で，工業化に役立つ応用研究を行っていないというものであった。そのため，軍部の求める応用研究を研究機関に行わせるための統制機関の設置を主張したのである。1935 年の報告は，アメリカ・イギリスをモデルにして，国内の研究体制への批判を表明した。これに対して，1937 年の報告は，ドイツの組織をモデルにして航空研究体制への提言をおこなった。国内の現状を克服するためのモデルには変化がみられるが，その根底には一貫した陸軍の問題意識が存在したのである。

　部外の航空研究機関への期待が陸軍からでたのは，陸軍が海軍に比べて航空技術に関する研究を外部に頼る傾向にあったためである。当時，海軍は 1932 年に巨費を投じて航空廠を創設し海軍内での研究に努めていたが，陸軍は研究

の大部分と設計のほぼすべてを民間航空機製造会社に委ね，陸軍内では発注・審査・改修発令・修理にあたる方針をとっていた。1936 年に，陸軍航空本部技術部は陸軍航空技術研究所と改称したが，その任務は研究よりも，設計要求の作製・試作発注・審査・実用試験・実施部隊の意見の取りまとめ・改修発令などが主で，従来の任務とほとんど変わらなかった [51]。1937 年 1 月 20 日に「陸軍航空本部航空兵器 [52] 研究方針」改訂のために開催された軍需審議会では，陸軍内には技術者が少ないとの認識から，外部への期待が議論されている。町尻量基（陸軍省軍務局軍事課長）は，陸軍は技術者が少ないのだから，超重爆撃機・輸送機等は海軍に研究を委託してその成果を利用したり，民間の良いものを購入することとし，陸軍内で研究したり制式決定することをやめ，急降下爆撃機などに重点をおくことを求めた。これに対して，中川泰輔（陸軍航空本部第 2 部長）は，海軍は遠距離爆撃機として航続距離の長いものを要求し，速度はあまり重視しないので，陸軍とは要求性能に相違があることを指摘しながらも，研究の重点化の必要性には同意している [53]。陸軍では，研究の外部委託をいっそう進める方向で，技術者などの不足を克服しようとする傾向があった [54]。こうした傾向の結果として，陸軍内において，陸軍部外の航空研究機関に対する期待が生まれたのである。

第 4 節　中央航空研究所の設立

1　陸軍による内閣への要求提示

　これまで取り上げてきた民間航空の指導統制策は，基本的には陸軍内の構想にとどまるものであった。1936 年の二・二六事件後，政治的発言力を高めた陸軍は，陸軍省を通じるなどの公的な方法で，民間航空の振興・指導統制を行う行政機関の新設を，新内閣に対して執拗に要求した。民間航空の指導統制策が集中的に議論されたのは，二・二六事件で退陣した岡田啓介内閣に代わって成立した広田弘毅内閣と，それ以降の 2 つの内閣の時期である。当時の陸軍は，新内閣の設立時に，国家全般にわたる諸政策に関して要望を突きつけるのが常であった。ここでは，この 3 つの内閣の成立時における，陸軍から新内閣への要望について，民間航空行政に絞って検討する。

陸軍省が民間航空の指導統制策を要求したことが確認できるのは，1936 年 3 月の広田弘毅内閣発足時がはじめてである。この時，陸軍省は「新内閣ニ対シ国策樹立ニ関スル国防上ノ要望」[55] を作成し，この具体化を新内閣に約束させた。この「要望」の中で陸軍省は，「民間航空行政ヲ統一」することを要求した。陸軍省の提示した「航空行政ヲ統一［スル］」という表現は，「航空省」などの行政機関の新設を間接的な言葉で要求したものである [56]。

1937 年 2 月の林銑十郎内閣発足時には，陸軍側がより具体的な要求をまとめた。1937 年 2 月付けで，陸軍の軍令統括機関である参謀本部直属の 1 つの研究機関が，陸軍側の要求を「国策要綱」[57] として統一的に提示している。この研究機関は日満経済財政研究会 [58] といい，軍需工業の生産力拡大のための国家統制計画を立案したことで知られている。「国策要綱」では，「航空省」の新設を要求しており，民間航空事業を管掌するとしている。同時に，逓信省の権限を縮小することを謳い，逓信省航空局は廃止すべきとの要求を提示した。この要求は陸軍の総意とはいえないが，参謀本部を中心とする陸軍側が，林内閣に対して「航空省」設置を要求したことを示すものである [59]。

同様に，1937 年 6 月の第 1 次近衛文麿内閣発足時にも，陸軍は，新内閣に対して具体的な要求を突きつけた。この時，陸軍は，杉山元（陸軍大臣）を通じて，計画経済の遂行に関する十大政綱を軍の要求として提示した。この要求を記録したのが，日満財政経済研究会のメンバーであった泉山三六が作成した報告「近衛新内閣ニ対スル軍ノ要望ト其ノ大綱」[60] である。この「大綱」には，陸軍が「航空省」の設立を要求するとともに，航空技術に関する「中央技術研究所」設立を要求したことが記されている。陸軍内での民間航空振興の構想は，内閣に対する陸軍としての要求となったのである。

2　逓信省の陸軍構想への追従

陸軍内での民間航空の振興・指導統制策の構想は，逓信省の民間航空振興策にも影響を及ぼした。陸軍での構想を受け，1935 年には逓信省が大規模な民間航空の振興策を計画した。この航空振興計画は，第 1 次計画の 3 ヵ年で 1 億 5000 万円，第 2 次計画で 8000 万円，総額 2 億 3000 万円にのぼる膨大な計画であった。この計画は，逓信大臣の諮問機関である航空事業調査委員会におい

て，1935 年 7 月 12 日に決議されたものである [61]。こうした逓信省の計画は，陸軍側の要求に基づくものであったと考えられる。計画を策定した航空事業調査委員会では，1933 年 9 月の設立以来，陸軍次官や陸軍航空本部長が委員を務めており，陸軍側は要求実現の手段として航空事業調査委員会を位置づけていた。前述した統制派の 1935 年 1 月 10 日付け「研究案」では，国際航空路の拡張に関して，航空事業調査委員会を指導し速やかに具体的決定をさせる必要があるとしている [62]。陸軍は，航空事業調査委員会を通じて，逓信省の計画策定に関わっていたのである。

　1937 年 5 月に小松茂が逓信省航空局長に就任すると，逓信省航空局が民間航空振興を進める際の観点自体にも変化が現れ，軍事航空の補完という観点が強調されるようになった。倉沢岩雄（当時，逓信省航空局監督課員）は，戦後次のように述べている。

> 私ども航空局におったものから見れば従来の航空行政とは全く面目を一新したものにされたというふうに考えられて驚きをもって見たわけでございます。いままでの民間航空というのは商業航空を中心とした狭い意味の民間航空でありましたが，時局が，戦時体制が強化されるに及びまして，従来の，在来の民間航空のあり方ではいけない，そこで小松［茂，航空局長］さんは軍航空に対する助成ということを非常に強調されまして，その助成をなさしめ得るような新しい政策を樹ち立てられました [63]。

　つまり逓信省航空局自体が，軍事航空から切り離された商業航空の振興というこれまでの政策を翻し，軍事的観点から民間航空の振興・統制を強調するという政策を打ち出したのである。逓信省での民間航空の捉え方も，陸軍での「航空予備軍」という捉え方におもねるようになったのである。

　陸軍の求める民間航空振興・指導統制の要求は，理念としては逓信省にとっても都合のいい，受け入れられるものであったと言える。逓信省航空局の視点から見ると，陸軍の要求は，軍事費が膨張し予算が逼迫する中で，時局に便乗して民間航空振興の予算を拡大できる機会でもあった。こうした思惑から，逓信省航空局は，陸軍の要求に協調して，民間航空の振興策を策定したのである。

3 陸軍構想への反発と航空局外局化

これまでみたように，陸軍の求める民間航空振興という理念は広く受け入れられるものであったが，陸軍構想自体には逓信省・海軍が反発する難点があった。それは，現行の逓信省航空局を廃止した上で，新たに民間航空の指導統制機関として「航空省」の新設を要求した点である。

逓信省は「航空省」の設立に反対し，航空局の外局化を主張した。畑俊六（陸軍航空本部長）は，1936 年 7 月 9 日付け日誌に「逓信省にては航空局を逓信省の外局となし度案を逓信大臣より提唱したる趣なり」[64] と記している。逓信省の立場からすれば，「航空省」の新設とは，逓信省から航空局を完全に独立させることである。これは，逓信省が所管する「航空に関する事項」を手放すことを意味するから，逓信省の反対は根強いものであった。

一方，海軍も「航空省」の設立に反対した。1936 年 4 月 13 日，海軍は，陸軍側からの働きかけで，「航空省」設置に関しての陸軍との協議会を開催した。その後も両者の協議が続いたが，海軍側が同意せず，この時点の交渉は 7 月はじめには打ち切られたという [65]。畑俊六は，1936 年 7 月 9 日付け日誌に「航空省設置案に関し先般［陸軍］大臣，［陸軍］次官より各海軍大臣，次官に対し航空省設置の必要性を提唱したる処，［海軍側は］航空省問題には気乗りせず，航空院問題にて進み度意向なる」と記している [66]。陸軍からの説得工作にもかかわらず，海軍が「航空省」設置に同調することはなかったのである。

海軍が「航空省」設置に同調しなかったのは，「航空省」設置が「空軍独立」に繋がることを恐れたためであった。既に 1930 年までにイギリス・イタリア・フランスで空軍が創設され，1935 年にはドイツが再軍備と空軍独立を宣言しこれに続いた。こうした状況を受けて，当時，日本でも陸軍を中心として「空軍独立」が議論されたが，海軍は「空軍独立」に反対していた [67]。海軍の主張は，1937 年 4 月付けで海軍軍令部が発行した「海軍ノ立場ヨリ見タル空軍ノ独立ニ就イテ」[68] にみることができる。この冊子は，海軍軍令部が「空軍独立」問題での対陸軍応酬資料として作成したものである。ここで海軍は，海軍航空は艦隊に欠くことのできない重要な補助兵力であり，また海上部隊と一体になった訓練を行う必要があるとして，空軍独立に反対している [69]。海

軍は，「航空省」創設を「空軍独立」に関係づけて捉えていた。1937 年 7 月付けで海軍航空本部が発行した『航空軍備ニ関スル研究』[70] は，主に「空軍独立」問題に関しての所見をまとめたものである。そこで海軍航空本部は，「航空省」設置問題の影に空軍独立問題が存在するとの認識を示している[71]。「航空省」を認めれば，「空軍独立」に結びつくと海軍側は考えていたのである。海軍航空本部の出した結論は，「空軍独立」は必要なく当分の間は「航空省」設立案に賛成できないというものであった[72]。

逓信省・海軍がそれぞれの思惑から反対したため，「航空省」設置を求めた陸軍構想はついに実現しなかった。民間航空に関わる行政機構は拡大再編されたが，それまで逓信省の内局であった航空局が，1938 年 2 月 1 日付けで，逓信省の外局になるにとどまった。外局化された航空局では，それまでの航空局長に代わって新しく長官を置くことができるようになった。また，航空局長は逓信次官の監督下に置かれていたが，航空局長官は逓信大臣の監督下に置かれることとなった。

4 逓信省・海軍の連携による中央航空研究所の発足

航空局外局化とほぼ同時に，1938 年度予算で「中央航空研究所」設立の準備予算が計上された。この予算成立の背景には航空局と海軍との連携があった。小松茂（逓信省航空局長）は，中央航空研究所の予算について，1937 年 12 月に大蔵大臣の官邸で賀屋興宣（大蔵大臣）と山本五十六（海軍次官）の 3 人で折衝して決めたと述べている[73]。小松茂によれば，中央航空研究所の予算は「普通の形式で大蔵省へ要求した予算」ではなく，3 人で内容を決定した上で逓信省へ持ち帰り，その内容に合わせて航空局から要求を出したものだった。一方，陸軍は中央航空研究所の予算には「ノータッチ」であり，予算決定後に航空局から陸軍に対して説明をしただけであったという[74]。

中央航空研究所の設立準備が始まった後も，海軍は支援を続けた。1938 年 6 月に航空局は，中央航空研究所設立準備部を設けて研究機関の設立に関して調査研究を開始した。航空局が作成した設立案は，軍部・学界・民間の航空技術専門家を集めた中央航空研究所設立委員会で検討されたが，学界の委員から「屋上屋を架する研究機関は不要である」との意見が出て，一時研究所の設立

が危ぶまれたという[75]。この背景には，1938年5月13〜15日に，東京帝国大学航空研究所が製作したいわゆる「航研機」が，周回航続距離の世界記録と1万kmコースにおける平均速度の国際記録を達成し，学術研究に基づく実用化において成果を示したことが

図3　中央航空研究所設立（1939年，郵政博物館提供）

あった。中央航空研究所設立の背景には，現状の研究が基礎に偏り工業化に見るべき成果がないとの考え方があったので，この「航研機」の成果は中央航空研究所の設立の必要性を疑問視させたのである。この時にも海軍が中央航空研究所の設立を強く支持し，研究所は設立されることになったという[76]。

　海軍は技術者を派遣して人的にも中央航空研究所の設立を後押しした。荒木万寿夫（逓信省航空局企画課長）によれば，中央航空研究所の設立準備の中心を担ったのは，海軍から派遣された技師・西井潔（海軍予備役技術大佐）であった。西井潔の「リーダーシップ」のもと中央航空研究所の設備が決定された。必要とされた設備は，大型風洞・高速風洞・縦型風洞・ヴァキュームチェンバーなどであった。中央航空研究所の立地については西井潔が，地下10m以内に岩盤があるところ，水のきれいなところ，付近に大容量の送電線の通っているところなど，10ヵ条ほどの条件を提示して，三鷹の地が選ばれたという[77]。海軍は設立準備の実務の面でも航空局を支援したのである。

　1939年4月に中央航空研究所が設立された後も，海軍から派遣された人物が要職を占めた。研究所の設立直後には藤原保明（逓信航空局長官）が中央航空研究所長を一時兼任し，初の専任所長には海軍から花島孝一（海軍中将）が就任して，以来1945年11月まで在職した。設立当初の中央航空研究所の組織は研究部と建設部の2部から成り，研究所の建設を進めるとともに研究が行われた。研究部長には，研究所開設とともに，前述の西井潔が就任した[78]。設立後の運営においても，海軍との繋がりが強かったといえよう。

中央航空研究所をめぐる逓信省と海軍の連携の背景には，陸軍の求める「航空省」設立に対して両者がともに反対する中で形成した協力関係があった。中央航空研究所の設立は，もともとは陸軍が要求したものであったが，逓信省・海軍にとっても魅力的な施策であった。逓信省・海軍は，民間航空の振興という理念を受け入れる一方で，自分たちに都合の悪い「航空省」設立案を共同で葬り去った。協力関係を築いた逓信省・海軍は，陸軍を蚊帳の外に置いたまま，連携して中央航空研究所を設立したのである。

第5節　東京帝国大学航空研究所での陸軍委託研究

　第3節でみた1937年の視察団報告にあらわれた航空研究機関に対する陸軍の要求は，既存の航空研究所にも多大な影響を与えた。本節では，陸軍の要求が，1940年前後における東京帝国大学航空研究所の運営に与えた影響を検討する。

　東京帝国大学航空研究所は，航空に関する学術研究を行うことを目的に1918年に設立されて以降，その設立の方針を1930年代末まで大きく変えることがなかった。創立時の勅令では，主として航空に関する学術研究を行うことを研究所の目的に定めており，実用的な研究は陸海軍および航空機製造会社に任せることを原則とした[79]。1934年頃に所内の発意によって開始されたいわゆる「航研機」のプロジェクトに対しても，長距離記録機を作るという開発研究に取り組むことに研究所内から反対の声がでた。東京帝国大学航空研究所は学術研究を行う場所であり，航空機を製作したり飛ばしたりする場所ではないという意見であった。「航研機」のプロジェクトを進める際には，研究所内に十分な工場・工具・航空機・飛行場・テストパイロットなどが存在しないため，こうした設備・人員を外部に頼むしかなかった[80]。学術研究を行うことを目的とした東京帝国大学航空研究所には，開発研究を行うための設備が存在しなかったのである。

　1940年頃になると，陸軍航空技術研究所からの委託研究が東京帝国大学航空研究所全体のプロジェクトとして取り上げられ，研究所の運営が陸軍の研究開発に組み込まれるようになった。東京帝国大学航空研究所に対する委託研究

には，3つの主要な研究があったが，これらはすべて陸軍航空技術研究所からの委託によるものだった。第1の委託研究は，高高度飛行機に関する研究だった。1930年代末，成層圏飛行は世界的に現

図4　東京帝国大学航空研究所（1931年，東京大学文書館所蔵）

実の目標になっており，高高度飛行に関する研究が軍事的観点からも要請されていた。1938年頃より，高高度飛行に関しての東京帝国大学航空研究所の研究は，陸軍からの研究委託という形式で進められた。1940年には，常用高度8000～1万mを目標とする試作機の基礎設計が東京帝国大学航空研究所で開始された。これは日本で初めての与圧機の試作であった。細部設計は1940年秋から立川飛行機で行われ，1941年末から同社で製作が開始された[81]。

　第2の委託研究は，高速機に関する研究で，1939年に陸軍から持ち込まれた。陸軍の依頼は，将来の戦闘機の研究に役立つ高速研究機の試作だった[82]。プロジェクトは，当時のピストン機による速度記録755 km/h を破ることを目的としていたが，その頃の日本の陸上単葉機の最高速度550～615 km/h を考慮して，1号機では700 km/h を目標とした。1号機は，陸軍の試作機の1つに組み込まれ，「キ78」という機体番号をつけられた。このような機体番号は，1933年以来，陸軍が試作を計画した一連の航空機にそれぞれ付与されたものである。基礎設計は1940年はじめから東京帝国大学航空研究所で開始された。細部設計および機体製作は，陸軍の推薦で陸軍専属工場である川崎航空機工業岐阜工場において実施され，発動機の整備および改修は同社明石工場で行われた[83]。

　第3の委託研究は，長距離機の研究だった。プロジェクトは，直線長距離飛行の世界記録をめざした。1940年2月に，朝日新聞社の記念事業として，陸軍航空技術研究所・陸軍航空本部・東京帝国大学航空研究所が援助するという形式でプロジェクトは始まった[84]。陸軍は，プロジェクトの試作機に機体番

図5　研三高速中間機（1943年，日本航空学術史編集委員会編『わが国航空の軌跡―研三・A-26・ガスタービン―』丸善，1998年）

号「キ77」をつけた。試作機の基礎設計は主に東京帝国大学航空研究所で実施され，1940年9月から立川飛行機で細部設計・製作が行われた[85]。

　これらの3つの委託研究において，東京帝国大学航空研究所は，陸軍における研究機の基礎設計を担当することで，陸軍の研究開発に組み込まれた。陸軍からの委託研究を通じて，研究所内における一般的な研究もその進む方向を定められた。高高度飛行機に関するプロジェクトでは，東京帝国大学航空研究所内でキャビンスーパーチャージ・機密室・機体構造・防曇・人体の保安・酸素補給・高高度用発動機（特に高圧縮比を持つ過給機）・排気タービンなどの問題についての研究が行われた。高速機のプロジェクトにおいても，層流翼・高過給メタノール噴射などに関する研究がなされた[86]。陸軍からの委託研究は，東京帝国大学航空研究所の研究に新しい課題を与え，所内における研究の進展に深い影響を及ぼしたのである。

　東京帝国大学航空研究所が外部からの委託研究を受け入れた背景には，研究所の研究費の乏しさがあった。1941年の研究所全体の経常予算は人件費を含めて79万円程度で，各部[87]あたりの実験費は年額で約2〜5万円であった。これは，発動機部の年間予算で実用発動機1台すら購入することができない状態であった[88]。こうした状況の下で研究所では，外部からの委託研究費によって新しい設備の購入費用を賄っていた。航空研究所発動機部所員だった粟野誠一は，戦後に次のように回想している。

　　正規ルートからの経費にはあまり恵まれなかったので，ひたすらアカデミックな研究が行われ又行わざるを得なかったのであった。しかし，次第に膨張する人員を養うための人件費の捻出と，研究と実用との遊離を防ぎ，

表1　東京帝国大学航空研究所への委託研究費（1938〜40年度）

〈1938年度〉

研究事項	委託者	受託研究者	委託研究費
航二	陸軍航空技術研究所	深津了蔵	4,200 円
風洞模型試験	満州航空株式会社	谷　一郎	
航二	陸軍航空技術研究所	河田三治	6,000 円
気球試作及試験	陸軍技術本部	河田三治	2,500 円
（秘）軍用機（○○○○）ノ翼振れ実験	海軍航空廠	岩本周平 有働敬郎	
航二	陸軍航空技術研究所	小川太一郎	3,000 円
舵の効き記録計	海軍航空技術廠	小川太一郎	4,000 円
オレオ緩衝支柱ノ性能試験	川崎航空機工業株式会社	小川太一郎	195 円
全金属翼ノ強度ニ関スル実験	陸軍航空技術研究所	山本峰雄	3,343 円
主翼ノ特性ニ及ステーパー比前進后退角ノ影響ニ関スル系統的実験	中島飛行機株式会社	糸川英夫	
金属材料疲労試験　100 瓲 Ni Cr Mo 鋼線繰返曲ゲ試験	日本学術振興会	井口常雄	700 円
航空機用クロム、バナヂウム鋼線製造ニ関スル研究	大同電気製鋼所	石田四郎	
学振第五小委員会	学術振興会	石田四郎	1,500 円
○○○ノ研究	海軍技術研究所	田中芳雄	
分解油ノ重合ニ関スル研究	日本学術振興会	田中芳雄 松原文雄	
頁岩油ヨリ潤滑油ノ製造ニ関スル研究	日本学術振興会	田中芳雄 桑田　勉	
頁岩油ノ利用ニ関スル研究	海軍燃料廠	永井雄三郎 太田　栄	2,000 円
○○○○○○ニ関スル研究	海軍技術研究所	永井雄三郎 太田　栄	1,300 円
潤滑油粘度指敷向上剤ノ研究 油性向上剤ノ研究 酸化防止剤ノ研究	日本学術振興会	山口文之助	8,800 円
重合ガソリンニ関スル研究	日本学術振興会	山口文之助 山田久平	
○○○○ノ研究	海軍技術研究所	小幡重一	1,000 円
○○○○ノ研究	海軍技術研究所	小幡重一	1,000 円
○○○○ノ研究	海軍技術研究所	小幡重一	1,500 円
絶対粘度測定法ノ研究	日本学術振興会	小林辰男	1,200 円
○○○ノ研究	海軍航空技術廠	佐々木達治郎	2,000 円

研究事項	委託者	受託研究者	委託研究費
風速風向計ノ研究	日本学術振興会	佐々木達治郎	4,000 円
○○○○ニ関スル研究	海軍航空技術廠	佐藤孝二	2,000 円
○○○○ノ研究	陸軍技術本部	佐藤孝二	2,300 円
○○○○ニ関スル研究	海軍技術研究所	佐藤孝二	3,500 円
航二	陸軍航空技術研究所	田中敬吉	7,000 円
		渡部一郎	
		山田英夫	
○○○○○○ノ航空性能試験	海軍	野村政二郎	
航二	陸軍航空技術研究所	柳澤柳吉	
1938 年度総額			63,038 円 + α

〈1939 年度〉

研究事項	委託者	受託研究者	委託研究費
研三	陸軍航空技術研究所	谷　一郎	
風洞模型試験	日本航空輸送株式会社	谷　一郎	1,500 円
風洞模型試験	日立航空機株式会社	谷　一郎	1,000 円
高速機用翼型ノ研究	文部省	谷　一郎	5,500 円
航二	陸軍航空技術研究所	深津了蔵	10,000 円
研三	陸軍航空技術研究所	深津了蔵	
抵抗力翼型ノ研究	文部省	深津了蔵	3,000 円
航二	陸軍航空技術研究所	河田三治	8,000 円
研三	陸軍航空技術研究所	河田三治	
高速空気力学ノ研究	文部省	河田三治	5,600 円
○○○ノ研究	海軍航空技術廠	河田三治	6,000 円
○○○ノ研究	海軍航空技術廠	小川太一郎	5,000 円
航二	陸軍航空技術研究所	小川太一郎	22,381 円
MAT 試験機風洞試験	満州飛行機株式会社	糸川英夫	2,000 円
金属材料疲労試験	日本学術振興会	井口常雄	800 円
イ，超ジュラルミン線返曲ゲ			
ロ，Ni Cr V 鋼線返曲ゲ			
ハ，七五瓩 Cr Mo 鋼線返曲ゲ			
ニ，高力アルミニウム合金 25S 　　鋼線返曲ゲ			
ホ，一○○瓩 Ni Cr Mo 鋼線返戻リ			
軽金属並不銹鋼 ［ステンレス］ノ 電気抵抗溶接	日本学術振興会	木原　博	500 円
研三	陸軍航空技術研究所	石田四郎	
ピストン用材料ノ研究	文部省	石田四郎	3,600 円
		麻田　宏	
学振	日本学術振興会	石田四郎	1,000 円

第5小委員会			
第36小委員会			
航二	陸軍航空技術研究所	淡路圓治郎	6,000 円
○○○○ニ関スル研究	海軍技術研究所	田中芳雄	
分解油ノ重合ニ関スル研究	日本学術振興会	田中芳雄	
		松原文雄	
頁岩油ヨリ潤滑油ノ製造ニ関スル研究	日本学術振興会	田中芳雄	
		桑田 勉	
粘度指数向上剤ノ研究	日本学術振興会	山口文之助	10,050 円
油性向上剤ノ研究			
酸化防止剤ノ研究			
重合ガソリンニ関スル研究	日本学術振興会	山口文之助	
		山田久平	
○○○○ニ関スル研究	海軍燃料廠	永井雄三郎	2,000 円
		太田 栄	
優良航空基揮発油ニ関スル研究	日本学術振興会	永井雄三郎	2,600 円
		山崎毅六	
ディーゼル油ノ成分的研究	日本学術振興会	永井雄三郎	1,750 円
オクタン価ニ関スル研究	日本学術振興会	永井雄三郎	1,700 円
		中西不二夫	
セタン価ニ関スル研究	日本学術振興会	永井雄三郎	3,200 円
		中西不二夫	
○○○○ノ研究	海軍技術研究所	小幡重一	1,000 円
○○○○ノ研究	海軍技術研究所	小幡重一	2,000 円
プロペラ翼ノ応力及振動測定	文部省	小幡重一	4,000 円
絶対粘度測定器ノ研究	日本学術振興会	小林辰男	1,500 円
生氷現象	文部省	抜山大三	1,500 円
○○○ノ研究	海軍航空技術廠	佐々木達治郎	2,000 円
○○○○ノ研究	陸軍航空技術研究所	佐々木達治郎	5,000 円
○○○ノ研究			
○○○○ノ研究			
○○○ノ研究			
風向風速計ノ研究	日本学術振興会	佐々木達治郎	3,860 円
○○○○ノ研究	陸軍技術本部	佐藤孝二	1,800 円
航二	陸軍	田中敬吉	21,000 円
		渡部一郎	
		山田英夫	
研三	陸軍	田中敬吉	
		富塚 清	
		中西不二夫	

研究事項	委託者	受託研究者	委託研究費
		渡部一郎	
		粟野誠一	
		高月龍男	
発動機ノ高速化及ビブースチング ノ研究	文部省	田中敬吉 高月龍男	4,500 円
過給機ノ高性能化ニ関スル研究	文部省	田中敬吉	850 円
		渡部一郎	
超過機発動機ノ地上性能ノ理論的 研究	日本学術振興会	田中敬吉 粟野誠一	500 円
戦車用ブローワーノ研究	三菱東京器機	田中敬吉	
		渡部一郎	
高過給航空発動機ノ地上性能ニ関 スル熱力学ノ研究	日本学術振興会	田中敬吉 粟野誠一	400 円
高速発動機気筒内ノ燃焼ニ関スル 研究	文部省	粟野誠一	1,000 円
小型軽量ナル空冷式重油発動機ノ 研究	陸軍技術本部	富塚　清	8,000 円
○○○○○高空性能試験	愛知電機時計	野村正二郎	
航二	陸軍	柳澤柳吉	
高性能発動機ノ振動研究	文部省	中西不二夫	800 円
		八田桂三	
航空機振動ノ研究	文部省	妹澤克惟	2,670 円
1939 年度総額			165,561円＋α

〈1940 年度〉

研究事項	委託者	受託研究者	委託研究費
研三	陸軍航空技術研究所	谷　一郎	
高速機用翼型ノ研究	文部省	谷　一郎	
航二	陸軍航空技術研究所	深津了蔵	未定
研三	陸軍航空技術研究所	深津了蔵	
低抗力翼型ノ研究	文部省	深津了蔵	3,000 円
航二	陸軍航空技術研究所	河田三治	
研三	陸軍航空技術研究所	河田三治	5,600 円
高速空気力学ノ研究	文部省	河田三治	
○○○○ノ研究	海軍航空技術廠	河田三治	6,000 円
○○○○ノ研究	陸軍技術本部	河田三治	2,000 円
○○○○ノ研究	海軍航空技術廠	小川太一郎	3,000 円
冷却機熱発散率ノ測定装置	海軍航空技術廠	小川太一郎	1,000 円
航二	陸軍航空技術研究所	小川太一郎	未定
標的用「吹キ流シ」ノ改良ニ関ス	藤倉工業株式会社	糸川英夫	

ル風洞実験			
特型管接手振動実験	中島飛行機株式会社	井口常雄	1,559 円
金属材料疲労試験	日本学術振興会	井口常雄	
イ。高力アルミニウム合金繰返ゲ			
ロ。一〇〇瓩 Ni Cr Mo 鋼繰返振			
戻リ			
ハ。一〇〇瓩 Cr Mo 鋼繰返曲ゲ			
ニ。一〇〇瓩 Cr Mo 鋼繰返戻リ			
軽金属並不銹鋼［ステンレス］ノ	日本学術振興会	木原　博	1,000 円
電気抵抗接触			
研三	陸軍航空技術研究所	石田四郎	6,000 円
ピストン用材料ノ研究	文部省	石田四郎	3,600 円
学術振興会	学術振興会	石田四郎	
第 5 小委員会			1,000 円
第 35 小委員会			不明
第 36 小委員会			1,500 円
マグネシウムノ精煉ニ関スル研究	大倉鉱業株式会社	志村繁隆	
〇〇〇〇	陸軍技術本部	井上　均	未定
〇〇〇〇	陸軍技術本部	星合正治	未定
航二	陸軍航空技術研究所	淡路圓治郎	未定
〇〇〇〇ニ関スル事項	海軍技術研究所	田中芳雄	
分解油ノ重合ニ関スル研究	日本学術振興会	田中芳雄	
		松原文雄	
頁岩油ヨリ潤滑油ノ製造ニ関スル	日本学術振興会	田中芳雄	
研究		桑田　勉	
〇〇〇〇ニ関スル研究	海軍燃料廠	永井雄三郎	2,000 円
		太田　栄	
安全燃料ニ関スル研究	日本学術振興会	永井雄三郎	500 円
		山崎毅六	
ディーゼル油ノ成分的研究	日本学術振興会	永井雄三郎	1,800 円
オクタン価ニ関スル研究	日本学術振興会	永井雄三郎	4,300 円
		中西不二夫	
セタン価ニ関スル研究	日本学術振興会	永井雄三郎	2,000 円
		中西不二夫	
粘度指数向上剤ノ研究	日本学術振興会	山口文之助	6,000 円
粘性向上剤ノ研究			
酸化防止剤ノ研究			
粘度標準油ノ研究	日本学術振興会	小林辰男	1,000 円
高圧及ビ高温ニ於ケル粘度測定法	日本学術振興会	小林辰男	
生氷現象	文部省	抜山大三	1,500 円

			（十四年度ヨリ継続）
風向風速計ノ研究	日本学術振興会	佐々木達治郎	2,500 円
○○○○ノ研究	陸軍技術本部	佐藤孝二	800 円
○○○ノ研究		佐藤孝二	1,000 円
航二	陸軍	田中敬吉	未定
		渡部一郎	
		山田英夫	
研三	陸軍	富塚　清	
		中西不二夫	
		渡部一郎	
		栗野誠一	
		高月龍男	
A26	陸軍	田中敬吉	
		中西不二夫	
		富塚　清	
		渡部一郎	
		高月龍男	
発動機ノ高速化及ビブースチング ノ研究	文部省	田中敬吉 高月龍男	4,500 円
過給機ノ高性能化ニ関スル研究	文部省	田中敬吉 渡部一郎	800 円
戦車用ブローワーノ研究	三菱東京器機	田中敬吉 渡部一郎	
高過給航空発動機ノ地上性能ニ関 スル熱力学的研究	日本学術振興会	田中敬吉 栗野誠一	400 円 （前年度繰越）
高速発動機気筒内ノ燃焼ニ関スル 研究	文部省	栗野誠一	1,000 円
高負荷歯車化ニ関スル研究	海軍航空技術廠	実吉金郎	2,000 円
航空発動機ノ燃料消費率ノ低下	陸軍航空技術研究所	高月龍男	
単筒ニヨリ最大馬力増大ノ研究	愛知時計電機株式会社	高月龍男	
吸気冷却効果試験	高砂暖房	野村正二郎	
高性能発動機ノ振動研究	文部省	中西不二夫 八田桂三	800 円
プロペラ翼ノ応力及振動測定	文部省	小幡重一	4,500 円
航空機ノ振動ノ研究	文部省	妹澤克惟	2,670 円
1940 年度総額			75,329＋α 円

『昭和十五年　科学研究奨励金関係』東京大学文書館所蔵。
委託者の記載に不統一があるが，そのまま表記した。表中の「○○○」も原文のまま。また，もと
の史料には，委託研究費が円建てとの記載はないが，筆者が円建てと判断し表記した。委託研究費
の欄の空白は，記載なしのため。

研究設備の充実をはかる為に，昭和10年（1935）3月1日航空研究所受託試験および試作規程が官制として公布され，軍又は民間から委託研究を受けることができるようになった。そしてこの委託研究費によって，僅かながらも年々新らしい設備を整え，研究の伸展にそなえるというような極めて変則的な発展を続けたのであった[89]。

研究所は，外部からの委託研究費に依存せざるをえない構造になっていたのである。

ま　と　め

1937年の視察団報告にあらわれた応用研究の拡充を求める陸軍の要求は，官立の航空研究所に多大な影響を与えた。1938年に応用研究を目的として新設された中央航空研究所は，海軍と通信省の連繋で設置が進められたが，もともとは陸軍の構想によるものであった。

また，学術研究一辺倒であった東京帝国大学航空研究所でも，1938年以降，陸軍からの大規模な委託研究が受け入れられるようになった。陸軍の要求が，国内での応用研究の伸展に大きな影響を与えたのである。

注

1)　富塚清『八十年の生涯の記録』1975年，101-102頁。
2)　同上，105頁。栖原豊太郎「日本における航空学研究の初期と航空研究所および航空学教室創設のころの回顧」『日本機械学会誌』1961年，1-2頁。
3)　富塚同上書，102頁。
4)　「航空研究所に関する件（1）」JACAR（アジア歴史資料センター）Ref. C08021590700，34-49画像目。
5)　「航空研究所に関する件（2）」JACAR Ref.C08021590800，5画像目。
6)　同上，64-67画像目。
7)　前掲注4)「航空研究所に関する件（1）」27画像目。
8)　「御署名原本・大正九年・勅令第二百二十四号・航空局官制制定臨時航空委員会官制廃止」JACAR Ref.A03021256200。なお，航空局航空試験所の開所は1938年のことである。
9)　「御署名原本・大正十年・勅令第三百十号・航空研究所官制」JACAR Ref. A03021337300。

10）「航空研究所官制ヲ定ム」JACAR Ref.A13100483500。

11）「御署名原本・大正十年・勅令第三百十一号・航空評議会官制」JACAR Ref. A03021337400。

12）文部省編『学制百年史』帝国地方行政学会，1972 年，「一　大学・研究機関等の設置と拡充／大学の附置研究所」の項目。

13）前掲注9)「御署名原本・大正十年・勅令第三百十号・航空研究所官制」。

14）東京帝国大学航空研究所編『東京帝国大学航空研究所事業一覧』東京帝国大学航空研究所，1924 年，14-15 頁。

15）同上，7-11 頁。

16）同上，16-18 頁。

17）同上，63-65 頁。

18）「秋の新学期から東大の航空学科開講　学生は僅に三名だが諸設備を整へて専任教授の意気込　近く英独より　知名の航空技師を招聘」『東京朝日新聞』1920 年 8 月 4 日朝刊，5 頁。なお，航空学科では，1920 年 9 月，第 1 期生として学生 3 人を受け入れた。9 月入学となったのは，この年まで 9 月が大学の入学時期だったからで，翌年度から 4 月入学となり，1 期生はこの時に 2 年生となった。このため，1 期生の卒業は 1923 年 3 月のことである。

19）守屋富次郎「東京大学航空学科のこと」日本航空協会『日本民間航空史話』日本航空協会，1966 年，62-64 頁。同記事によれば，航空学科に，実験室が整備されたのは，創立から約 20 年が過ぎた 1939 年のことであった。航空学科には 1937 年に機体専修と原動機専修の 2 つが置かれていたが，1939 年 10 月，工学部総合試験所が開設し，航空学科機体専修がこの総合試験所の建物へと移動した際に，実験室ができたという。

20）富塚前掲注 1)書，116-117 頁。

21）堀越二郎『零戦─その誕生と栄光の記録─』角川書店，2012 年，21 頁。

22）土井武夫『飛行機設計五〇年の回想』酣燈社，1989 年，22-23 頁。

23）Roger E. Bilstein, *Orders of Magnitude: A History of the NACA and NASA, 1915-1990*, Washington, DC, 1989. https://history.nasa.gov/SP-4406/chap1.html

24）Aircraft Year Book 1926, p. 97.

25）Barnes McCormick, Conrad Newberry, Eric Jumper, *Aerospace Engineering Education During the First Century of Flight*, American Institute of Aeronautics and Astronautics, 2004, "Chapter 3 A Century of Aerospace Education at MIT", pp. 33-34.

26）Barnes McCormick, Conrad Newberry, Eric Jumper, *Aerospace Engineering Education During the First Century of Flight*, American Institute of Aeronautics and Astronautics, 2004, "Chapter 4 Aeronautical and Aerospace Engineering at The University of Michigan", p. 47.

52　　第 I 部　戦時期の科学技術動員体制

27)　兵科には，他に憲兵があった。1940 年以降には，憲兵科以外の兵科は廃止され，兵種として分類されるようになった（伊藤隆監修・百瀬孝著『事典　昭和戦前期の日本―制度と実態―』吉川弘文館，1990 年，303 頁）。

28)　山田朗『軍備拡張の近代史』吉川弘文館，1997 年。

29)　例えば，1904 年 5 月の南山の戦闘では，日本軍は 2 日間で 3 万発の砲弾を消費したが，これは開戦前の使用見積もり量で半年分，国内生産量の 3 ヵ月分に相当した。開戦半年後には，砲弾は完全な欠乏状態に陥り，海外企業に砲弾を急遽発注することを余儀なくされ，この発注砲弾が日本に到着するまで，大規模な作戦はまったく不可能となった。

30)　海野福寿・山田朗・渡辺賢二編『陸軍登戸研究所―隠蔽された謀略秘密兵器開発―』青木書店，2003 年，183-185 頁。

31)　防衛庁防衛研修所戦史室編『戦史叢書　第 52 巻　陸軍航空の軍備と運用〈1〉―昭和十三年初期まで―』朝雲新聞社，1971 年，436-439 頁。

32)　伊藤・百瀬前掲注 27）書，288-295 頁。

33)　東洋経済新報社編『昭和産業史　第一巻』東洋経済新報社，1950 年，594-595 頁。

34)　防衛庁防衛研修所戦史室編『戦史叢書　第 87 巻　陸軍航空兵器の開発・生産・補給』朝雲新聞社，1975 年，105-106 頁。

35)　同上，108-109 頁。

36)　大日本航空社史刊行会『航空輸送の歩み―昭和二十年迄―』日本航空協会，1975 年，227-228 頁。

37)　防衛庁防衛研究所戦史室前掲注 34）書，91-92 頁。

38)　「対内国策要綱案に関する研究案」木戸日記研究会編『木戸幸一関係文書』東京大学出版会，1966 年。この資料は，1935 年 12 月 29 日付けで山本英輔（海軍大将）が斎藤実（内大臣）へ送った書簡（同書，255-262 頁）に添付されたものである。

39)　この時期とは別に，1923 年に航空局が陸軍から逓信省に移管された時にも，「内閣航空局」の設立が議論さている（磯部厳「大正期における航空局の創設・移管問題」『防衛学研究』第 18 号，1997 年 11 月）。

40)　前掲注 38）「対内国策要綱案に関する研究案」187-188 頁。

41)　同上，188 頁。

42)　「自昭和十年四月至同年十二月　陸軍航空視察団欧米航空事情視察報告」（1936 年 2 月，「航空視察団購入器材に関する件」JACAR Ref.C01004242500）。

43)　同上，145-148 頁（156-159 画像目）。

44)　同上，145-148 頁（156-159 画像目）。

45)　同上，100-103 頁（111-114 画像目）。

46)　同上，96-100 頁（107-111 画像目）。

47)　『昭和十一年におけるドイツ航空視察報告』防衛省防衛研究所所蔵，請求番号・陸

空・航空基盤 12。

48)　同上，35 頁。

49)　同上，35 頁。ドイツ航空研究所（DVL）については，『外国研究所要覧 第 4』日本
学術振興会，1937〜39 年，12-15 頁，陸軍航空本部『独国航空機工業要覧』1942 年，
307-308 頁を参照。

50)　前掲注 47)『昭和十一年におけるドイツ航空視察報告』36-37 頁。

51)　東洋経済新報社前掲注 33)書，597-604 頁。

52)　この研究方針から，航空に関する「器材」が「航空兵器」と改められた。

53)　「第十六回陸軍軍需審議会議事録」（1937 年 1 月 20 日）18-20 頁（「陸軍航空本部兵
器研究方針改定並増補の件」JACAR Ref.C01004341100，56-59 画像目）。

54)　こうした傾向は，白兵主義を堅持し，航空兵器を補助兵器と意位置づける陸軍の軍
事思想と強く結びついていたと思われるが，本章ではこれ以上は触れない。

55)　陸軍省「新内閣ニ対シ国策樹立ニ関スル国防上ノ要望」（「内閣に対する国防上の要
望に関する件」JACAR Ref.C01004229700，5-9 画像目）。

56)　この表現は，当時一般的に知られていた，航空分野での縦割り行政への批判を背景
にしたものである。例えば，1935 年 7 月 15 日の『東京朝日新聞』社説は，通信省航
空局の他，文部省管轄の東京帝国大学航空研究所・航空気象事業・技術者養成事業等
が分離して存在していると批判し，事務・経費・労力などの重複を避け「航空行政」
の分散を予防するため，中枢機関を置いて「統一」ある企画のもとに統制ある行政を
行うことを求め，「航空省」設置を断行せよと述べている（「航空省設置を断行せよ」
『東京朝日新聞』1935 年 7 月 15 日朝刊，3 頁）。

57)　「[1937 年 2 月付け] 国策要綱」日本近代史料研究会編『日満財政経済研究会資料
泉山三六氏旧蔵 第一巻』1970 年。

58)　日満経済財政研究会については，小林英夫・岡崎哲二・米倉誠一郎・NHK 取材班
『「日本株式会社」の昭和史—官僚支配の構造—』創元社，1995 年，46-56 頁を参照。

59)　中村隆英・原朗は，「国策要綱」に関して，「この案をただちに軍の総意とみるのは
早計であるが，ちょうど林内閣の組閣時に当たっており，石原［莞爾，当時，参謀本
部戦争指導課長］を中心とする軍の当時の要求がここに統一的に示されているといっ
てよいであろう」と記している（日本近代史料研究会前掲注 57)書，16 頁）。

60)　「[1937 年 6 月 18 日付け] 近衛新内閣ニ対スル軍ノ要望ト其ノ大綱」同上，327-334
頁。第一次近衛内閣の成立にあたっての陸軍の要求を，泉山三六が池田成彬に報告し
たもの。

61)　「民間航空計画 具体案大綱成る 予算折衝に着手」『東京朝日新聞』1935 年 7 月 17
日朝刊，2 頁。

62)　前掲注 38)「対内国策要綱案に関する研究案」188-189 頁。

63)　航空局五十周年記念事業実行委員会編『航空局五十年の歩み』1970 年，123 頁。

64）　『続・現代史資料（4）陸軍　畑俊六日誌』みすず書房，1983 年，74 頁。

65）　防衛庁防衛研究所戦史室『戦史叢書 陸軍航空の軍備と運用〈1〉』朝雲新聞社，1971年，488 頁。

66）　前掲注 64)『続・現代史資料（4）陸軍　畑俊六日誌』74 頁。

67）　陸海軍と並んで，空軍を独立させるかは，軍用機の運用・戦術に関する議論であり，本章では詳しくは扱わない。詳細は，生田惇「帝国陸海軍の空軍独立論争」『軍事史学』第 10 巻第 3 号，1974 年，角田求士「空軍独立問題と海軍」『軍事史学』第 12 巻第 3 号，1976 年を参照。

68）　「海軍ノ立場ヨリ見タル空軍ノ独立ニ就イテ」海軍航空本部臨時調査課編『空軍の統一及独立関係資料』防衛省防衛研究所所蔵，請求番号⑤航空本部 18。

69）　同上，1-4 頁。

70）　『航空軍備ニ関スル研究』防衛省防衛研究所所蔵，請求番号⑤航空本部 60。なお，海軍軍令部が発行した前掲「海軍ノ立場ヨリ見タル空軍ノ独立ニ就イテ」と比べると，航空威力の評価において見解の相違が存在する。

71）　同上，2-3 頁。

72）　同上，42-43 頁。

73）　航空局五十周年記念事業実行委員会前掲注 63)書，131-132 頁。

74）　同上，134 頁。

75）　防衛庁防衛研究所戦史室前掲注 34)書，185-186 頁。

76）　同上，186 頁。

77）　航空局五十周年記念事業実行委員会前掲注 63)書，157-161 頁。

78）　日本航空学術史編集委員会編『日本航空学術史（1910-1945）』丸善，1990 年，292頁。

79）　同上，259-260 頁。

80）　富塚清『航研機』三樹書房，1998 年，97-105 頁。

81）　木村秀政「SS-1 高々度研究機」鳥養鶴雄監修『航空秘話復刻版シリーズ（2）知られざる軍用機開発（下巻）』酣燈社，1999 年，133-136 頁。

82）　山本峰雄「キ 78（研三）設計記」同上，64 頁。

83）　日本航空学術史編集委員会編『わが国航空の軌跡―研三・A-26・ガスタービン―』丸善，1998 年，1-10 頁。

84）　同上，xxiv・123 頁。

85）　日本航空学術史編集委員会前掲注 78)書，274-275 頁。

86）　同上，262-263 頁。

87）　1940 年には，物理部・化学部・冶金部・材料部・風洞部・発動機部・飛行機部・測器部・航空心理部・庶務会計図書部・工作部の 11 の部があった（同上，262 頁）。

88）　同上，261-262 頁。

89) 同上，262頁。

〈章末資料 1〉『自昭和十年四月至同年十二月　陸軍航空視察団欧米航空事情視察報告』（「航空視察団購入器財に関する件」JACAR Ref. C01004242500）（下線は著者による）

第六章　列国航空技術研究機関ノ概況ト我国航空技術発達促進ニ関スル方策

第一節　列国航空技術研究機関ノ特徴

列国航空技術研究機関ノ組織ハ各其ノ国特殊ノ状況ト歴史トニ依リ其ノ組織ヲ異ニスト雖其ノ特徴ヲ総合スレハ概ネ次ノ如シ

第一.　軍自体ノ有スル航空技術研究機関

一.　航空省（又ハ航空局）内ニ航空技術ニ関スル行政機関ヲ設ケテ航空技術研究審査ノ統制並事務的処理ニ任セシメ以テ研究審査ノ実行機関トヲ分離シアリ

［説明部分省略］

二.　航空技術ノ研究機関ト其ノ審査機関トハ之ヲ分離シアリ

［説明部分省略］

三.　研究機関ニハ適当ナル研究工場ヲ附属セシムルカ或ハ他ノ工場ヲ利用シ得ル如キ組織ヲ有ス

［説明部分省略］

四.　実験機関ニハ各方面ノ権威者ヲ集メ実験ノ徹底ヲ期シアリ

［説明部分省略］

五.　航空技術研究機関ニ高級技術者養成機関ヲ附属セシメアルモノアリ

［説明部分省略］

第二.　各種委員会及中央研究所

一.　米国ニ在リテハ内閣直属ノ航空諮詢機関トシテ航空顧問委員会ヲ有ス

説明

米国航空顧問委員会ハ内閣直属ノ委員会ニシテ航空技術ニ関スル諮詢機関ナリ

其ノ編成ハ飛行ニ関スル科学ノ管理指揮ヲ目的トシ委員総数十五

名内陸海軍ヨリ各二名標準局「スミソニアン」研究所及気象局ヨリ各一名其ノ他ノ八名ハ軍部民間ヲ問ハス航空科学ニ親炙シ最モヨク其ノ要求ヲ知レルモノ或ハ航空技術又ハ航空科学ニ最モ堪能ナルノ士ヲ選定シテ大統領之ヲ任命ス

本委員会ノ下ニ航空力学分科会，航空機用原動機分科会，材料分科会及航法分科会ノ四個ノ技術的分科会ヲ有シ其他現在ハ事故分科委員会並発明考案分科委員会ヲ有ス

之等分科委員ハ航空科学及航空技術ノ各部門毎ノ専門的権威者ヲ以テ編成セラレ其ノ任務トスル処ハ軍部及民間航空ノ研究要求ノ調整研究予定ノ作製，研究問題ノ配当，研究重複ノ防止及発明考案ノ研究等トス

又顧問委員会ノ実行機関トシテハ「ラングレ」記念研究所及航空情報局ヲ有ス

航空顧問委員会ニテ決定セラレタル研究問題ノ大部ハ委員会附属ノ研究所ニ於テ其研究ヲ実施スルモ問題ノ性質ニ応シ之ヲ標準局，各大学ノ研究所及民間研究所ニ配当シテ研究ヲ実施セシム

情報局ハ各研究所ニ於テ実施シタル研究ノ報告整理印刷及各国ノ技術情報蒐集ヲ目的トス

二. 英国ニ在リテハ空軍参議院ノ下ニ次ノ如キ各部一流ノ権威者ヲ集メ委員会ヲ編成シ航空関係ノ諮詢機関タラシメアリ，航空研究委員会，対瓦斯委員会，航空機装備品委員会，建築委員会，気象委員会等ナリ

　説明

航空研究委員会ハ現在委員数十四名ニシテ航空技術研究ノ最高顧問トス。本委員会ノ下ニ各部門ノ専門者ヲ集メ分科会ヲ組織シ之等分科会ハ必要ニ応シ更ニ小委員会ニ分ツ

主ナル分科委員会トシテハ航空事故調査分科会航空力学分科会，航空輸送分科会，発動機分科会，航空工業連繋分科会，合金分科会，安定並操縦分科会等トス

　　　　研究ノ実施機関トシテハ国立航空機研究所，国立物理研究所（之
　　　　等ハ内閣直属ノ研究機関ニシテ委員会附属ニ在ラス）等ヲ利用スルノ
　　　　外空海軍航空研究所及各大学ノ研究所並民間研究所ヲ利用ス
　　　　中央研究所トシテハ国立航空研究所及物理研究所等ヲ有ス
第二節　我国ノ航空技術発達促進ニ関スル方策
　　第一．内閣直属ノ有力ナル航空技術研究委員会ヲ設ケ要スレハ之ニ各
　　　　　部専門ノ技術分科委員会ヲ附属セシメ研究スヘキ航空技術問題
　　　　　ヲ審議決定シ研究ノ配当統制並指導ニ任セシムルト共ニ完成セ
　　　　　ラレタル研究ノ相互利用ニ当ラシムルヲ要ス

　　　　説明

　　　現在我国ノ研究機関ハ各自己当面ノ必要ニ基キ個々ニ研究ヲ実施シ
　　　ツヽアルカ故ニ相互ニ研究問題ノ重複間隔ヲ生スルノミナラス国家ノ
　　　航空国策ニ定見ヲ欠クカ故ニ自ラ研究事項一途ニ統制セラレサルハ当
　　　然トス之貧弱ナル我国航空技術研究ノ効果ヲ益々低下セシメ完成セル
　　　研究結果ヲ相互ニ利用スル事ニ於テサヘ不備ナルハ誠ニ遺憾トス而シ
　　　テ軍部民間各独自ノ立場ニ於テ研究ヲ要スル問題少カラスト雖航空技
　　　術トシテ共通ニ研究スルヲ有利トスル問題モ亦少カラス即国家的ニ各
　　　部研究機関ノ研究ヲ統制按配セシメ効果的ニ技術ノ発達ヲ促進セシム
　　　ルト共ニ研究結果ヲ広ク利用セシムル如クスルヲ最モ必要ト認ム
　　　以上ノ目的達成ノ為採ルヘキ方法一ナラスト雖我国現下ノ状勢ニ於テ
　　　速ニ其目的ヲ達センカ為ニハ内閣直属ノ委員会ヲ設クルヲ適当トスヘ
　　　シ
　　第二．国立中央航空研究所ヲ設立シ一般的航空技術ノ研究ヲ実施セシ
　　　　　メ軍及其ノ他ノ研究所ハ各独自ノ専門的問題ノ研究ニ専念セシ
　　　　　ムル如クスルヲ要ス

　　　　説明

　　　航空技術ノ研究ニハ軍部民間独自ノ立場ニ於テ研究ヲ要スルモノアリ
　　　ト雖一般共通的ノ研究事項甚タ多シ而シテ其研究実施ニ当リテハ研究
　　　設備ノ共通シ得ルモノ亦尠カラス即巨額ノ経費ヲ要スヘキ大風洞，高

圧風洞,「プロペラ」破壊試験機, 発動機高圧試験設備等ヲ中央研究所ニ完備シ一般航空技術ノ研究ニ利用スルト共ニ官民ヲ問ハス広ク之ヲ利用セシメ其研究ヲ助成具現化セシムルヲ必要トス

此ノ如クシテ航空技術ノ研究ハ能率的ナラシメ得ヘク各研究機関各々本来ノ研究ニ専念シ得ルモノトス

此ヲ我国ノ現状ニ観ルニ <u>帝大航空研究所トシテ膨大ナル機関ヲ有スルモ純然タル大学ノ研究機関ニシテ学理ノ研究ニ主体ヲ置キ直ニ之ヲ工業化シ且実用化スルノ技術トシテハ殆ト見ルヘキモノナシ</u> 列国ニ於テハ全ク之ト反シ航空技術ヲ実際的ニ工業化スル為ニハ膨大ナル国立研究所ヲ有スルモ大学ノ研究機関トシテ我国ノ如ク完整セル研究施設アルモノヲ見サル状況ナリ

第三. 陸軍航空技術研究所ハ其組織ヲ研究機関ト実験機関トニ区別シ研究機関ハ徹底セル陸軍航空技術ノ研究ト新器材ノ考案トヲ実施シ実験機関ハ航空器材ノ実験審査ニ専念シ得ル如ク人員設備ノ拡充並予算ノ増加ヲ必要トス

［説明部分省略］

第四. 陸軍航空技術ニ従事スヘキ優秀ナル技術者ノ養成ニハ全幅ノ力ヲ尽スヲ要ス

［説明部分省略］

第五. 陸軍航空研究所内ニ特別研究班ヲ設置スルヲ要ス

［説明部分省略］

第六. 航空技術駐在官ノ数ヲ増加シ外国航空技術諜報ノ蒐集ヲ速カナラシムルト共ニ其業務遂行ヲ容易ナラシム為一部ノ器材ハ機ヲ失セス駐在官ニ於テ現地購入シ得ルノ制度ヲ設ケ且之ニ所要ノ人員ヲ附スルヲ可トス

［説明部分省略］

第七. 官営ノ航空機製作工廠ヲ設立スルヲ要ス

［説明部分省略］

第八. 専門工場ノ指導助勢ヲ必要トス

［説明部分省略］

第九. 技術ノ研究ヲ深刻ナラシムルタメ之カ研究費ヲ増加スルヲ要ス

［説明部分省略］

第十. 外国製作器材ト雖優秀ナルモノハ技術上ノ参考資料トシ之ヲ購入スルノミナラス整備ノ一部ニモ之ヲ購入充当スルヲ可トス

［説明部分省略］

〈章末資料2〉『昭和十一年におけるドイツ航空視察報告』防衛省防衛研究所所蔵，請求番号：陸空・航空基盤 12（下線は著者による）

第五　航空工業及器材行政ノ考察

六〇　優秀機ノ活発ナル出現ニ必要ナル凡ユル措置ヲ講スルコト必要ニシテ之カ為研究，試作，審査ノ諸機関ニ国家的見地ヨリ統制ヲ加ヘ必要ノ拡充，改変ヲ行フト共ニ技術ト用法トノ調和ニ努ムルヲ要ス之カ主要対策左ノ如シ

1　工業技術的試作研究ノ主体ハ之ヲ特定スル若干ノ民間工場ノ自由競争タラシメ以テ其急速ナル進歩ヲ促進スルト共ニ各社ノ特徴ヲ十分ニ発揮セシム

2　試作工業ハ之ヲ大量生産工業ヨリ分離セシメ軍ハ正当ナル費用ニ対シテハ十分之ヲ保償シ且軍及官ノ所有スル研究，審査機関ハ最モ緊密ナル関係ニ於テ其研究ヲ指導援助シ軍，官，民協同作業ノ実現ヲ期スルヲ要ス

　独国航空工業ハ完全ニ此態勢ニ在リ

3　学術的研究ノ主体ハ大学及其附属研究所ニ置キ研究事項及施設ノ重複ヲ避ケ且研究ヲシテ国家特ニ軍ノ欲スル所ニ向ハシムル為軍部及文部ヲ包含スル統制機関ヲ設ケ軍ハ其欲スル事項ノ研究ニ対シテハ十分ナル財政的支援ヲ与フ

　独国ノ現状ハ各大学ノ研究機関ヲ以テ主要ナル学術研究ノ単位トシ研究事項ハ航空省技術局及航空研究所ニ於テ査議統制シ行政的処理ニ関シテハ航空省技術局之ニ当ル

4　大規模ノ中央研究機関ヲ設ケ理論及発明考案ノ実際化ヲ図ルト共ニ民間試作工業ト密接ナル関係ニ在リテ之ヲ指導シ且之カ研究ヲ援助ス其組織ハ財団組織ヲ可トス

　独国航空研究所ハ其建設費及経常予算ノ大部ハ航空省之ヲ負担シアルモ財団組織ニシテ第一線工業ト最モ緊密ナル関係ニ在リテ工業ノ発達ヲ指導促進スルニ必要ナル施設ヲ完備シ活発ナル実際的研究ヲ行フ

5　軍ハ軍自体ニアラサレハ研究困難ナル火器，弾薬，装備品等ニ関スル実際的研究機関ヲ保有スルモ飛行機，発動機ノ如キ軍官民共通ノ研究事項ハ之ヲ中央研究機関ニ委スルヲ可トス

　独国ハ総テ民間工業ニ委シ此種研究機関ヲ有セス

6　軍ノ審査機関ヲ拡充シ且大規模ノ実用実験部隊ヲ新設シ（各実施学校教導連

隊ヲ利用スルモ可ナリ）整備機決定前ニ於テ徹底的実用試験ヲ行ヒ整備機トシテ採用後ニ於ケル改修ヲ極少ナラシメ以テ教育，訓練，器材補給ヲ容易ニシ且改廃ニヨル予算ノ浪費ヲ防止スルコト必要ナリ之カ為性能装備等ノ審査終了スルモ直ニ大量整備ニ移ルコトナク約二十機程度ヲ製作シ其実験部隊ニ於テ十分ナル実用性ヲ試験スルヲ要ス

　独国ハ三大隊編制ノ実用実験部隊ヲ以テ試製機少クモ二十機ニツキ一箇年以上ニ亙リ徹底的ニ試験ス

7　優秀ナル技術員ノ養成，配置ニ就テハ国家的ニ企画シ其実施ヲ統制スルヲ要ス

8　<u>器材ノ研究ハ用兵上ノ要求ニ順応スルヲ要シ</u>現下ノ情勢ニ鑑ミ特ニ次ノ諸点ヲ考慮スル必要アリ

　　イ　厳寒作戦ニ対スル装備各般ノ研究ヲ急キ対蘇作戦ニ遺憾無カラシム

　　ロ　攻撃機重点主義ヲ採用セントスルニ方リ将来蘇国カ退避作戦ニ出ツルコトアル場合長駆之ニ対応シ得ル器材ノ研究ヲ行フコト（「ディーゼル」機関ノ利用等）

　　　　右航続距離ノ延長ニ関スル

　　ハ　飛行機ニ性能ノ万能性ヲ要求スルコトナク戦術的要求ニ基キ特色アル機種ヲ研究スルコト

　　　　例ヘハ攻撃機，高速爆撃機，超高空偵察機等ノ如シ

　　ニ　奇襲兵器ノ研究ヲ促進スルコト

　　　　例ヘハ飛行機ヲ以テスル通信線破壊ノ為ノ器材ノ如シ

第2章　対日技術封鎖下の基礎研究シフト

は じ め に

　1930年代末，盧溝橋事件後の中国（中華民国）との全面戦争のもと，国際的な孤立を深めた日本では，アメリカなどからの経済封鎖が深刻な問題となった。日本への石油輸出の禁止が，太平洋戦争開戦の引き金の一つとなったことは周知の通りである。自主開発が進みつつあった航空分野においても，海外技術に依存する領域は多く，対日技術・情報封鎖は研究開発全般に大きな影響を及ぼした。技術封鎖は，陸軍の航空研究戦略の変容をもたらし，文部省の科学動員のあり方にも影響を与えることとなった（文部省の科学動員については第Ⅱ部を参照のこと）。前章でみたように，1930年代後半，陸軍の要求を受けて国内航空研究機関では応用研究が進展してきた。技術封鎖を受けて，陸軍の要求は変化し，「自給自足の研究体制」を強調して，新技術を生み出す研究環境の整備を提言するようになる。海外技術に頼ることが難しくなる中で，応用研究を重視する施策は転換を余儀なくされ「基礎研究シフト」が起こったのである。

　1938〜39年までの対日禁輸施策については，対日経済封鎖の前哨戦として取り上げられる場合がほとんどであった。これに対し本章では，日本の科学技術動員に影響を与えた重要な問題として，1930年代末の技術封鎖そのものに焦点をあてて，その実情とインパクトをみていきたい。

第1節　モラル・エンバーゴ

　太平洋戦争開戦直前の時期に，日本が最後まで貿易を続け，日本と海外との情報窓口となったのは，他ならないアメリカであった。1930年代，ブロック経済化と保護主義の台頭によって，第二次世界大戦以前から世界貿易は縮小していた。1939年9月の開戦を受けて，交戦国となったヨーロッパ諸国は禁輸

措置をとり，また，ドイツからの海上ルートによる輸入も困難となった。さらに 1940 年には，ポンド圏との通商関係も途絶した。日本の対外貿易として最後まで残ったのは，当時世界最大の輸出国であり，最後まで戦争に巻き込まれなかったアメリカとの取引であった。太平洋戦争の開戦を待たずに，日本の対外経済は，アメリカに金と生糸を輸出し，アメリカから軍需物資を輸入するというバーター的なものになっていたのである[1]。以下では，主に 1938〜41 年のアメリカとの貿易に焦点をあてて，対日輸出規制が強化されていく状況を概観する。

　1932〜38 年に，アメリカからの輸入のボトルネックとなっていたのは，対米貿易赤字による輸入制限の必要性であった。1931 年以前は，巨額な絹の輸出のため，日本の対米貿易収支は黒字であった。しかし，1932 年以降，世界的に広がった日本製品へのボイコット[2]の影響下で，日本の対米貿易収支は赤字続きで，日本はアメリカからの輸入を制限せざるを得ない状況にあった。これに対してアメリカ側は，輸出業者を中心に，対日輸出にむしろ積極的な姿勢を示していた。1932 年から 1939 年において，日本はアメリカにとってイギリス・カナダに次ぐ三番目に大きな輸出市場となっていた。アメリカの輸出業者は，日本のさらなる輸入制限を引き起こすことになる，アメリカ国内での日本製品のボイコットや輸入制限に対して，憂慮の意を示すほどであった[3]。

　1938 年になると，アメリカの対日禁輸政策が，輸入に影響を与えるようになった。最初の対日「禁輸」措置は，1938 年 6 月，アメリカ政府が行った航空機輸出に関するものだった。6 月 3 日，アメリカのコーデル・ハル（Cordell Hull）国務長官とサムナー・ウェルズ（Sumner Welles）国務次官は，政府として正式に対日武器禁輸制限の態度を表明した。続いてハル国務長官は，6 月 11 日の新聞記者団との会見で，無防備都市爆撃のために使用される軍用機の販売を阻止するため，空爆国と取引するアメリカの軍用機製造業者と輸出業者に対して，アメリカ政府の態度を繰り返し通告する旨，述べたのである。アメリカでは，1935 年 8 月に，交戦国への武器・弾薬の輸出を禁止する中立法が成立していたが，日中戦争は正式な宣戦布告がなされなかったため，同法の適用外となっていた。また 1938 年時点においては，別途スペイン内戦が継続中だったが，スペインに対する航空機の販売は既に中立法が適用され禁止されていた

ため，上記の警告は，実質的に日本を対象とするものであった。規制の対象になったのは，航空機関係の製品で，航空機・武器・エンジン部品・付属品・爆弾・魚雷だった [4]。

この「禁輸」措置は，日本による中国諸都市への無差別爆撃をきっかけとして実行された。1937 年 7 月の盧溝橋事件後，日本と中国は全面戦争となり，8月以降，日本軍により南京・広東・杭州などの都市への爆撃が実施されるに至った。都市爆撃により民間人の死傷者が続出すると，国際的な批判が広がり，9 月には国際連盟総会で日本軍による中国の都市爆撃に対する非難決議が採択された。アメリカ国内でも，日本の爆撃に対する批判が高まり，アメリカ政府に対し対日武器輸出の禁止を求める運動が活発となった [5]。当時，日本はアメリカから多額の軍需品を輸入しており，アメリカが日本の軍事行動を間接的に支援しているような状態となっていた。

ハル国務長官の声明は，空爆に対するアメリカの対応措置として日本国内でも報じられた。1938 年 6 月 13 日の『東京朝日新聞』夕刊は，ワシントン特電11 日発として，2 週間以上にわたる広東爆撃に対するアメリカの新聞雑誌の囂々たる非難によって刺激された対日航空機輸出阻止運動は，ハル国務長官が新聞記者団との会見においてこれに言及した結果，重大化するに至ったとする。一方で，消息筋のみるところでは，日本に対して精神的な圧迫を加えることが，現在のところアメリカがなし得る限度であり，法的拘束を加えることはあるまいと観測している [6]。

6 月 11 日のハル国務長官による警告の後も，日本への武器輸出を牽制しようとする動きがアメリカで続いた。ハル国務長官による警告の直後には，アメリカ国務省が，国務長官の声明に関して航空機製造会社に対し口頭で警告を行った。また，6 月 16 日には，アメリカ連邦議会上院において，キー・ピットマン（Key Pittman）外交委員長の提案を受けて，非戦闘員空爆国への航空機輸出抑制に関する警告の宣言が可決された。上記宣言は，当初，非戦闘員の空爆排撃を要請するとともに，この空爆を停止させるため議会としてとるべき措置について，外交委員会が調査し，調査結果を次期議会に報告する旨の決議案であったが，調査報告の実施に対しては反対があり，単なる道徳的宣言として決議された。6 月 20 日には，日本の総合商社である大倉商事の注文を引き受け

たアメリカの軍需会社に対し，国務省が注文引き受け抑制の警告を行った。さらに，7月1日には，軍需品統制局長が，航空機製造会社および輸出業者に対して，アメリカ政府の方針に従うように警告を発した。警告の内容は，国務省は非戦闘員空爆国に対し航空機およびその部分品ならびに爆弾の輸出許可状を発給することを遺憾とするをもって，製造業者および輸出業者で契約上の義務を有し許可を申請しようとするもの，または許可状の既に発給されているものは，その申請前または許可状発給後輸出前において，その契約内容を国務省に通知することを慫慂するというものだった[7]。

1938年時点の「禁輸」は，アメリカ国務省が，国内の航空機製造会社・輸出業者に対して，自発的な対日輸出の中止を求めたものであり，「道義的禁輸（モラル・エンバーゴ）」と呼ばれた[8]。

第2節　モラル・エンバーゴへの日本側の対応

ハル国務長官の警告後の一連の動きは，日本政府内で重大に受け止められた。在ニューヨーク若杉総領事発，宇垣外務大臣宛，1938年7月7日着の極秘電報は，以下のように伝えている（下線は著者による）。

　飛行機製造業者及三井，三菱，大倉ノ本邦商ヲ含ム同輸出業者ニ対シ米国軍需品統制局ヨリ「非戦闘員空爆国ヘノ飛行機輸出抑制ニ関スル六月十一日「ハル」長官ノ警告ニ付テノ説明トシテ右声明ハ非戦闘員空爆ヲ決定的ニ非難セル事実ニ鑑ミ世界ノ何レノ国ヲ問ハス非戦闘員空爆ヲ実質的ニ奨励又ハ援助スルカ如キ飛行機又ハ其ノ部分品ノ販売ニ米国政府カ強硬ニ反対スルコトハ何人ニモ明カナル所ニシテ国務省ハ飛行機ヲ非戦闘員攻撃ノ目的ニ使用スル国ニ対シ直接又ハ間接ニ如何ナル　aircraft, aircraft armament, aircraft engines, aircraft parts and accessories, aerial bombs or torpedoes ノ輸出許可状ヲ発給スルコトハ極メテ遺憾トスル所ナリ（would with great regret issue any licenses）従テ契約上ノ義務ヲ有シ且同契約上ノ義務ヲ解除スルコト不可能ナル製造業者又ハ輸出業者ニシテ許可ヲ申請セントスル者又ハ既ニ許可状ヲ発給セラレタル者ハ其ノ申請前又ハ許可状発給後輸出前ニ於テ国務省ニ其ノ契約内容ヲ通知センコトヲ慫慂ス」ル旨通知

越セル趣ナリ

然ルニ本邦人及米人当業者等ノ観測ニ依レハ右ハ中立法其ノ儘ノ発動カ却テ支那ニ不利ニシテ日本ニ有利ナルコト及其ノ他国内事情ニ依リ中立法ヲ発動セサル関係上単ニ行政的措置ニ依リ対日飛行機輸出ヲ抑制セントスルモノニシテ何等法律上ノ拘束力ヲ有セサルヲ以テ之ヲ直ニ遵奉スヘキヤ否ヤ又右警告ヲ無視シテ販売又ハ輸出ヲ継続スルトキハ何等カノ方法ニ依リ営業上政府筋ノ圧迫ヲ蒙ルコトナキヤ否ヤ又日米条約違反トシテ右ノ如キ行政的措置ニ抗議シ得ヘキモノナリヤニ付目下日米当業者ニ於テ研究中ナリ

尚当業者ノ観測ニ依レハ右国務長官ノ警告ハ相当国務省ノ態度ノ硬化ヲ示スモノナルニ鑑ミ来議会ニ於テハ中立法ヲ改正ノ上之ヲ発動セシムル可能性多分ニアルヲ以テ少クトモ現在ノ注文品ハ本年内ニ至急輸出手続ヲ了スル様本邦ニ於テ適切ナル措置ヲ構セラルルコト得策ナルヘシトノ意嚮ヲ有シ居レリ

今後ノ成之追テ電報スヘキモ不取敢右御報告迄[9]

　電報によれば，航空機製造会社および三井物産・三菱商事・大倉商事などの日本の商社を含む輸出業者に対して，アメリカ軍需品統制局より，契約上の義務を持ち，かつ同契約上の義務を解除することができない製造業者または輸出業者が許可を申請するもの，またはすでに許可状を発給されたものは，その申請前または許可状発給後輸出前において，その契約内容を国務省に通知することを慫慂すると通知があった。日本人およびアメリカ人の当事者の観測によれば，中立法をそのまま発動すると，かえって中華民国に不利となり日本に有利になること，また国内事情によって中立法を発動できないため，単なる行政的措置により，日本への航空機の輸出を抑制しようとするものであった。

　まったく法律上の拘束力を持たないため，この通知をすぐに遵守するべきかどうか，また，この警告を無視して販売または輸出を続けた時，何らかの方法で営業上，アメリカ政府からの圧迫を受けるのかどうか，日米通商航海条約違反としてこの行政措置に抗議すべきなのか，日米の当事者において研究中であるとする。アメリカ政府の警告に対して，どのような対応をとるべきか，態度を決めかねている様子がうかがえる。

また，営業者の観測として，国務長官の警告は国務省の態度の硬化を示すものであることをから，来議会において中立法を改正して発動する可能性も大いにあるため，少なくとも現在の注文品は，本年内に至急，輸出手続きを完了するよう，政府において適切なる措置を講じることが得策だと述べる。現在の注文品だけでも至急，輸出を完了すべしとの訴えからは，今後の規制強化が予想される現地の切迫した状況が伝わってくる。また，アメリカからの軍需物資が日本にとって非常に重要であったことがわかる。

　上記電報は，1938 年 7 月 11 日，外務次官堀内謙介から陸軍次官東条英機宛に「飛行機輸出抑制ニ関スル米国国務長官ノ警告ニ関スル件」に添付され転送された。同電報は，陸軍省の他，大蔵省・海軍省・商工省・企画院にも送付されている [10]。今後の輸出規制に関わる関係省庁として，為替管理と貿易統制を担う大蔵省，航空機産業や物資動員計画を管轄する商工省と企画院，軍用機の実際の使用者である陸海軍に情報を伝えたのである。

　さらに，在ニューヨーク若杉総領事発，宇垣外務大臣宛，7 月 12 日着の電報は，7 月 1 日の軍需品統制局長の業者宛通告に関して，三菱および大倉の顧問弁護士の意見概要を伝えている。概要は以下の 4 点であった。1）国務省の通告は，アメリカ政府が世界中のどこにおいても非戦闘員の空爆を援助または奨励する器物の販売について強硬なる反対を声明するものである。2）直接中立法の発動によらずに間接の方法によって対日輸出許可を禁止しようとするものである。3）国務省の干渉は，合衆国憲法や法律および日米通商航海条約における最恵国待遇の精神に牴触する可能性がある。4）9 日付け AP 通信が報道したように，政府が議会に対し中立法改正の提議をするとの，ピットマン上院外交委員長の会見談話があった。今後の注文に対する許可状発給に関する実際的取り扱いぶりや，既に輸出の許可状発給を得ている物件の輸出を確かめたる上で，非公式に国務省に対して右通告に関して，日本の空爆が非戦闘員を目的とするものではない次第を説明し了解を求めるかどうか，また，差別的待遇に対して注意を喚起するべきか，考える必要がある [11]。

　7 日着の電報と 12 日着の電報の内容を比べてみると，7 日着の電報では「行政的措置ニ依リ対日飛行機輸出ヲ抑制」しようとするものとしていたのが，12 日着の電報では「間接ノ方法ヲ以テ対日輸出許可ヲ禁止」しようとするものと

表現が変化している。輸出が部分的に制限されるという実務者の当初の認識に比べ，顧問弁護士がより強い危機感を持ち，航空器材の全面的な輸出禁止までを危惧していたことがわかる。

　12日着の電報は，1938年7月16日，外務次官堀内謙介から陸軍次官東条英機宛に「対日軍需品輸出抑制ニ関スル米国国務省ノ警告ニ関スル件」に添付され転送された。同電報も，陸軍省の他，大蔵省・海軍省・商工省・企画院にも送付されている[12]。

　既に輸出許可を受けている注文品についての至急の輸出手続き完了や，今後の注文に対する許可状発給についての注意喚起を求める外務省からの情報を受けて，陸軍は航空兵器の輸入を急ぐ措置を進めた。至急対応が求められたのは，航空機のプロペラの輸入であった。7月21日，陸軍次官から在アメリカ大使館付武官宛に，以下の電報が送付された。

　　一，昭和十二，十三年度既ニ注文セルハミルトペラ九五〇本中着荷済ノモ
　　　ノ二一三本ナリ全量本年中ニ完納シ得ル如ク配慮セラレ度
　　二，「ペラ」ハスベテ輸入為替許可済ナリ
同電報によれば，1938年7月時点で，1937年度および1938年度に注文した合計950本のハミルトン・スタンダード（Hamilton Standard）のプロペラの内，既に到着しているのは213本であり，残り737本すべてを1938年中に納めることができるよう配慮することを求めたのである[13]。プロペラはすべて輸入為替許可済みとのことから，為替管理を掌る大蔵省からの認可も得ていたことがわかる。

　ハミルトン・スタンダードはユナイテッド・エアクラフト社（United Aircraft Corporation）のプロペラ製造部門で，プロペラ製造ではアメリカを代表する存在だった。1930年代後半，ハミルトン・スタンダードのプロペラは，イギリス・ドイツ・イタリアなどで特許が取得されライセンス生産された。アジア・太平洋戦争期の日本でも，多くの航空機は，ハミルトン・スタンダードの技術をもとにしたライセンス生産のプロペラを使用していた。

　陸軍次官からの電報に対して，在アメリカ大使館付武官から陸軍次官宛に，7月23日発24日着で，1）1937年度発注分は1938年7月までに376本の積み出しが終わり，残り126本は遅くとも9月中に積み出しを完了する予定で，2）

1938 年度発注分は，8 月に準備して 9 月に積み出しを開始し，12 月中に積み出しを完了する予定との返信があった [14]。陸軍次官からの指示を受けて，現地のアメリカにおいても，注文済みのプロペラの積み出しを順次進め，1938 年内の業務完了に向けて取り組みを進めていたことが確認できる。

　また，上記のプロペラに関する件とは別に，陸軍内では，他の航空機部品についても，緊急輸入する措置が講ぜられた。「陸支密受第 7913 号 空爆に関連する米国の対日態度に鑑み輸入促進措置に関する件」（1938 年 7 月 27 日大臣官房受領，8 月 13 日結了）では，陸軍次官から企画院次長へ，輸入促進の必要なものを通牒している。「次期物動計画ニ計上予定ノモノノ中本年中ニ繰上緊急輸入スヘキモノ」として指定されたのは，「飛行機機体・発動機部品」（534 万円），「飛行機用軽合金型材・線材」（405 万円），「飛行機用揮発油（高オクタン価）類」（1150 万円），計 2089 万円であった。「既定物動計画中計上ノモノ」は，「飛行機機体・発動機部品」（95 万円），「飛行機用軽合金型材・線材」（169 万円），「飛行機用揮発油（高オクタン価）類」（576 万円），計 840 万円と記されている [15]。3 つの品目とも，既定の計画とは別に 2 倍以上の金額を上乗せして，輸入を拡大しようとしていたことがわかる。特に，「飛行機機体・発動機部品」については，既定の金額の 5 倍以上の輸入を，別途，緊急に進めようとするものであった。

　上記の通牒には「備考」として以下の 4 点が記されている。1)「既定物動計画ニ計上ノモノ」は本年の輸入資金に影響しないが，早期輸入に関連し月割において一時的輸入増を生じるものとする。2)「次期物動計画ニ計上予定ノモノ」は本年の陸軍割当輸入資金の増額となるものとする。3) 前 2 号による輸入促進のため既定物動に基づく予定輸入軍需物資の繰り下げを行うことは不可とする。4) 既定物資動員計画に基づく予定輸入軍需物資にしてアメリカより本年内に取得するものは主要なるもの 7722 万円とし，この内航空関係 2400 万円程度とする（前表記載の 3 品目のみを含む）[16]。「備考」からは，既定の物資動員計画に計上しているものについても，早期の輸入を行うため，前倒しで輸入を進める見通しを持っていたことがうかがえる。また，輸入超過を抑えるための輸入制限下においても，軍の輸入資金の増額を強引に要求し，航空機材の緊急輸入を進めようとしていたことがわかる。

ハル国務長官の警告が技術貿易に与えた影響については，実際の輸出を担った日本商社の資料によって，商社在米支店の対応状況，アメリカ航空機製造業者の反応などが明らかになっている。太平洋戦争開戦以前の在米日本商社の資料は，太平洋戦争開戦後，アメリカ政府によって接収され，その後アメリカ国立公文書記録管理局（NARA）[17]に所蔵されたもので，貿易の最前線での具体的な状況が垣間見られて興味深い。以下では，上記資料を用いた，経済史経営史分野の三輪宗弘・落合功らの研究をもとに，技術封鎖への商社などの対応を概観する。

　落合は，技術封鎖期の大倉商事ニューヨーク支店の活動を明らかにしている[18]。大倉商事は旧大倉財閥系の総合商社で，1930年代後半には陸軍造兵廠や海軍工廠から軍需物資を受注し，その取引額は三井物産・三菱商事と並び立つほどであった。6月11日のハル国務長官による警告が出た頃，大倉商事ニューヨーク支店では，ちょうどロッキード社（Lockheed Aircraft Corporation）の輸送機（ロッキードL–12・エレクトラジュニア）の取引を進めようとしていた。ハル長官の警告以前には，ロッキード社も輸出に積極的で，宣伝を兼ねた中古のL–12一機の取引においては，技術者と思われる人物を日本に派遣し，滞在費などの諸費用の半額に相当する最大5000ドルを，ロッキード社が負担することを申し出ている（同輸送機の工場渡し額は原価4万ドル）。しかし，ハル長官の警告後は，アメリカ国務省の圧力を受けて，ロッキード社は輸出に及び腰となり，宣伝機の積み出しの延期を申し出た。大倉商事は国務省と再三交渉して対日輸出許可を得たが，ロッキード社はこれに応ぜず，アメリカ政府からにらまれることを極度に恐れ，少なくとも二ヵ月ほどの延期を提案した。結局，大倉商事側も，あまり無理強いすると，ロッキード社との今後の関係に悪影響を及ぼすと考え，延期の提案を承認することとなった。

　先の三菱および大倉の顧問弁護士の意見概要にもあるように，ニューヨーク支店では，中立法の発動がないため，アメリカ政府の通知には法律的な根拠がないとして，輸出業務の継続をめざした。ニューヨーク支店の資料には，アメリカ政府の通知に対しては，当分の間，各商社とも無視することになったとの記載が残っている。大倉商事とロッキード社は，航空機の輸出方法について模索を続け，10月13日には部分品として輸出を行い，技術者を派遣して日本で

組み立てれば比較的容易に許可が得られると，ニューヨーク支店から大倉商事本社に提案している。対日制裁が強化される中，抜け道を探しながら航空機の輸入が行われていたのである。

第3節　アメリカの武器輸出と日本の依存

　本節では，アメリカの武器類輸出統計をもとに，1930 年代後半にアメリカから日本への武器輸出が急激に増加したこと，および 1938 年 6 月以降におけるアメリカ政府の規制によって武器輸出が急減したことをみていく。アメリカの輸出規制がもたらした全体的な影響を明らかにするとともに，輸出品の細目に着目することで，どのような技術分野で，日本がアメリカに依存していたのかも分析する。

　ここで取り上げる武器類輸出統計は，当時，アメリカ国務省が報道機関向けに発行していた資料「プレスリリース（*Press Releases*）」に記載されていたデータをもとにしている。資料「プレスリリース（*Press Releases*）」は，国務省が所管する外交や通商などに関する様々な報告・声明などを掲載したもので，毎週土曜日に発行されていた。武器類輸出統計は，1939 年 5 月まで，基本的に前月における統計データが翌月発行の資料に記載される形で公表された。同統計では，輸出先の国別に輸出許可件数と価額が記されている。輸出許可件数と価額については，武器類のカテゴリ別の明細もある（カテゴリ区分については後述する）。

　同統計は，発表当時，外務省を通じて陸軍や海軍に送付されることもある重要情報であった。例えば，1939 年 2 月分の統計データは，3 月 11 日にアメリカ国務省により公表され，堀内アメリカ大使から有田外務大臣宛に，3 月 17 日本省着の電報で通報された。電報では，日本以外の各国への武器輸出統計データが，発表された形式のまま，写しとして添付されている。同電報の内容は，5 月 6 日付けで，外務次官澤田廉三から陸軍次官山脇正隆へと送付された。同情報は，海軍次官・興亜院総務長官へも送付された [19]。また，同統計については新聞でも報道された。例えば『東京朝日新聞』1938 年 7 月 24 日夕刊の記事「米機の輸出多数　当局説明　ハル長官の反対言明の効果半年後には現れん」

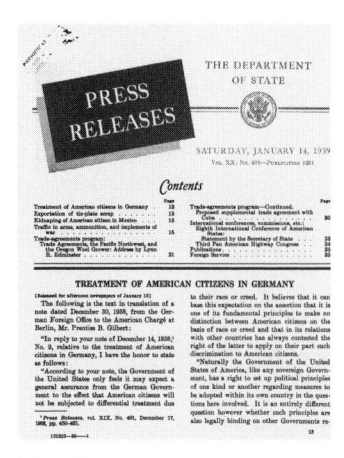

図6 「プレスリリース (Press Releases)」(1939年1月14日発行号)

では，7月22日にアメリカ国務省により公表された統計データについて報道している。記事では，ハル国務長官の警告にもかかわらず，航空機の輸出は依然巨額に達していることが明らかになったと報じている。そして当局の説明によれば，ハル国務長官の声明は法律上の拘束力はなく，輸出許可を申請してくれば拒否することはできないが，現在許可を申請してくるのは声明発表前の契約を履行するためであって，新規の商談に対しては，航空機製造会社は原則的に協力を誓っているから，半年もたてば，その効果が現れて来るだろうと語ったと記している。同時に，中国やオランダ領東インド向けの輸出許可額も記載し，オランダ領東インドが「対日軍備に狂乱」していると述べている [20]。サンフランシスコで発行されていた邦字新聞『日米新聞』でも，1938年6月13日付けで，6月11日にアメリカ国務省により公表された統計データについて報道している。記事では，「事変」以来，日本がアメリカから多額の武器を購入しているとして，1937年12月1日～1938年6月1日における日本への武器輸出許可額を報道している。また，この半年間における日本への武器輸出許可額は，同時期における中国への武器輸出許可額と比較しても多く，日本はアメリカにとって最大規模の軍需品輸出先となっていることや，1938年5月における日本への武器輸出許可件数と価額についてカテゴリ別の明細も記している [21]。外務省の電報や新聞報道は，同時代の情報としては貴重な内容であったと思われるが，断片的な性格が強い。以下では，よりまとまった形でこの統計データを検討し，日中戦争勃発やモラル・エンバーゴの影響を分析してみたい。

　表2は，1937年1月から1939年5月までの日本への武器輸出許可額を月ごとに記載したものである。表2からは，1937年7月の日中戦争勃発後，日本への輸出額が飛躍的に増加し，1938年前半に最大となり，1938年6月のハル国務長官の警告以降，急激に減少したことがわかる。1937年1～6月の半年間

表2　1937年1月〜1939年5月アメリカの武器類輸出額（許可額，単位：米ドル）

	武器輸出額総額	日本への輸出額（金額）	日本への輸出額（割合）
1937年1月	7,783,057	13,001	0.2%
2月	3,746,553	34,432	0.9%
3月	3,685,351	5,270	0.1%
4月	4,032,773	19,196	0.5%
5月	4,776,011	13,340	0.3%
6月	2,764,791	20,740	0.8%
7月	1,700,204	203,578	12.0%
8月	2,866,190	296,435	10.3%
9月	18,089,537	438,737	2.4%
10月	7,437,692	85,378	1.1%
11月	5,746,989	528,453	9.2%
12月	1,930,747	250,282	13.0%
1938年1月	6,765,112	538,243	8.0%
2月	4,904,788	1,184,950	24.2%
3月	5,456,319	893,983	16.4%
4月	6,444,494	1,889,024	29.3%
5月	5,588,706	1,334,608	23.9%
6月	7,761,289	1,710,049	22.0%
7月	10,831,149	1,125,492	10.4%
8月	3,089,241	179,249	5.8%
9月	27,891,416	78,720	0.3%
10月	7,126,044	85,138	1.2%
11月	3,467,040	0	0%
12月	3,101,767	102,000	3.3%
1939年1月	6,271,030	0	0%
2月	16,269,396	0	0%
3月	11,387,446	0	0%
4月	3,926,805	0	0%
5月	17,916,996	0	0%

「プレスリリース（*Press Releases*）」vol. XVI–XX, no. 379–508 の "Traffic in Arms, Ammunition and Implements of War" 掲載のデータによる。1ドル未満切り捨て。

に合計10万6000ドルほどだった輸出額は，1937年後半（7〜12月）には合計180万ドル以上になり，約17倍に増加している。1938年前半（1〜6月）には合計755万ドルとなり，さらに4倍以上になりピークに達した。その後，アメリカの輸出規制を受けて，1938年後半（7〜12月）には，160万ドル以下に減

少した。特に 1938 年 8 月以降は輸出額が最大であった同年 4 月と比べ 10 分の 1 以下になっており，11 月は，1 件も輸出許可が認められていない。1939 年前半（1～5 月）も，輸出許可件数はゼロである。モラル・エンバーゴの影響が極めて大きかったことが読み取れる。

　1939 年以降の輸出許可がなくなった背景には，対日「禁輸」政策の実効性を高めるためアメリカ政府が行った輸出業者への圧力があった。アメリカ国務省は，1939 年 1 月 14 日付けの「プレスリリース（*Press Releases*)」において，対日輸出規制に従わない業者名の公表に踏み切ったのである。同資料によれば，非戦闘員を爆撃する国に対して航空機材の輸出を歓迎しないという国務省の方針に対して，例外を除きすべての民間業者の協力を得たとする。そして，方針に従わない「唯一の例外」として，ユナイテッド・エアクラフト社を名指し，1938 年 12 月に，同社が航空機用金属プロペラ 600 本，総計 10 万 2000 ドルの輸出許可を受けたことを公表したのである [22]。先に述べたように，ユナイテッド・エアクラフト社のプロペラ製造部門がハミルトン・スタンダードであったので，この航空機用金属プロペラとはハミルトン・スタンダードのプロペラのことと思われる。国務省の指摘に対して，ユナイテッド・エアクラフト社は，1939 年 1 月 19 日，アメリカ政府の対日「禁輸」政策に全面的に従うとの声明を発表した [23]。こうした情勢から，2 月 2 日には，大倉商事ニューヨーク支店においても，今後，航空機材の輸出はほとんど不可能との認識が示されている [24]。

　1938 年 5 月までの統計データは，輸出許可件数と価額のみが公表されていたが，1938 年 6 月以降は，実際の武器輸出額についても，併記されるようになった。表 3 は，1938 年 6 月～1939 年 5 月の日本への実際の武器輸出額を月ごとに記載したものである。表 3 からは，1938 年 6 月以降，実際の輸出額も減少傾向であったことがわかるが，輸出許可額の減少と比べると，やや減少スピードが遅い。例えば，1938 年 12 月の輸出許可額は同年 6 月の 6.0% に激減しているが（表 2 参照），1938 年 12 月の実際の輸出額は同年 6 月の 21.4% に減少するにとどまっている。前節で取り上げたように，既に輸出許可を受けた物品については，急ぎ輸出業務が進められたので，輸出許可が得られなくなった後も，分量を減らしながら，しばらくのあいだ，輸出が続いたものと思われる。

表3　1938年6月〜1939年5月アメリカ武器類輸出額（実額，単位：米ドル）

	武器輸出額総額	日本への輸出額(金額)	日本への輸出額(割合)
1938年6月	5,845,492	1,379,128	23.6%
7月	5,514,916	1,083,277	19.6%
8月	5,062,457	1,267,529	25.0%
9月	3,444,672	368,166	10.7%
10月	4,080,810	679,333	16.6%
11月	2,996,495	564,754	18.8%
12月	5,368,027	295,282	5.5%
1939年1月	4,630,587	98,180	2.1%
2月	6,425,077	41,310	0.6%
3月	6,651,814	37,400	0.6%
4月	6,712,008	0	0%
5月	9,556,070	13,600	0.1%

「プレスリリース（*Press Releases*）」vol. XVI–XX, no. 379–508 の "Traffic in Arms, Ammunition and Implements of War" 掲載のデータによる。1ドル未満切り捨て。

アメリカの武器製造業者や輸出業者からみると，1930年代末は，日本への輸出にこだわる必要性が薄れていった時期であった。1938年前半まで，日本はアメリカにとって最大規模の武器輸出先だった。日本への武器輸出は，国際的にも，またアメリカ国内からも批判を受けたが，批判に抗して輸出するだけの経済的利益があった。しかし，1938年後半以降，ヨーロッパ情勢の緊迫化を受けて，状況は大きく変化した。フランスなどからの輸出の引き合いが急増したのだ[25]。さらに，1939年11月には中立法が改正され，交戦国への武器輸出が解禁された。中立法改正後のアメリカは軍需景気に沸き，イギリス・フランスなどから，航空機・野砲・トラック・火薬原料・ガスマスク・医療機械・電信機械などの注文が殺到した[26]。アメリカ政府や世論に背いてまで，日本への輸出を続ける必要性は乏しくなったのである。

表4は，1937年1月〜1939年5月の日本への武器輸出許可額について，月ごと，カテゴリ別に記載したものである。アメリカ国務省公表の武器類輸出統計では，以下のカテゴリ区分に従って，輸出許可件数と価額が記されている。

アメリカ武器類輸出統計のカテゴリ区分（議会決議に基づいて1936年に大統領が布告した，武器・弾薬および軍需品のリストによる。以下は概訳）

表4 1937年1月〜1939年5月アメリカから日本への武器類輸出許可額（カテゴリ別，単

	カテゴリ1	カテゴリ2・6・7	カテゴリ3–1	カテゴリ3–2	カテゴリ4
1937年1月	290				65
2月	104				
3月					
4月					
5月					
6月		8			37
7月	987	45	92,340		
8月		8	45,000		1,993
9月					3,214
10月			49,100		32,460
11月	20,025				
12月			250,000		283
1938年1月			44,785		
2月					549
3月	170,023		199,830		
4月					
5月			599,490		
6月			684,880		
7月					
8月					
9月					
10月					77,923
11月					
12月					
1939年1月					
2月					
3月					
4月					
5月					
合計	191,429	61	1,965,425	0	116,524
	1.7%	0.0%	17.8%	0.0%	1.1%

「プレスリリース（*Press Releases*）」vol. XVI–XX, no. 379–508 の "Traffic in Arms, Ammunition
未満四捨五入。

カテゴリ5–1	カテゴリ5–2	カテゴリ5–3	総　額
1,500	3,946	7,200	13,001
		34,328	34,432
		5,270	5,270
7,000		12,196	19,196
		13,340	13,340
2,695	18,000		20,740
	12,792	97,415	203,579
221,365	1,249	26,820	296,435
370,050	5,950	59,524	438,738
	3,818		85,378
	474,360	34,068	528,453
			250,283
264,450	229,008		538,243
953,370	60,452	170,580	1,184,951
440,750	3,080	80,300	893,983
988,524	892,500	8,000	1,889,024
528,900	34,218	172,000	1,334,608
1,024,525	644		1,710,049
8,400	1,099,893	17,200	1,125,493
	108,309	70,940	179,249
	78,720		78,720
	7,216		85,139
			0
	102,000		102,000
			0
			0
			0
			0
			0
4,811,529	3,136,155	809,181	11,030,304
43.6%	28.4%	7.3%	

and Implements of War" 掲載のデータによる。カテゴリ別の数値を1ドル

- カテゴリ1
  - (1) 22口径を超える小銃およびその銃身
  - (2) 22口径を超える機関銃類及びその銃身
  - (3) すべての口径のカノン砲・榴弾砲・迫撃砲およびその砲架・砲身
  - (4) 上記（1）および（2）の弾薬・薬莢・弾丸・上記（3）の砲弾
  - (5) 手榴弾・爆弾・魚雷・地雷・爆雷など
  - (6) 戦車・装甲車など
- カテゴリ2

  軍用船舶
- カテゴリ3
  - (1) 軍用機
  - (2) 砲架・爆弾投下装置などの武装
- カテゴリ4
  - (1) 22口径を超える回転式拳銃および自動拳銃
  - (2) 上記（1）の弾薬・薬莢・弾丸
- カテゴリ5
  - (1) 軍用以外の航空機
  - (2) プロペラ類・機体・翼など
  - (3) 航空用エンジン
- カテゴリ6
  - (1) リーベンス投射器［化学兵器投射器］および火炎放射器
  - (2) マスタードガス・ルイサイトなど［化学兵器］

　武器類輸出統計をカテゴリ区分別に分析すると，日本の技術開発が，どのような分野で海外技術に立ち後れていたのかが，よくわかる。日本への輸出は，カテゴリ5（1）軍用以外の航空機（43.6%），カテゴリ5（2）プロペラ類・機体・翼など（28.4%），カテゴリ3（1）軍用機（17.8%）の割合が大きかった。こうした品目について，日本では，1930年代後半になっても，依然，アメリカの技術製品から新たな知見を得たり，日本国内で同等のものを入手できずアメリカ製品に依存したりしていたと推測することができる。

　特に，アメリカの輸出制限が強まった1938年12月になっても，何とかして

輸出手続きを進めようとした航空機用プロペラは，自主技術が確立できず，海外技術に依存していた技術の筆頭といえるだろう。前節で取り上げたように，ハル国務長官の警告後，陸軍が緊急に輸入を進めようとしたのも，ハミルトン・スタンダードのプロペラであった。

　1930 年代末から 1945 年における日本でのプロペラ生産は，住友金属工業（現在の日本製鉄の前身の 1 つ）・日本楽器製造（現在のヤマハ）の 2 社で大半を製造していた。中でも，住友金属工業がその大部分を占めていた。住友金属工業は，1930 年代前半からプロペラの生産を開始し，1935 年以降はハミルトン・スタンダードからの技術供与によりプロペラのライセンス生産を行った。住友金属工業では，1930 年代後半，軍の要求を受けてプロペラ生産設備の拡充を進め，年間のプロペラ生産能力は 1936 年に 845 本（月産約 70 本），1937 年に 2025 本（月産約 170 本），1938 年に 3275 本（月産約 270 本），1939 年に 4740 本（月産約 395 本）へと増加した [27]。住友金属工業における 1930 年代末のプロペラ生産数（実績値）は，生産能力の半分ほどであったから，前述した 1938 年 12 月に輸出許可を受けた 600 本という数量は，当時の日本国内でのプロペラ生産量の 3〜4 ヵ月分に相当したと推測できる [28]。日本のプロペラ生産はハミルトン・スタンダードの技術に依拠しており，また，国内生産だけでは，プロペラの国内需要を満たすこともできていなかったことがわかる。

　軍用以外の航空機についても，日本では，軍用機開発に手一杯で，ほとんど開発がなされてこなかったため，海外に依存する状況にあった。当時，輸入された旅客機には，1930 年代後半にロッキード社で開発され，1937 年 7 月に初飛行した「ロッキード L–14 スーパーエレクトラ」がある。在米商社の資料によれば，大倉商事経由で 1937 年 11 月〜1938 年 3 月に 20 機，1938 年 3 月に 5 機が注文されて部品が輸入され，立川飛行機でライセンス生産された [29]。同機をもとに改良が進められ，1941 年には川崎航空機工業が一式貨物輸送機を開発し，さらに 1943 年に東京帝国大学航空研究所がロ式 B 型を開発している。

　1930 年代の日本では，表面上，軍用機を自主開発できるようになっていたが，個々の部品や技術までみていくと，海外の情報・技術・生産力に依存する状態が続いていたのである。

　日本の特徴を確認するために，同時期の中国への武器輸出についても概観し

表 5　1937 年 1 月〜1939 年 5 月アメリカから中国への武器類輸出許可額（カテゴリ別，単

	カテゴリ 1	カテゴリ 2・6・7	カテゴリ 3-1	カテゴリ 3-2	カテゴリ 4
1937年 1 月	270621				17
2 月	45				
3 月					64
4 月	2650		77350		54
5 月	85				1663
6 月					
7 月	6500		293226		8525
8 月	75170	108960		10000	6799
9 月	2700100	54480			
10 月	2100	435840	127000		
11 月	96740	15	1605180		
12 月	275702				
1938年 1 月	8508		329610	5513	
2 月	53516		1404484		2121
3 月	6575			51	
4 月			1609975	6431	
5 月	20250	20000			
6 月	8338		912350		
7 月	75250				
8 月		34000			
9 月					
10 月					1949
11 月			118432		2269
12 月					
1939年 1 月					
2 月	134258		26042		
3 月	1490				
4 月	9885				168
5 月					1760
合計	3,747,783	653,295	6,503,649	21995	25,389
	22.4%	3.9%	38.8%	0.1%	0.2%

「プレスリリース（*Press Releases*）」vol. XVI–XX, no. 379–508 の "Traffic in Arms, Ammunition
未満四捨五入。

位：米ドル）

カテゴリ5-1	カテゴリ5-2	カテゴリ5-3	総　額
	77295	20920	368,853
	25391	137875	163,311
	8277	16036	24,377
243000	33024	96369	452,447
35000	8202	38750	83,700
	21069		21,069
	1620		309,871
947033	59291		1,207,253
	25455	39064	2,809,099
120000	1400	4000	690,340
	435		1,702,370
	3486	11445	290,633
	13568	22893	380,092
	403135	55358	1,918,614
	52426	120893	179,945
	219640	691115	2,527,161
	108056	374992	523,298
226860	72903	15570	1,236,021
66080	16208	7160	164,698
	16247	72201	122,448
702000	4135		706,135
			1,949
	22232	61900	204,833
	2450		2,450
	62925		62,925
			160,300
	20050		21,540
173646			183,699
20000	128606	80115	230,481
2,533,619	1,407,526	1,866,656	16,759,910
15.1%	8.4%	11.1%	

and Implements of War" 掲載のデータによる。カテゴリ別の数値を1ドル

てみる。表 5 は，1937 年 1 月〜1939 年 5 月の中国への武器輸出許可額について，月ごと，カテゴリ別に記載したものである。輸出総額は日本よりも多く，1600 万ドルに達している。

　月ごとの輸出額をみると，日本と同様，1937 年前半に比べて 1937 年後半には輸出額が急増している。その後，1938 年後半以降には輸出額が減少するが，日本とは異なり，1939 年になってもある程度の規模の輸出が継続していることがわかる。カテゴリ別にみると，カテゴリ 3（1）軍用機（38.8%），カテゴリ 1 銃砲弾薬類（22.4%），カテゴリ 5（1）軍用以外の航空機（15.1%），カテゴリ 5（3）航空用エンジン（11.1%）の割合が大きい。重工業が十分には発展していなかったため，軍用機・銃砲弾薬・航空用エンジンなど幅広い軍需品が輸出されていたことがわかる。カテゴリ 5（2）プロペラ類も輸出されているが，輸出全体に占める割合は 8.4% と低く，日本への輸出全体に占めるプロペラ類の割合（27.7%）の 3 分の 1 以下となっている。中国と比べると，日本への輸出は，プロペラや旅客機などの特定の製品に集中していることがわかる。

第 4 節　対日技術・情報封鎖の強化

　1939 年後半以降も，アメリカの禁輸政策は強化されていった。1939 年 7 月 26 日，アメリカ政府は，日米通商航海条約の廃棄を公式に通告した。日米通商航海条約の廃棄は，即座に対日輸出の制限に結びつくものではなかったが，アメリカは，日本に不安感を与えることで，日本の行動を牽制しようとしたのである [30]。さらに，1939 年 12 月には，航空機用のアルミニウム・航空機用ガソリン精製に関する一切の技術的情報および機械類が，「道義的禁輸」のリストに加えられた [31]。まず 12 月 2 日，航空機の道義的禁輸に対して，フランクリン・ローズヴェルト（Franklin Roosevelt）大統領の声明があった。声明では，航空機およびその部分品ならびに航空機製造用物資の製造業者ならびに輸出業者は，空爆を行う国に対し，これらの物資の輸出商談に入るにあたり，政府が空爆および空中よりの機関銃射撃をなすことを全面的に否定する政策を持っていることを銘記すべしと述べた。12 月 16 日には，モリブデンおよびアルミ製造業者に対して，一般市民に対する空爆を行う国に向けての航空機および

その部分品ならびに爆弾・機雷などの輸出を差し控えるようにとの勧告が発せられた。これは，ソ連およびドイツに対するとともに，日本に対しても向けられたもので，また，アメリカ陸海軍による重要軍需物資輸出禁止の要望とも照合するものであった。さらに 12 月 20 日，同様の措置が航空機用良質ガソリン製造装置およびその特許権などにまで拡張されたのである [32]。

　1940 年になると，それまでの「道義的禁輸」に代わり，法律に基づく強制的な禁輸措置がとられるようになった。1940 年 1 月 26 日，日米通商航海条約は失効し，日米貿易は無条約時代に突入し，続いて 1940 年 7 月 2 日には，アメリカ大統領に兵器と軍需物資の輸出許可権限を賦与する国防法が成立した。ローズヴェルト大統領は，国防法の成立を受けてただちに，「道義的禁輸」の対象であった航空機・アルミニウムなどを含む広範な物資を，輸出統制下に置いた [33]。さらに，1940 年 7 月 25 日には，航空機用燃料および潤滑油が輸出統制下に置かれた。

　対日禁輸措置の拡大は，中国に対する攻勢を強める日本への牽制を意図したものであった。1940 年半ばまで，アメリカ政府の主流は，中国の日本への抵抗と，アメリカの対日経済制裁への威嚇によって，日本の中国侵略を阻止できると考えていた [34]。これに対して日本は，1940 年 5 月のオランダ敗北にともない，オランダ領東インドに石油などの軍需物資 13 品目の対日輸出を保証させ，1940 年 6 月のフランス降伏後には，フランス領インドシナに援蔣ルートを遮断する目的で監視団を派遣した。アメリカ側の思惑とは裏腹に，「経済圧迫は南方施策を促進」することとなったのである。日本の南方進出が，対日禁輸措置をさらにエスカレーションさせることになった [35]。

　1941 年になると，アメリカは第 3 国を経由しての再輸出にも規制を強めた。1941 年 5 月には，アメリカから中南米諸国へ輸入された製品が，日本などの枢軸国へと再輸出されないように許可制がしかれ，フィリピンにも国防法を施行して製品の対日禁輸が行われた [36]。日本は，アメリカ・イギリスの経済圏に依存しない「大東亜共栄圏」で自足することを余儀なくされた。

　1941 年はじめまでに，石油を除くすべての軍需物資の対日禁輸が実行された。1941 年 7 月 25 日，アメリカは，対日資産凍結を発表した。さらに，1941 年 8 月 1 日に，石油の対日全面禁輸を断行した。1941 年 12 月 8 日の開戦を待

たずに，アメリカの対日輸出は実質的にゼロとなってしまった[37]。

第 5 節　独伊への軍事視察団の派遣（1941 年）

1　視察団の提言

　前章で 1930 年代の陸軍航空視察団の報告について考察したが，1941 年になると，再びドイツ・イタリアへ視察団が派遣され，陸軍の軍外航空研究機関への期待は新たな展開をみせた。海外情報の途絶と関連して，新技術を生みだす研究環境の整備を提言したのである。この視察団は，1940 年 9 月の日独伊三国同盟条約の締結を受けて，1940 年 12 月から 1941 年 6 月に派遣された。視察団の主な目的は，第二次世界大戦におけるドイツの戦争指導，陸空軍の戦略戦術，特に機甲部隊と空軍との協力，陸空軍の制度・編成・装備・訓練・補給などの状況を調査して，国内の軍備の充実に役立てることであった。また，イタリアにおいて同様の事項の概要を調べることも目的に含まれていた。視察団は，日本から派遣された 10 名に，ドイツ・イタリア駐在の武官それぞれ約 10 名を加えた総勢約 30 名からなり，これらの人員は，団員・陸軍班・航空班の 3 つに編成された。ドイツ派遣時の航空班のメンバーは，原田貞憲（陸軍航空本部第一課長）・飯島正義（陸軍航空本部ドイツ駐在監督官）・有森三雄（陸軍航空技術研究所所員）・岸本重一（ドイツ駐在員）・木原友二（陸軍技術本部ドイツ駐在員）・中村昌三（ドイツ駐在員）・橋原秀見（陸軍航空本部部員）の 7 名であった。視察団の調査は，軍事体制全般の研究を重視したものだったが，細部報告において航空技術及び航空機工業に関する詳細な報告がなされた[38]。

　視察団は，軍部による航空研究機関への統制強化を引き続き主張した。報告は，国内の航空技術研究機関がより一層，総合的な研究効果を発揮できるように，軍部の主導的統制指導を強化することを求める。そのため，豊富な研究費の運用によって，研究機関の隷属系統に関わりなく，自ずから軍部の要求に帰趨させることが必要だとする。報告によれば，ドイツでは，政府と製造会社が共同出資する 6 つの航空研究機関が，実質的に空軍の統制指導下で「学理ト生産ノ中間ニ位スル基礎実験的研究」を実施している。これらの航空研究機関における研究項目は，年 1 回航空省（RLM）に提出され，航空省において割り振

られた区分に従い，航空省あるいは航空機製造会社が研究費を支払う。その結果，これらの航空研究機関で行われる研究項目の 80% は航空省の研究だという。また，大学研究所は完全に科学・教育・文化省に隷属し純学術的研究を実施するが，航空省は研究委託・指示を与えることにより，軍部の期待する重点に研究を向けさせているという 39)。ドイツでの研究費の拠出方法は，国内において既に東京帝国大学航空研究所に対して陸軍が行っていた方法をより徹底したものである。視察団は新たな施策を提言したのではなく，現在の方針を肯定し，航空研究機関に対するさらなる影響の拡大を求めたのである。

視察団報告は，国内での官民による応用研究の進展をある程度評価する一方で，工業化と結びつく応用研究のさらなる発展を求めた。報告は，国内での官民による「基礎実験的研究」が，この 2, 3 年でようやく進展し始めたとの認識を明らかにする 40)。中央航空研究所の改革方針として，学術を生産に移す「民間人研究機関」を速やかに設置する必要があるとし，このために民間会社から一部の適任者を強制抽出するとの指針を示した 41)。以上は，1937 年の視察団と共通の認識に基づく提言である。1941 年の視察団は，従来の視察団と同様に，応用研究の更なる発展を提唱したのである。

一方で，1941 年の視察団は，これまでの視察団が取り上げなかった，技術・情報封鎖への危惧をはじめて表明した。報告では，研究機関の強化の必要性を，海外情報の途絶と関連づけて取り上げている。視察団は，従来入手できた欧米研究機関の発表資料がドイツを除いては入手できない状況を指摘し，こうした技術封鎖に対抗すべく，自給自足の研究体制を整え，欧米の水準を突破する技術の最高峰に到達するために，官民技術研究機関を拡充強化することを強く主張したのである 42)。

技術封鎖に対抗して，視察団が求めたのは，新技術の開発能力であり，広範囲の研究を継続することだった。報告は，海外情報途絶の問題を提起した後に，「独創的技術発達ノ温床ヲ培養」することを主張する。従来の日本における航空技術の発達が，欧米各国に追いつくことを追求するあまり外国模倣がすぎたと，視察団は指摘する。そして，優秀な航空兵器の考案には，まず不断の研究継続と製造技術に対する経験の累積とを待たなければならないと主張する。結論として報告は，現状における一般的趨勢などにとらわれることなく，広範囲

にわたる研究を継続し「独創的技術発達ノ温床ヲ培養」することを求める。こ
こで考えられている航空兵器の考案の内容は，ドイツの例によりうかがい知る
ことができる。ドイツでは，不断の研究継続の成果として，航空用重油発動
機・燃料噴射式発動機などを実用化したと述べている[43]。「独創的技術」とは，
こうした発動機などを指すものと考えられる。1937年の視察団とは異なり，
特定の軍事目的とひとまず切り離された形で，新技術の開発能力の向上を求め
たのである。

1941年の視察団は，これまでの視察団とは異なり，単に応用研究を要請す
るだけでなく，具体的な新技術をあげて研究の方向性を統制しようとした。報
告で提起されたのは，武装関係を除くと，成層圏飛行に関する機体・発動機・
装備品・航空医学や，強化木材プロペラ・大馬力高高度用発動機・燃料噴射式
発動機・液冷発動機であった。報告によれば，ドイツでは，戦闘機・爆撃機の
成層圏飛行は2,3年後の問題として，研究が実施されている。また，強化木材
プロペラは，既に軍用に採用されている。燃料噴射式発動機も既に採用され，
燃料噴射式でない気化器付揮発発動機がなくなるのも時間の問題だと報告は述
べる。液冷発動機も研究が進み，1500馬力級が実用化した。これらの新技術
は，いずれも，ドイツにおいて進んでいる最新の研究課題であった[44]。視察
団のいう「学理ト生産ノ中間ニ位スル基礎実験的研究」とは，従来までの応用
研究の他に，こうした新技術の開発をも含むものであった。1941年の視察団
の最大の特徴は，こうした研究課題を国内でも追求しようとした点である。

2　帰国後の視察団メンバー

1941年の視察団報告は，1937年の視察団とは異なり，陸軍省を通じて内閣
に影響を与えることはなかった。視察団団長であった山下奉文（陸軍航空本部
長）は6月末，陸軍首脳に対して視察の要目を口頭で報告した。そして，ヒト
ラーの要請「独ソ開戦時における日本軍の満洲方面からの協力を日本政府に具
申されたい」旨を伝え，対ソ攻勢準備の実行を意見具申した。これに対し，東
条英機（陸軍大臣）と杉山元（参謀総長）はなんら意志表示をせず，ほとんど質
疑応答もなく報告は終了したという[45]。また，視察団の航空班メンバーであ
った岸本重一は戦後に次のように回想している。

［視察団報告の］草案完成後携行して当時［1941年7月頃］奉天に居られた山下［奉文］将軍の決裁を受けに行った。当時将軍は防衛司令官（？）の閑職にあった。視察報告（空軍独立の件）で［東条英機陸軍］大臣と意見が合はなかった結果だと噂されていた[46]。

　山下奉文の帰国後のポストは，関東軍の中に新設された「関東防衛軍司令官」であった。前職の「航空本部長」は，陸軍省の外局である航空本部の長官であるから，この異動は陸軍中央部から地方の司令官への左遷であった。

　視察団航空班のメンバーは航空本部の幹部にとどまったので，報告における認識は，陸軍航空本部の業務を通じて航空研究機関に影響を与えたと考えられる。航空班に所属し帰朝した4人の班員の帰朝後の経歴を追ってみる。原田貞憲は，1941年7月航空本部庶務課長，1942年10月航空本部生産課長，1943年5月航空本部整備部長，1943年11月軍需省航空兵器総局第1局長，1945年4月航空総軍参謀副長を歴任した。有森三雄は，1942年11月より中央航空研究所施設委員会幹事となり，5人いる幹事の陸軍からの代表を務めた。岸本重一は，1941年9月航空総軍第4課長兼航空本部第6課長，1942年10月航空本部教育部典範課長，1943年6月兼大本営参謀，1944年9月第8飛行師団参謀長を歴任した。檮原秀見は，帰国後，航空本部部員として務め，1943年8月に明野陸軍飛行学校教官となった[47]。『戦史叢書』は，視察団員は陸軍中央部の重要幹部であり，その業務の参考として報告がいかされたと述べ，航空超重点化論・陸海軍航空戦力の総合発揮・軍需省の実現等を視察団報告の影響とみなしている[48]。視察団報告がまとめた航空研究機関への要求は，航空本部を通じて研究機関に影響を与えたと考えられる。

ま　と　め

　1937年7月の日中戦争後，アメリカから日本への武器輸出は急増したが，1938年6月以降になると，アメリカ政府の規制によって武器輸出は一転して急激に減少した。プロペラや旅客機などの技術をアメリカに依存していた日本側では，アメリカ政府の規制下においても，今後の規制強化を危惧して武器入手のため懸命の努力が行われたが，1939年6月以降，航空機材の輸出はほぼ

途絶することとなった。1941 年にドイツ・イタリアに派遣された視察団は，海外情報途絶への危惧をはじめて表明し，対日技術封鎖に対抗して，広範囲にわたる研究を継続し「独創的技術発達ノ温床ヲ培養」することを強く求めた。こうした要求は，用兵上の必要に基づく応用研究を強く求めた 1937 年の報告とは異なるものであった。1941 年の報告は，ドイツにおいて進んでいる最新の研究課題を国内でも追求することを求めた。こうした要求は，航空本部を通じて航空研究機関に影響を与えたと考えられる。

注

1)　平智之「経済制裁下の対外経済」原朗編『日本の戦時経済—計画と市場—東京大学出版会，1995 年。

2)　詳しくは，池田美智子『対日経済封鎖—日本を追いつめた 12 年—』日本経済新聞社，1992 年を参照。

3)　細谷千博・斉藤真・今井清一・蠟山道雄編『新装版日米関係史 開戦に至る十年 1931-1941 年 3 議会・政党と民間団体』東京大学出版会，2000 年，180-187 頁。

4)「軍用機の販売阻止 米・態度を闡明 ハル長官記者団に答ふ」『東京朝日新聞』1938 年 6 月 13 日夕刊，1 頁，「1 擬問擬答集 1」JACAR（アジア歴史資料センター）Ref. B02031425100。同資料は，1940 年 1 月に外務省アメリカ局第 1 課が作成した疑問疑答集である。「（一）米国ノ対日態度 米国ノ対日真意 米国政府ノ執レル反日的措置 道義的禁輸」の「問，アメリカ政府の採る反日的措置如何」に対する「答，事変勃発以来米国政府の採ってきた反日的措置は 5 つに大別できる。1) 公文，演説，2) 道義的禁輸，3) 援蔣措置，4) アメリカ海軍による対日示威，5) 日米通商航海条約の廃棄」の「2) 道義的禁輸」の項目に，日本側からみた当時の詳しい状況が記されている。

5)　同上「1 擬問擬答集 1」，「米ノ対日飛行機禁輸問題〇総動員法ノ南洋適用問題 米国輿論ハ米政府ノ立場ヲ支持」JACAR Ref. A03024084800。

6)「精神的圧力強化 米の空爆対応手段」『東京朝日新聞』1938 年 6 月 13 日夕刊，1 頁。

7)　前掲注 4)「1 擬問擬答集 1」。

8)　恒川真『ルーズヴェルト東亜政策史』高山書院，1944 年。

9)「飛行機輸出抑制に関する米国国務長官の警告に関する件」JACAR Ref. C01001663100，2-4 画像目。

10)　同上，1 画像目。

11)　同上，6-10 画像目。

12)　同上，5 画像目。

13)「米国より航空兵器輸入促進に関する件」JACAR Ref. C01004543700。

14) 同上。

15) 「空爆に関連する米国の対日態度に鑑み輸入促進措置に関する件」JACAR Ref. C04120489300。

16) 同上。

17) 「アメリカ国立公文書館」と呼ばれる場合もある。

18) 落合功「1935～41 年における大倉商事ニューヨーク支店」上山和雄・吉川容編著『戦前期北米の日本商社―在米接収史料による研究』日本経済評論社，2013 年。

19) 「二月分末国武器類輸出統計に関する件」JACAR Ref. C04014734900。

20) 「米機の輸出多数 当局説明 ハル長官の反対言明の効果半年後には現れん」『東京朝日新聞』1938 年 7 月 24 日夕刊，1 頁。

21) 「事変以来日本は米国の上得意 既に六百余万弗の武器購入」『日米新聞』1938 年 6 月 13 日（「Nichibei Shinbun_19380613」JACAR Ref. J20011840800）。

22) Department of State, *Press Releases*, Volume XX, Nos. 485, January 14, 1939, p17.

23) 「対日航空機禁輸 米会社服従を声明」『東京朝日新聞』1939 年 1 月 21 日夕刊，1 頁。

24) 落合前掲注 18）論文。

25) 「昭和十四年上半期に於ける米国武器輸出統計に関する件」JACAR Ref. C04014770800（1939 年 7 月 25 日本省着の有田外務大臣宛在米堀内大使発電報）。7 月 19 日のアメリカ国務省発表によれば，1939 年 1～6 月までのアメリカ武器輸出許可額は合計 7211 万 2000 ドル，実際輸出額は合計 4253 万 1000 ドル。日本，許可なし，実際輸出額 24 万 1000 ドル。中華民国，許可額 65 万 8000 ドル，実際輸出額 110 万 3000 ドル。フランス，許可額 3624 万 2000 ドル，実際輸出額 918 万 7000 ドル。イギリス，許可額 1431 万 5000 ドル，実際輸出額 1464 万 8000 ドル。オランダ領東インド，許可額 107 万 8000 ドル，実際輸出額 555 万 1000 ドル。ソ連，許可額 91 万 1000 ドル，実際輸出額 105 万 8000 ドルであった。上記電報の内容は，8 月 10 日付けで，外務次官澤田廉三から陸軍次官山脇正隆へ参考情報として伝えられた。陸軍次官だけでなく，海軍次官・大蔵次官・商工次官・企画院次長・興亜院総務長官にも送付された。

26) 「素晴しい米国の軍需景気 軍用機どしどし注文 但し船舶は百十八隻失業 船員も八千人遊んでる」『日米新聞』1939 年 12 月 5 日（「Nichibei Shinbun_19391205」JACAR Ref. J20011946000）。

27) 住友金属工業社史編纂委員会『住友金属工業六十年小史』1957 年，118・133・140-142 頁。住友金属工業のプロペラ生産能力（月別）は，"Monthly production, capacity table. Report No. 21c（1）, USSBS Index Section 2"『米国戦略爆撃調査団文書―太平洋地域調査報告書及び作成用資料―』（Entry 41）国立国会図書館憲政資料室所蔵による。『米国戦略爆撃調査団文書』の原資料所蔵機関は，アメリカ国立公文書記録管理局（NARA）。英語の資料群名称は「Records of the U. S. Strategic

Bombing Survey; Entry 41, Pacific Survey Reports and Supporting Records 1928 -1947」。本書では，『米国戦略爆撃調査団文書』については国立国会図書館デジタル コレクションで閲覧した。

28) プロペラ生産数（実績値）は，同上“Production figures on engines, propellers, and aircraft. Report No. 15a（3），USSBS Index Section 2” 96-99 画像目を参照。 資料の数値は，金属プロペラ（強化木材プロペラを含む）の月別会社別の生産数。

29) 渡部聖「裸にされた貿易商社―太平洋戦争と在米商社―」『エネルギー史研究：石炭 を中心として』26，2011 年，三輪宗弘編集・解説『米国司法省戦時経済局対日調査 資料集　全 5 巻』クロスカルチャー出版，2008 年。

30) 日本国際政治学会太平洋戦争原因研究部編『新装版太平洋戦争への道　開戦外交史 第 7 巻　日米開戦』朝日新聞社，1987 年，391 頁。

31) 細谷・斉藤・今井・蠟山前掲注 3)書，187 頁。

32) 前掲注 4)「1 擬問擬答集 1」。

33) 原前掲注 1)書，159 頁。

34) 細谷千博・斉藤真・今井清一・蠟山道雄編『新装版　日米関係史　開戦に至る十年 1931-1941 年 1 政府首脳と外交機関』東京大学出版会，2000 年，70-77 頁。

35) 原前掲注 1)書，159-161 頁。

36) 同上，162 頁。

37) 細谷・斉藤・今井・蠟山前掲注 3)書，186 頁。

38) 『独伊派遣軍事視察団報告資料 7／7』防衛省防衛研究所所蔵，請求番号・陸空・中 央全般 7，41-50 頁。この『独伊派遣軍事視察団報告資料』は，視察団が陸軍中央部 に提出したものの印刷原稿である。報告書の原本との差異は，ほとんどないとみなさ れている。「山下視察団報告 I （1）」JACAR Ref. C15120145100。

39) 『独伊派遣軍事視察団報告資料 3／7』防衛省防衛研究所所蔵，請求番号・陸空・中 央全般 3，93-95 頁。

40) 同上，96 頁。

41) 前掲注 38)『独伊派遣軍事視察団報告資料 7／7』31 頁。

42) 前掲注 39)『独伊派遣軍事視察団報告資料 3／7』96 頁。

43) 同上，96-97 頁。

44) 同上，148-153 頁。

45) 防衛庁防衛研修所戦史室編『戦史叢書　第 78 巻　陸軍航空の軍備と運用〈2〉昭和十 七年前期まで』朝雲新聞社，1974 年，360 頁。

46) 『山下視察団関係資料』防衛省防衛研究所所蔵，請求番号・中央・軍事行政・その他 479。この資料は，1971 年 11 月に松田正雄（防衛庁防衛研修所戦史室戦史編纂官） が 1941 年の視察団関係者に対して調査を行った際の書簡である。松田正雄は，元大 本営陸軍部作戦課航空班長・元防衛庁防衛研修所戦史室航空班長で，同上書の共同執

筆者の 1 人である。

47)　経歴は基本的に，秦郁彦編『日本陸海軍総合事典』東京大学出版会，1991 年による。中央航空研究所施設委員については，「昭和十七年十一月　中央航空研究所施設委員会職員録」『中央航空研究所関係』防衛省防衛研究所所蔵，請求番号・陸空・航空基盤 27 を参照した。

48)　防衛庁防衛研修所戦史室前掲注 45)書，360 頁。

〈章末資料3〉『[1940年12月〜1941年6月] 独伊派遣軍事視察団報告資料』
防衛省防衛研究所所蔵, 請求番号：陸空・中央全般3（下線は著者による）

報告第二巻案（航空技術及工業）

九. 国内航空技術研究諸機関ヲシテ更ニ其ノ特質ニ応ジ重点ト緩急トヲ失セザ
　　ル如ク総合的研究効果ヲ発揮セシムル如ク軍ノ主導的統制指導ヲ強化スル
　　ヲ要ス

　　独国ニ於テハ空軍ノ下ニ六個ノ研究所ヲ有シ<u>学理ト生産ノ中間ニ位スル基</u>
　　<u>礎実験的研究</u>ヲ実施シアリ

　　此等研究所ハ政府並ニ製造会社ノ共同出資ナルモ実質的ニハ空軍直轄研究
　　機関ニシテ製造会社研究機関ト共ニ空軍ノ統制指導下ニ在リ　研究項目ハ
　　年一回空軍省ニ提出セシメ省ニ於テ之レヲ割振リ研究費用ハ其ノ要求ノ区
　　分ニ従ヒ空軍省又ハ会社ヲシテ支払ハシメアリ　而シテ研究項目ノ八
　　〇％ハ空軍省自体ノ研究ヲ実施シアル現況ナリ　又大学研究所ハ全ク文
　　部省ニ隷属シ純学術的研究ヲ実施スルモ空軍省ハ研究委託ト共ニ所要ノ指
　　示ヲモ与ヘ得ルモノノ如ク軍ノ所期スル研究ノ重点指向ハ一ニ航空兵器部
　　技術局研究課ノ方針ニヨリテ各種研究機関ヲシテ実質的ニ其ノ統制指導ニ
　　服セシメツツアリ

　　尚此外「リリエンタル」航空学会及独逸航空研究会ナルモノアリ前者ハ研
　　究論文ノ募集発表等ヲナス外両者共航空研究ニ関スル意見交換機関ナリ
　　而シテ航空研究ニ関スル独国ノ特徴ヲ摘記スレバ次ノ如シ

　　1. 研究所・会社研究機関ニ対スル研究事項ノ配当等ハ謂所天降リ式ニア
　　　　ラズ充分研究機関ト協議シ其ノ意向ヲ尊重シテ決定シアルコト
　　　　換言スレバ形式的ニハ命令指示ナルモ実質的ニハ研究者ノ立場ヲ充分
　　　　理解尊重シアルコト

　　2. 空軍省トシテ研究ヲ命ジタル事項ニ就テハ軍ニ於テ研究費用ヲ支払ヒ
　　　　予算的立場ヨリ実質的ニ軍ノ所期スル重点ニ研究ヲ指向シアルコト

　　3. 航空研究ヲ重視シ体系ニ堕スルコト無ク各種航空研究機関ヲ整備充実
　　　　シ併行的ニ研究ヲ実施シ溌剌清新ノ気風ニ満チアルコト
　　　　既ニ前述セル如ク研究ノ指導統制ノ目的ハ一ニ重点ニ研究ヲ指向セシ

ムルニ在リ　而シテ此レヲ実質的ニ納ムルニハ豊富ナル研究費用ノ運用ニ依リ其ノ隷属系統ノ如何ヲ問ハズ自ラ軍ノ要求ニ帰趨セシムルヲ要ス

又之ガ統制指導ノ根源ヲ一元トナスコトハ極メテ必要ニシテ此ノ意味ニ於テ陸・海・民間ノ三元ヲ統一セル空軍及至ハ空軍省ノ創設ハ必至ノ要件ニシテ之レガ過渡期ニ於テモ即時実質的ニ其ノ利ヲ納メシムル如ク三者ノ連繋協同ヲ強化スルヲ要ス例ヘバ研究試作審査ヲ陸海軍ニ於テ協定シ協同若クハ分担シテ実施スルガ如キハ直チニ着手スル要アリ

一〇. 航空技術ノ飛躍的進歩ヲ図リ世界最強ノ無敵航空ノ建設ヲ期スル為ニハ官民航空研究機関ヲ画期的ニ拡充強化スルヲ要ス

前大戦後空軍ノ保有ヲ許サザリシ独逸ガ七年前空軍ヲ創設シテヨリ本次大戦ニ亘ル僅カ五ヶ年ノ間ニ民間航空輸送ヨリ一躍世界最強最優秀空軍ヲ保持スルニ至リ本次大戦々勝ノ礎石ヲ築上ゲタル素因ハ航空研究ノ発達ニ待ツ可キモノ極メテ多シ　現ニ独逸ニ於テハ空軍省直轄研究所六ヲ有ス「アドラースホーフ」航空研究所ノ施設及業績ノ大ナルハ贅言ヲ要セザルモ飛行機部ニハ高速風洞，垂直風洞ヲ有シ発動機部ニハ一六，〇〇〇米迄ノ高空性能試験装置及單気筒発動機試験機二十四ヲ有スルハ以テ其ノ一端ヲ知ルニ足ル又「ヘルマン・ゲーリング」航空研究所ノ如キ未ダニ大規模ニ拡充中ナリ此外工科大学航空研究所九ヲ有シ各製造工場モ亦研究施設ヲ有シ人材ヲ集中シアリ　例ヘバ「ユンカース」「デッサウ」工場ニハ一四，〇〇〇米迄ノ発動機高空性能試験装置ヲ有スルガ如キ以テ其ノ施設ノ全般ヲ知ルヲ得可シ　伊国ニ於テモ「グイドニア」空軍最高研究試験部ノ施設ハ一通完備セラレアリ　武器弾薬ノ実験研究ノ為特ニ「フルバラ」ニ武器弾薬実験所ヲ独立シテ設ケアルコト又「フイアット」社全体ノ研究所ニ大学出身者四三五人ヲ有スルコト等ハ伊国航空研究機関ノ規模ノ一端ヲ知ルコトヲ得

陸軍航空技術研究所ハ更ニ之レヲ画期的ニ拡充シ特ニ基礎研究ヲ深刻ナラシムルト共ニ民間製造所研究機関モ亦之ヲ拡充シ設計基礎実験及生産

研究ヲ徹底セシムルノ要アリ　特ニ<u>我国官民ニ於ケル基礎実験的研究ハ最近二，三年ノ間ニ其ノ諸ニ着キタルニ過ギズシテ未ダ幼齢ヲ脱セザル</u>ト特ニ最近ノ国際情勢ノ推移ハ従来入手シ得タル欧米研究機関ノ発表資料ハ独国ヲ除キテハ之レヲ得ルコト能ハザルニ至レル現況ニ於テ特ニ然リ

即チ之等ノ技術封鎖ニ対応シ自給自足ノ研究体勢トナスト共ニ列強ノ水準ヲ突破スル技術ノ最高峰ニ到達スルニハ官民技術研究機関ヲ拡充強化スルヲ要ス

一一.　優秀ナル航空兵器ノ考案ハ一ニ不断ノ研究継続ト製造技術ニ対スル経験ノ累積トニ待ツ可キモノナリ

従テ研究ニ当リテハ広ク将来ヲ洞察シ其ノ成功ガ重大ナル技術的進歩ヲ促スガ如キモノハ勿論他ノ進歩ニヨリ一時其ノ発達ガ停滞シアルガ如キモノニ就キテモ現状ニ於ケル一般的趨勢等ニ<u>捕ハルルコトナク広範囲ニ亘リ研究ノ継続ヲ図リ技術発達ノ温床ヲ培養シ置クヲ要ス</u>

前大戦後空軍ノ所有ヲ禁ゼラレタル独国ガ民間航空ノ名ノ許ニ本日ノ空軍建設ノ基礎ヲナス技術ノ発達ニ志シ又空軍建設後ニ於テ研究サレナガラ実用スルニ到ラザリシ<u>航空用重油発動機・燃料噴射式発動機</u>等ヲ完成シ此レヲ実用シアルガ如キハ一ニ不断ノ研究継続ノ結果ニ外ナラズ

我国ニ於ケル航空技術ノ発達ハ従来列強トノ懸隔ヲ追及スルニ急ナル余リ外国模倣ニ過ギタリ　然レドモ今後世界最強ノ航空ヲ建設スルーハ其ノ根源ヲナス技術発達ノ為<u>広範囲ニ亘リ研究ニ着手シ独創的技術発達ノ温床ヲ培養シ置クノ着意ヲ要ス</u>

［中略］

四一.　高々度飛行ニ対スル要求ニ伴ヒ<u>成層圏飛行ニ関スル航空医学</u>並，兵器ノ研究ニ着手スルヲ要ス

独国ニ於ケル航空医学ニ関スル研究ハ「オーバーファツヘンホッハー」航空医学研究所並ニ「レヘリン」空中兵器実験所ニ於テ実施シアリ戦闘機・爆撃機ノ成層圏飛行ハ極メテ近キ将来即チ今後一，二年後ノ問題ナリトシ之レガ研究ヲ実施シ来レルモノノ如ク概ネ次ノ如キ結論ニ到達シ

アリ

即チ高度一二，○○○米迄ハ酸素吸入ニヨリテ何等ノ危険ヲ伴フコト無キモ其レ以上ノ高度ニ於テハ酸素ヲ吸入スルモ約五○秒ニシテ意識不明瞭トナル

従テ目下高度三，○○○米ニ応ズル圧力座席房及之レヲ敵弾ニテ貫通セラレタル場合ノ化学的応急処理法ニ付技術的研究ノ歩ヲ進ツツアリ既ニ某程度ノ研究結果ヲ得タルモノノ如シ

又航空発動機ニ付テモ排気「ガスタービン」式与圧機ハ重油発動機ニハ八，○○○米揮発油発動機ニハ一八，○○○米迄ノ与圧高度ニ理論上使用シ得ルトノ結論ヲ得前者ハ既ニ Jumo207 トシテ完成シ後者ニ付テハ DB 発動機ニ付研究中ナリ

又機械式三速度九，○○○米与圧機及排気瓦斯「タービン」式一○，○○○米与圧機ノ実験研究ハ終了シアリ

又酸素吸入器附落下傘（使用時間十五乃至二○分）ニ付目下研究ヲ終リ製生中ノモノノ如シ

成層圏飛行ハ単ナル記録飛行ニ非ズシテ明日ノ軍用機ニ対スル要求ナリ機体発動機装備品航空医学ノ全般ニ亘リ直チニ深刻ナル研究ニ着手スルヲ要ス

四二．強化木材「プロペラ」ノ研究ヲ促進スルヲ要ス

強化木材「プロペラ」ハ現在盛ニ軍用ニ採用セラレ Ju87 Ju88 等ニ使用シアルヲ見タリ

尚独国ニ於テハ謂所二重反転「プロペラ」ノ思想ハ有セザルモノノ如ク大馬力発動機用トシテハ先ヅ四翅ニテ解決セントシアリ

尖端速度ノ如キモ音速ノ九○％迄ハ効率ヲ減少スルコト無シト称シアリ強化木材「プロペラ」ノ研究進歩ノ状況ト思合ス時一ツノ傾向ヲ示スモノト謂フベシ尚右材料供給会社タル「レムラー」社ヨリ聞キ得タル材料ノ抗力次ノ如シ

  屈撓抗力　三四○○瓱毎平方糎
  圧縮抗力　五○○○　　　〃

伸張抗力　二六〇〇　　　〃

　　　比重　　　一，四

　　伊国ニ於テモ大馬力発動機用「プロペラ」ハ翼数ノ増加直径ノ増大及二重反転「プロペラ」ニ付考ヘアリ　二重反転「プロペラ」ハ重量ノ増加ヲ来スヲ以テ一般ニハ翼数増加ヲ考慮シアルモノノ如ク特ニ木製「プロペラ」ニ付研究シアリ

四三.　飛行機ニ対スル要求ハ益々<u>大馬力高々度用発動機</u>ヲ必要トスルニ到リ之ガ進歩発達ハ直チニ飛行機ノ性能ヲ左右スルヲ以テ之ガ研究ノ促進並ニ<u>燃料噴射式発動機及液冷発動機ノ完成</u>ニ付更ニ重点ヲ集中スルヲ要ス

　　独逸航空発動機ノ特徴ノ一ハ燃料噴射式発動機特ニ同液冷式発動機ノ発達ニアリ

　　燃料噴射式発動機ハ既ニ「ユンカース」及「ダイムラーベンツ」ノ両種発動機ニ採用セラレ「べ，エム，べ」モ亦最近之ヲ採用セルハ周知ノ事実ナルモ「アルグス」発動機モ亦之ヲ採用シアリ独国ノ軍用実用発動機トシテ気化器付揮発油発動機ガ姿ヲ没スルハ時日ノ問題ナルベシ

　　倒立十二気筒液冷発動機トシテハ Jumo211F 一，三五〇―一，四〇〇馬力　DB601N，一，五〇〇馬力ノ如ク概ネ一，五〇〇馬力級ニ達セリ更ニ之ヲ組合セタル大馬力発動機トシテハ「ユンカース」ニ於テモ H 型及方型二十四気筒四曲軸四十八活塞発動機ニ付研究試作中ナルモ其ノ詳細不明ナリ

　　「ダイムラー・ベンツ」ニ於テハ DB603 扁平 H 型二，五〇〇馬力発動機 DB605H 型，DB606 併列倒立 V 型発動機ヲ生産中ニシテ本年秋期ニハ一部ハ実用セラルヽニ到ル状況ナリ

　　高々度与圧機ニ就キテハ既ニ高々度飛行ノ研究ノ部ニ於テ述ベタル如ク揮発油発動機ニ対シテハ約一〇，〇〇〇米迄ハ機械式ソレ以上ハ排気「ガス・タービン」式ニ付研究中ナリ

　　重油発動機ハ既ニ Jumo206 一，二〇〇馬力発動機迄完成シアリ　然レドモ重油発動機ハ輸送機，遠距離用水上機等ニ使用セラレアル程度ニシテ軍用機トシテハ遠距離機等ニ一部採用セラルル程度ナルベシ

独逸航空発動機ノ一般趨勢トシテ特ニ注意ヲ要スル点ヲ総括的ニ述ブレバ次ノ如シ

1．燃料噴射式ノ採用ニヨリ燃料消費量ノ軽減ヲ図リアルコト
2．大馬力発動機ノ傾向ニアルコト
3．液冷発動機トシテ一，五〇〇馬力級ヲ実用シアルコト
4．液冷発動機トシテハ「プレストン」高温冷却ヘ進ムコトナク圧力式蒸気冷却ヘ進ム傾向ニアルコト
5．燃料ハ極力高「オクタン」価ノ使用ヲ避ケアルコト
6．高々度与圧機ニ付研究中ナルコト

伊国航空発動機ノ一般的趣向トシテ特ニ注意ヲ要スル点ヲ摘記スレバ左ノ如シ

1．試作機ニ「ダイムラー・ベンツ」発動機ヲ多数装備シアルコト
2．「フスカルド」燃料噴射喞筒ヲ各種発動機ニ装備シ試験中ニシテ燃料噴射式発動機ニ大ナル期待ヲ有シアルコト
3．二十四気筒空冷一，三〇〇及一，六〇〇馬力 X 型発動機並ニ十六気筒液冷 V 型発動機ヲ試作中ナルコト
4．大馬力発動機トシテ空液冷共 X 型ヲ又空冷ハ特ニ四列二十八気筒ニ付研究中ナルコト
5．延長軸付空冷発動機ヲ現用中ナルコト
6．与圧高度一〇，〇〇〇米ノ二段与圧機附発動機ヲ成層圏飛行記録機用トシ完成シアルコト

第3章 技術院設立と科学技術振興

は じ め に

技術院は，1941年に閣議決定された「科学技術新体制確立要綱」に基づいて，政府の科学技術動員の中枢機関として設立された。技術院の設立に際して，行政対象を航空技術に絞るように陸軍が強い要求を行い，こうした陸軍からの要求の結果，技術院は航空技術の刷新向上を中心的な行政対象とする機関となったことが知られている[1]。技術院は行政官庁であったため，実際の研究活動は，技術院から委託・命令を受けた官民における研究機関で行われた。技術院が指導したこれらの研究活動が，軍部や民間航空機製造会社における研究開発とどのような関係にあったのかについては，これまでの先行研究では十分に解明されてこなかった。

本章では，技術院での施策が，研究開発の基盤を整備しようとするものだったことを示す。前章で述べたように，対日技術封鎖を受けて，1940年代はじめには，応用研究推進から新技術を生み出す研究環境の整備へと陸軍の要求が変化した。技術院での研究課題や研究機関の整備方針は，こうした陸軍の新しい要求に基づくものだったことを示し，研究開発全体の中での技術院の施策の位置づけを本章で明らかにする。

第1節 技術院の航空重点化

1 科学技術新体制確立要綱の閣議決定

前章で述べた陸軍視察団の要求は，1941年以降，企画院科学部を中心とした技術官僚が進める科学技術動員と結びついて，国内の航空研究機関に影響を及ぼすこととなった。企画院は，内閣直属の機関であり，戦時統制経済を推進した革新官僚の拠点であった。企画院の技術官僚による施策は，官僚組織内の

地位向上と国家政策への発言権の拡大をめざす「技術者運動」として大正時代以来の流れを持つものであった。科学技術動員が戦争の勝敗に対して決定的な重要性を帯びるようになった状況下で「技術者運動」が活発化し，1942年2月には科学技術動員の中枢機関として技術院が設立されることになる[2]。

　技術院の設立と官立航空研究機関の拡充は，科学技術動員という共通の流れの中で計画されたものであったが，それぞれが固有の推進主体と起源を持つある意味で独立した問題であった。この2つの問題は，陸軍の要求を通じて，奇妙な接点を持つことになった。

　科学技術動員の中枢機関として新たな行政機関を設置しようとする技術官僚の計画は，既存官庁からの強い反発を受けるものだった。そうした反発の中でも，技術官僚の計画が進展したのは，陸軍中央部の一部から支援を得ていたためである。1938年4月，企画院を事務局とする内閣総理大臣の諮問機関として科学審議会が設置された。続いて，1939年5月には，企画院に科学部が設置された[3]。企画院は，全体主義的な政治体制を求めるという理念を共有する，陸軍統制派などと実質的に同じだと捉えられていた。海軍軍務1課別室は，科学審議会設置に関して，1938年3月1日付けで，次のような意見を書き記している（下線は著者による）。

　　文部省其ノ他各省ノ上ニ科学行政ノ最高機関ヲ置キ<u>企画院（実質的ニハ陸軍）</u>ガ之ヲ掌握セントスル思想ハ科学ニ最モ縁遠キ者ニ科学研究ノ方針ヲ左右セシムルコトトナリ適当ナラズ[4]。

　以降では，企画院を中心とする技術官僚の科学技術動員計画と，それに反発する文部省の動きについて，両者が所管しようとする研究領域に注目しながら検討する。1940年4月以降，技術官僚は，総合的科学技術政策の立案を進めた。1940年7月26日の『日刊工業新聞』には，「各国へ研究員常駐―特許にプール制―国立総合科学院設置か」という記事で，企画院での構想をはじめて一般に紹介した。記事によれば，新設される「国立総合科学院」では，「基礎研究」「応用研究」の2部門に分けて研究を行う[5]。行政分野として，これまで「基礎研究」を対象とした機関は存在しなかったと思われる。ここではじめて，「基礎研究」を対象とすることを謳った機関の設置計画がリークされたのである。文部省所管の学術行政にも，商工省所管の産業行政にも抵触しない行

政対象として，「基礎研究」が取り扱われたといえよう。

　こうした企画院の計画に対抗して，文部省も所管領域の確保に動いた。既に1938年以降，文部省の科学政策も活発化しており，1938年8月には科学の振興に関する重要事項を調査審議するため科学振興調査会が設置されていた[6]。この科学振興調査会が，1940年8月19日の答申第二号「一　大学ニ於ケル研究施設ノ充実ニ関スル件」（第II部第2章章末資料5）で，はじめて自らの行政領域に「基礎研究」が含まれることを主張した。答申は，「大学ニ於ケル研究ハ基礎研究及ビ応用研究トス」と述べる。また，「大学ニ於ケル基礎及ビ応用研究ハ一般実用研究ノ源泉ト云フベク，之ナクシテ本邦産業ノ十分ナル発展ヲ期スルコトノ不可能ナルハ疑ヲ容レザルトコロナリ」とする[7]。政策文書として「基礎研究」という用語を使用したのは，この答申が最初だと思われる。文部省は，それまでの「学術研究」にとどまらず，「実用研究」に繋がる「基礎研究」「応用研究」をも自身の所管として確保しようとしたのであろう（科学振興調査会については，第II部第2章を参照のこと）。

　1940年8月の答申の直後，文部省は直接に，自らの所管領域を侵犯しないよう企画院に対して要求した。1940年9月頃，企画院が作成を進める「科学技術新体制確立要綱（案）」に対して，文部省が質問と意見を提出した。「『科学技術新体制確立要綱』（昭和十五年九月二十五日付企画院案）ニ対スル質問並ニ意見」である。ここで文部省は，企画院が創設を計画する「総合科学技術行政機関」の所管事項に「科学技術ニ関スル学会」の統制が含まれることに対して，「技術ニ関スル学会」に修正することを要求した。理由として，文部省は，「企画院案ノ全部ヲ通ジ『科学技術』ナル新シキ熟語ヲ用ヒアリ」と指摘した上で，「文部省トシテハ広義ノ科学研究トハ基礎研究，応用研究，実用研究ノ三者ヲ総称スルモノニシテ此ノ中実用研究ニ当ル部分ヲ技術研究ト称スル解釈ヲトル」（下線は筆者）として，「純粋ナル科学所謂学問ニ関スル事項ニツイテハ従来文部省ニ於テ所管シ来レル処」であると記している[8]。

　以上のように既存官庁からの抵抗を受けながらも，1941年5月27日に「科学技術新体制確立要綱」は閣議決定された。「科学技術新体制確立要綱」では，「第三，措置」で以下のように定める（下線は著者による）。

　　第三，措置

科学技術水準ノ水準ノ躍進速度ヲ急速ニ増嵩セシムルタメ一般産業及ビ教
育行政機関ト別個ニ<u>基礎研究，応用研究，工業化研究</u>ヲ専門別ニ一貫シテ
統轄指導スルト共ニ各専門相互間ヲ有機的ニ連絡総合スル科学技術ノ研究
及ビ行政中枢機関ヲ早急ニ創設ス

其ノ措置次ノ如シ

科学技術行政機関ノ創設

本機関（仮称技術院）ハ内閣ニ直属シ左記事項ヲ所掌ス[9]

文部省との交渉がどのように決着したのかは不明であるが，「基礎研究・応用
研究・工業化研究」を行政対象とする機関として，「科学技術行政機関」を設
立することが既定方針となったのである。1941 年の視察団報告は，技術官僚
が進めるこの「科学技術行政機関」の設置に対して直接に影響したことを，第
2 節で述べる。一方で「科学技術行政機関」の創設をめざす技術官僚にとって
も，既存の学術行政・産業行政に不満を持ち「学理ト生産ノ中間ニ位置スル基
礎実験的研究」の拡充を謳う 1941 年の視察団報告は，都合のよい提言として
取り入れられたと考えられる。

　「科学技術新体制確立要綱」の「第三，措置」では，「科学技術行政機関ノ創
設」とともに，「科学技術研究機関ノ総合整備」についても，以下のように定
めている（下線は著者による）。

科学技術研究機関ノ総合整備

（二四）官庁研究機関ノ研究能率発揮ノ為予算，会計，人事其ノ他ノ制度
ヲ適正化ス

（二五）<u>既存官民科学技術研究機関ヲ有機的ニ連絡調整</u>シ恰モ一大綜合研
究機関ノ如キ機能ヲ発揮セシムル為必要ナル措置ヲ講ズ

（二六）国防科学技術ニ関スル総合研究機能ヲ発揮セシムル為特殊法ニ依
ル総合研究機関ヲ創設シ就中航空並ニ材料ニ関スル技術ノ刷新向上ハ飛躍
的且先行的ナラシムル要アル国際情勢ニ鑑ミ<u>特ニ航空並ニ材料研究部門ヨ
リ早急著手整備ス</u>[10]

既存の研究機関の研究内容を連絡調整し総合研究機関のような機能を発揮する
ための措置を講じることや，新たに航空および材料分野の研究機関を整備する
ことなどが閣議決定されたのである。

2 技術院の設立

　技術官僚によって当初想定された技術院は，技術行政の統一機関をめざすものであり，その行政領域はあらゆる部門の科学技術を対象とする計画であった。しかし，技術院の設立過程では，自らの行政領域を手放したくない既存官庁からのさらなる反発があり，調整は難航した。結局，技術院は，航空技術の振興を中心とする行政機関として設立されることになった。

　技術院が航空技術に重点をおく行政機関となった最大の原因は，陸軍が行政対象を航空技術に絞るように強く要求したことである。1941 年 5 月の「科学技術新体制確立要綱」の閣議決定によって技術院の新設が既定方針となると，「技術院等設置準備協議会」が企画院に設置され既存官庁との交渉が本格化した。技術院等設置準備協議会は関係官庁の次官らからなり，他に関係官庁高等官・学識経験者からなる技術院等設置準備協議会幹事会が設置された。技術院の設立までには，2 回の幹事会が開催された後，11 月 5 日の技術院等設置準備協議会で「技術院官制要綱」が決定された。8 月 20 日に開催された第 1 回幹事会では，八里知通（陸軍省整備局工政課長）が航空機およびこれに関係する科学技術を優先的に取り扱うことを官制に明記するように要求した [11]。また第 1 回幹事会の後にも，陸軍は，当分は技術院の分掌事務の重点を航空機およびこれに関係する科学技術の躍進に置くことを定める 9 月 12 日付け「附則案」[12] を提出した。これに対して，企画院側は森川覚三（企画院第 7 部長）・美濃部洋次（企画院第一部第 1 課長）が，さしあたり航空機に重点を置くという方針を示しつつ，一方で官制に航空技術重視を明記することには反対であると第 1 回幹事会で表明した [13]。しかし，こうした陸軍の要求の結果，ついに 10 月 7 日付け「技術院官制要綱（案）」[14] において，航空技術に重点を置くことが明記されたのである。これに対して，海軍側は，10 月 10 日付け「技術院官制要綱ニ関連スル閣議決定（案）」[15] を高田利種（海軍省軍務局第 1 課長）私案として提出し，航空技術に重点を置くことを追認した。

　技術院の設立に伴い，通信省所管の中央航空研究所は，技術院の監督下に置かれることになった。技術院への移管事項をめぐっては，自らの行政領域を手放したくない既存官庁からの反発があり，合意に至るまで計画は二転三転した。

1941年5月29日付け文書[16]によれば，企画院では東京帝国大学航空研究所および中央航空研究所を技術院の監督下に新設する「総合研究所」に移管する計画であった。その後，移管事項に関する企画院での計画は関係官庁からの反発を受け後退したが，8月7日付けの文書[17]でも東京帝国大学航空研究所および中央航空研究所を移管する計画は固持された。これに対し，8月20日の第1回幹事会終了後，文部省は東京帝国大学航空研究所の移管に対して反対する旨を，通信省は中央航空研究所の移管に対して反対する旨を，それぞれ企画院に提示した[18]。その後の詳しい経過は不明だが，12月3日の閣議で中央航空研究所の技術院への移管が了解され[19]，1942年4月1日には中央航空研究所は内閣に移管されるとともに技術院総裁の監督下に置かれることになった。一方，東京帝国大学航空研究所は文部省所管のまま移管されることはなかった。

　中央航空研究所の移管が決まった背景には，海軍のペースで建設が進む中央航空研究所の運営に対しての陸軍の不満があった。この海軍への反発が，技術院の航空重点化を求める陸軍の要求の1つの原因でもあった。航空局で中央航空研究所の設立準備に関わった松浦四郎（通信省航空局職員）は，航空局を動員して勢力の拡張をはかる海軍に対して陸軍が反発し，技術院の航空重点化を主張するとともに中央航空研究所を技術院の中に入れることを主張したと回想している[20]。陸軍は，中央航空研究所の建設における海軍・航空局の連携に反発し，主導権の回復をねらい，中央航空研究所の内閣への移管を望んだのである。また，自己の影響力を確保するため，中央航空研究所を監督下に置くことになる技術院の人事にも要求を押し通した。松浦四郎によれば，1941年10月頃，企画院第7部の技術者との会合の席上で，内田厚生（陸軍中佐）から，航空工学者の和田小六（東京帝国大学航空研究所長）を技術院次長に推薦したいと言い渡されたという。和田小六は特に陸軍側の人物ではないが，陸軍としては影響を及ぼしがたい人物の就任を嫌って和田小六を推薦したものと思われる。陸軍は中央航空研究所への影響力確保に重大な関心を持ち，実際に行動したのである。

第2節　技術院指導下での航空研究

　陸軍視察団の要求は，1942年2月以降，内閣に新設された技術院の指導の下で，航空研究機関へと影響した。本節では，技術院で追求された研究課題を分析することで，1941年の陸軍視察団報告が研究機関に与えた影響を検討する。

　陸軍が技術院での航空研究に求めたのは，「基礎的」分野での貢献だった。1942年2月に設立された技術院は，4つの部を持ち，特に第2部が，航空に関する技術を担当した。1942年8月3日付けで技術院第2部が作成した「航空技術躍進ノ為現在実施シ又ハ計画中ノ事項」[21]では，6項目の1つで，技術院と陸海軍との研究分担について述べている。そこでは，陸海軍の負担を軽減するために，陸海軍の航空兵器の研究における「比較的基礎的ト見ラル、科学技術」を技術院において実施することを，陸海軍側と話し合っているとする。そして，将来の航空機の高速化・高高度化などに関する基礎的重要問題の解決に特に力を注ぐつもりだと記している。

　技術院指導下で実施された研究課題をみていくと，視察団の報告で求められた研究課題が，多数含まれていることがわかる。1942年度の予算により技術院で取り上げられた研究課題の内で，1941年の視察団報告と関係する課題には，以下の13件があった。「南方高層気象ノ研究」として「宇宙線ニ依ル航空気象ノ観測予知ノ研究（主任担当者，以下同様：仁科芳雄，理研）」，「成層圏気象ノ研究」として「成層圏気象ノ研究（抜山大三）」「航空気象測器ノ研究（抜山大三）」「航空機着氷防止ノ研究（中谷宇吉郎）」「飛行機々体着氷ノ物理的研究（抜山大三）」「航空機用自記気象計ノ研究（倉石六郎）」「電波高度計実用化ニ関スル研究（井上均）」，「高々度飛行ノ医学的研究」として「航空医学ニ関スル研究（加藤豊次郎）」，「航空発動機ノ高々度性能向上ノ研究」として「燃焼及燃焼器ノ研究（堀場信吉）」，「航空発動機ノ構造強化ノ研究」として「液冷発動機ノ発生馬力ノ増大ニ関スル研究（山田義三治，愛知時計電機）」，「航空発動機冷却ニ関スル研究」として「液冷発動機ヲ装備セル飛行機ノ蒸気冷却法ノ研究（北野純，川崎航空機工業）」，「積層木材プロペラノ研究」として「強化木プロペラニ関ス

表6 1942年度に技術院で扱われた研究課題（視察団報告と関係するもののみ抜粋）

区　分	項　目	主任担当者	実行額	備　考
1. 南方高層気象ノ研究	宇宙線ニ依ル航空気象ノ観測予知ノ研究	仁科芳雄（理研）	80,000 円	「研究ノ種類」は「基」と分類*
2. 成層圏気象ノ研究	成層圏気象ノ研究	抜山大三	49,180 円	
	航空気象測器ノ研究	抜山大三	5,000 円	
	航空機着氷防止ノ研究	中谷宇吉郎（北大）	17,800 円	
	飛行機々体着氷ノ物理的研究	抜山大三	3,480 円	
	航空機用自記気象計ノ研究	倉石六郎	5,760 円	
	電波高度計実用化ニ関スル研究	井上均	88,300 円	
3. 高々度飛行ノ医学的研究	航空医学ニ関スル研究	加藤豊次郎（東北大）	60,530 円	
13. 航空発動機ノ高々度性能向上ノ研究	燃焼及燃焼器ノ研究	堀場信吉	3,300 円	
15. 航空発動機ノ構造強化ノ研究	液冷発動機ノ発生馬力ノ増大ニ関スル研究	山田義三治（愛知時計電機）	146,610 円	
18. 航空発動機冷却ニ関スル研究	液冷発動機ヲ装備セル飛行機ノ蒸気冷却法ノ研究	北野純（川崎航空機工業）	182,565 円	
22. 積層木材プロペラノ研究	強化木プロペラニ関スル研究	平野猪一郎（日本楽器）	52,000 円	「研究ノ種類」は「実」と分類**
23. 高々度高速機用計測器ノ研究	飛行機姿勢自記装置ノ研究	武田晋一郎	11,110 円	
総　額			705,635 円	

備考の空欄は、「研究ノ種類」の記載が資料に存在しないため。
*「研究方法ノ概要」として「水平断面積約六平方米ノ宇宙計一六基ヲ製作シ之ヲ一ヶ所又ハ広汎ナル地域ニ配布シテ同時運用ヲ行ヒ総合観測ニ依リ高層気象ヲ予知スル研究」と記載されている（「昭和十七年度試験研究命令発令状況調　試験研究補助金交付状況調」）。
**「研究方法ノ概要」として「強化木材プロペラニ関スル基礎的研究，即チ強化木材ノ素板製作方法，接着方法接着剤，加工法等ノ各々ニ就キ実物ヲ以テ試験シ強化木材プロペラヲ試作シ強度其ノ他ニ就キ試験ス」と記されている（同上「昭和十七年度試験研究命令発令状況調　試験研究補助金交付状況調」）。

ル研究（平野猪一郎，日本楽器）」，「高々度高速機用計測器ノ研究」として「飛行機姿勢自記装置ノ研究（武田晋一郎）」である。これらの研究課題は，1942年度に技術院第2部で扱われた研究課題28件の内，金額ベースで47%（705,635円）を占める[22]。1941年の報告が求めた研究課題が，技術院での航空研究活動のかなりの部分を占めていたのである。1943年度においても，他の研究課題の増加により比率は減少したが，これらの研究課題は引き続き実施された[23]。1943年までの技術院の指導の下では，ドイツから持ち込まれた基礎的な研究課題が，国内の研究機関で小規模分散的に実施されたのである。

　1941年の視察団報告は陸軍の研究方針とも密接に繋がっていたから，技術院での研究課題は，陸軍内の研究方針にも沿うものとなっていた。当時の陸軍の研究方針は，1943年1月22日付けで陸軍航空本部が作成した「陸軍航空兵器研究及試作方針」（案）をみることでわかる。この「方針」は，1940年に策定された研究方針を改正するものであった。1943年の「方針」では，強化木製「プロペラ」の試作を促進することが盛り込まれた。また，常用高度12〜20kmの高高度飛行並びにこれに関する研究が，研究項目として位置づけられた[24]。技術院で取り上げられた研究課題は，使用目的を意識した研究であった。

第3節　戦時研究の時期による変化——「航空機着氷防止ノ研究」の事例

1　戦局悪化による研究内容の変化

　前節でみたように技術院設立時には基礎的な研究が奨励されたが，戦局が悪化すると，求められる研究課題は変化していった。1943年8月20日には，「科学研究ノ緊急整備方策要綱」が閣議決定され，「研究機関ニ於ケル科学研究ハ大東亜戦争ノ遂行ヲ唯一絶対ノ目標トシテ強力ニ之ヲ推進スル」として，戦争の遂行を科学研究の唯一絶対の目標とすることを宣言した[25]。さらに，1943年11月26日の閣議決定「昭和十九年度予算上ノ重要政策ノ先議画定ニ関スル件」では，戦力増強に直接関係する研究を重点的に進めることが定められた。「昭和十九年度予算上ノ重要政策ノ先議画定ニ関スル件」では，各省庁の政策について，極力予算化に努めるべき重要事項を列挙している。「先議

一」では，技術院・文部省・軍部・運輸通信省に関する事項として「科学技術研究ノ振興ニ関スル件」があげられている。「科学技術研究ノ振興ニ関スル件」の内容は以下の通りである（下線は著者による）。

先議　一　（技，文，軍，運）

科学技術研究ノ振興ニ関スル件

第一　方針

物的戦力殊ニ航空戦力ノ増強ヲ目標トシテ科学技術動員ノ強化及科学研究ノ整備ヲ図ルモノトス

第二　要領

一，技術院及文部省ノ研究費又ハ研究ノ補助費ヲ増額シ<u>戦力増強ニ直接関連アル各種研究ノ重点的推進ヲ図リ</u>特ニ航空兵器及其ノ原材料並ニ電波ニ関スル研究又ハ試作ヲ促進スルコト　（技，文）[26]

（以下略）

1943 年 10 月に研究動員の方法が変更になり，戦争末期には，戦争継続能力の確保に繋がる研究項目が増加するなど，技術院での研究課題は変化した [27]。1944 年までの研究動員会議では実施された戦時研究 158 件のうち，航空関係項目は 64 件に及んでいた。これに対し，終戦時点で継続していた研究動員計画 163 件の内，航空関係項目はわずか 24 件であり，「…増産」「生産力増強」「…長寿命化」「…節約」など代用燃料・材料・食品開発を含む戦争継続能力の確保をテーマとする項目が計 51 件と多くを占めた [28]。

1930 年代末からの研究費の増加・研究機関の拡大のなかで，1943 年までは科学研究自体も進捗していった。『日本科学技術史大系』は，日本の物理学研究が戦時体制へと傾斜し「カタストローフがあらわになるのは昭和 18 年（1943）後半からであると判断した」[29] と記している。1943 年 8 月の「科学研究ノ緊急整備方策要綱」閣議決定までは，大学を中心とする研究者たち，とりわけ基礎部門の研究者たちに加えられる制肘は比較的少なく，物理学も一応の進展を示していたとして，理研における宇宙線・核物理学の研究を例にあげている。一方，1943 年 8 月以降は，それまで直接統制の枠外に置かれていた大学の研究者にも，戦時動員の枠がはめられた [30]。化学においても同様の傾向があったことが，専門誌の論文数から読み取ることができる。『日本化学会誌』

に発表された論文数は，1940年の238編から1942年の382編と伸び，1943年度にも319編となったが，1944年度には188編，1945年には36編と激減している[31]。

2 「航空機着氷防止ノ研究」

以下では，「成層圏気象ノ研究」として技術院で取り上げられた「航空機着氷防止ノ研究」を例にして，各時期における研究内容の変化を具体的に分析する。

「航空機着氷防止ノ研究」を行った中谷宇吉郎（1900～62年）は，雪の研究と科学随筆で知られる科学者である。中谷は，1925年に東京帝国大学理学部物理学科（実験物理学）を卒業し，理化学研究所寺田寅彦研究室助手として電気火花の研究を行った。1928年には文部省留学生として，実験物理学研究のためイギリスに留学し，キングス・カレッジのオーエン・リチャードソン（Owen Richardson）のもとで長波長 X 線の研究を行った。1930年に北海道帝国大学理学部助教授となり，1931年には「各種元素よりの長波長 X 線の射出について」で京都帝国大学から博士号を取得した。1932年に北海道帝国大学理学部教授となり，雪の結晶の研究を開始し，1941年5月には，雪の結晶の研究で日本学士院賞を受賞している[32]。

中谷に関係する資料は，生まれ故郷である石川県加賀市にある「中谷宇吉郎雪の科学館」に保存されている。この資料の中には，中谷が戦時中に，北海道のニセコアンヌプリ山中で行った航空機着氷の研究に関する資料も含まれている。戦時研究に関する資料は，北海道大学理学部地球物理学教室に一時的に保管されていたが，1994年10月の「中谷宇吉郎　雪の科学館」の開設に合せて，加賀市に送られたものである。以下では，この資料をもとに，中谷の行った戦時研究の経緯と，研究目的の推移を明らかにする。

中谷の研究が，軍部と関わりを持つようになったのは，技術院から補助金を受け取る1942年より，少なくとも2年ほど前のことである。1941年11月に，中谷の主導で，北海道帝国大学に発足した低温科学研究所の設立経緯が，中谷の研究と海軍との関係を明らかにする。研究所の設置に関しては，中谷自身が記録した「低温科学研究所設立経過」が存在する。この記録は，大学時代のノ

ートの残り頁に、「低温科学研究所設立経過」の見出しで 1940 年 7 月〜1943 年 8 月の主要事項をメモしたものである。メモによれば、低温科学研究所は、北海道帝国大学の構内に建設されたが、海軍所属の研究所として設立されたものであるという。1940 年 7 月 5 日には、北海道帝国大学総長が、海軍航空本部長宛てに、「海軍所属研究室ヲ本学構内ニ建設」することについて文書を送付した。これに対して、7 月 30 日には、海軍省軍務局長が、北海道帝国大学総長宛てに、「貴学構内用地ノ一部ニ当省低温研究室及附属設備建設」するための土地の無償使用について照会する文書を送付した。その後、北海道帝国大学は、文部省に敷地の使用について確認し許可を受けた。10 月 9 日には、北海道帝国大学から海軍軍務局長宛てに、「使用料無償」で「昭和十五年十月」から「三十箇年」の使用を許可する文書が送られた [33]。低温科学研究所は、表面上は北海道帝国大学の附置研究所として設置されたことになっている [34]。低温科学研究所の設立がどのように事務処理されたのかは不明な点もあるが、研究所設立の経過は、既に 1940 年より、中谷の研究が海軍からの支援を受けていたことを示している。

　中谷の指導のもとで、ニセコ連峰の主峰ニセコアンヌプリにおいて着氷現象についての研究が開始されたのは、1941 年 2 月のことである。中谷らは、ニセコアンヌプリの西側の稜上、海抜 1100 m 付近に雪洞をつくり観測を行った。1941 年の観測は、2 月 23 日〜3 月 14 日まで 20 日間実施された。この間、観測隊は、海抜 600 m の鉄道局山の家に滞在しながら、スキーで観測所に登降し観測を続けた。1942 年には、2 月 28 日〜3 月 16 日まで、1941 年の雪洞から 80 m 離れた、海抜 1130 m の地点にテントを張り観測を行った [35]。前述のように、中谷の研究が技術院から補助金を受け取るのは 1942 年のことなので、その 1 年ほど前から実際の研究が始まっていたことがわかる。

　1942 年、後に中間観測所と呼ばれた木造の観測所を 1941 年の雪洞と同じ位置に建設し、映画による着氷の観測が行われた。観測所の建設に海軍が深く関わっていたことは、1942 年 8 月 7 日付けで木村松治郎（北部軍参謀長）が増田定衛（狩太村村長）宛てに出した書簡「山上気象観測所工事促進ニ関スル件」から確認できる。この文書では、「貴村管内『ニセコアンヌプリ』山頂ニ目下建設中ノ観測所ハ<u>当軍嘱託中谷博士</u>ヲ主任トシテ<u>軍委託ノ研究</u>ヲ遂行スルモノ

ニシテ時局下緊急ヲ要スルモノニ付予定期日迄ニ是非共完成致サセ度人夫ノ手配等ニ付配慮相煩度」（下線は著者による）と記されている [36]。なお，1942年度には，技術院からも「成層圏気象ノ研究」として中谷の研究に資金がでることとなった。

1943年には，ニセコアンヌプリ山頂に観測所が設置された。1943年11月14日には，北海道庁立倶知安中学校（現在の北海道倶知安高等学校）の学生らによって，零式艦上戦闘機が山頂観測所まで引き上げられた [37]。また，機体とは別に，零式艦上戦闘機の実物プロペラも観測所に設置された。プロペラは動力として100馬力モーターを備えており，実際にプロペラを回転させて，プロペラ前縁部への着氷が観測された [38]。さらに，風洞内においた模型プロペラの着氷経過が，ストロボ法を使って，回転を止めずに観測・写真撮影された [39]。

1944年はじめまでは，着氷現象を理解するための基礎的な研究が行われた。これは，1944年に中谷を主任研究員として申請された技術院の戦時研究実施計画「航空機着氷防止ノ研究」（整理番号六——一）から確認できる。1944年5月22日に技術院に提出された書類では，「研究目標」として「過去三年ニ亘ルニセコ山中腹ニ於ケル研究，今冬ノ山頂観測所ニ於ケル研究ニヨリ翼着氷防止法ノ基礎的研究及ビプロペラ着氷防止ノ原理的研究ヲ終了シタルヲモッテ今後ソノ実用化ヲ計リ期限内ニ雪中飛中ヲ実現セントス」（下線は著者による）と記されている [40]。

1945年になると，陸海軍から研究の実用化が求められた。1945年6月22日には，軍の関係者との着氷防止研究会が開催され，「用兵上の要望」が話し合われた。研究会では以下の事項が申し合わされた。

　申合せ事項　実機ニ就キ実用化ヲヤルベシ
　　イ）翼及尾翼ニ熱風式ヲ用フルモノ尚遮風板ニモ熱風式ヲ応用スルコ
　　　　ト（陸軍）
　　ロ）主翼及ビプロペラニ電熱式ヲ用フルモノ遮風板ニモ電熱源利用
　　　　（海軍）
　　ハ）摺動式ハ更ニ研究ヲ行フコト（海軍）
　　ニ）プロペラ，電熱式，スリンガーリングペースト実地運転試験（海
　　　　軍）

ホ）各種ペースト比較試験

　　ヘ）氷結検知器ハ陸軍ノモノヲ海軍ニテモ飛行実験スルコト

　　ト）着氷気象ヲ容易ニ用兵者ニ知ラシムル良法ヲ中央ニ申言ス（両
　　　　軍)[41]

陸海軍から，実用化に向けた要請があったことがわかる。1945 年 7 月に技術
院に申請された戦時研究実施計画「航空機着氷防止ノ研究　第二期」（整理番号
六―一）からも実用研究が進められていたことが確認できる。同計画の研究目
的では「第一期に於て翼の摺動式防氷装置を略々完成したるも，更に防氷装置
の完成を期し熱式防氷の実用化を図らんとす。プロペラ及び遮風板も熱式によ
って其の防氷も完全ならしめんとす」[42]と記されている。研究が進展すると
ともに，引き続き実用的な研究が計画されていたのである。

　以上から，中谷宇吉郎らの「航空機着氷防止ノ研究」は，1943 年頃までは
「基礎的研究」であったことがわかる。軍部および技術院の研究費を使用して，
着氷という自然現象を理解する研究が行われた。1944 年以降になると，陸海
軍からの要請を受けて原理的な研究は終了となり，実用研究が進められた。研
究内容は基礎研究から応用研究へとシフトし，着氷防止のための具体的な装置
の試作がめざされたのである。

　その後 1945 年の敗戦によって，研究は中止となり，山頂観測所も閉鎖とな
った。山頂にあった零式艦上戦闘機も，アメリカ軍の進駐を前に，軍事研究の
発覚を恐れた関係者の手によって谷底へと隠されたという[43]。終戦までの研
究は，航空機着氷防止という技術開発には間に合わなかったが，研究成果は，
1944〜51 年にかけて，北海道大学低温科学研究所『低温科学』に下記の論文
として発表された[44]。

「航空機着氷防止ノ研究」関係論文

①菅谷重二「冬期高所観測基地としての雪洞並に天幕について」北海道帝国
　　大学低温科学研究所編『低温科学』第 1 輯，1944 年

②中谷宇吉郎・岡田鴻記・菅谷重二「木造高山観測所の設計及び建設」北海
　　道帝国大学低温科学研究所編『低温科学』第 2 輯，1949 年

③吉田順五・荒川淳「電線着氷の研究（予報）」北海道帝国大学低温科学研
　　究所編『低温科学』第 2 輯，1949 年

④高野玉吉「風洞による着氷の研究Ⅰ～Ⅴ」北海道大学低温科学研究所編『低温科学』第5輯，1950年

⑤黒岩大助「模型プロペラの着氷」北海道大学低温科学研究所編『低温科学』第6輯，1951年

⑥黒岩大助「プロペラの着氷」北海道大学低温科学研究所編『低温科学』第6輯，1951年

⑦小口八郎「着氷の物理的研究Ⅰ～Ⅴ」北海道大学低温科学研究所編『低温科学』第6輯，1951年

第4節　技術院指導下での航空研究機関整備計画

　技術院設立の際に，基礎的研究と並んで陸軍から期待されたのが，中央航空研究所をはじめとした航空研究機関の整備であった。航空研究機関の整備に関しては，1942年10月22日の閣議決定「昭和十八年度予算上ノ重要政策ノ先議画定ニ関スル件」の中で，研究機関の整備計画を樹立し同時に技術者養成を進めることが定められた。「昭和十八年度予算上ノ重要政策ノ先議画定ニ関スル件」では，各省庁の政策について，優先的に予算化に努めるべき重要事項を列挙している。内閣の項目では，冒頭に「航空研究体制ノ整備ニ関スル件」があげられている[45]。「航空研究体制ノ整備ニ関スル件」の内容は，以下の通りである。

　「航空研究体制ノ整備ニ関スル件」（1942年10月22日，閣議決定）

　第一　方針

　　　　現下内外ノ情勢ニ鑑ミ航空機ノ進歩発達ニ関シ之ガ関係研究機関ノ急速ナル整備並ニ有能ナル技術指導者及高級技術者ノ養成ヲ図ルハ国家喫緊ノ要務ナリ仍テ左ノ要領ニ依リ航空研究機関整備計画ヲ樹立実施スルト共ニ航空研究関係技術者ノ養成ヲ行ハントス

　第二　要領

　甲　航空研究機関ノ整備充実

　一　現状及将来ヲ通観シテ亜音速飛行機，成層圏飛行機，長距離飛行機，超大型飛行艇並ニ世界最高水準以上ノ生産能率等ニ付躍進目標ヲ設定

スルコト

二　右躍進目標ヲ計画期間内ニ達成セシムル為航空研究機関整備五ケ年計
画ヲ樹立シ研究目標及研究現状ヲ勘案シテ緊急度ヲ定メ逐次航空関係
研究機関ヲ整備スルコト

三　各研究機関ヲ其ノ特質ニ応ジテ第一種（基礎研究ニ重点），第二種（応
用研究ニ重点）及第三種（生産，試作ニ直接関係アル研究ニ重点）ニ分類
シ研究ノ重複ヲ避クルト共ニ研究範囲ヲ明確ニスルコト

四　第一種及第二種ノ研究機関ハ研究ヲ指導スベキ中心人物ヲ根幹トセル
単一専門的研究所ヲ分散的ニ設置スルノ方針ヲ採ルコト　右研究機関
ハ各地ノ大学及工場トノ関係ニ於テ之ヲ設置シ要スレバ独立ノ財団法
人組織トシ，之ニ対シ政府ニ於テ必要ナル助成ヲ考慮スルコト

五　既設航空研究機関ハ左ノ各項ニ依リ之ヲ整備スルモノトスルコト

（一）東京帝大航空研究所ハ第一種研究ヲ主目的トスル総合研究所ト
シ既定拡充計画ヲ遂行スルト共ニ空気力学，特殊機体及材料力学ノ各
部ヲ拡充スルコト

（二）中央航空研究所ハ第二種研究ヲ主目的トスル総合研究所トシ第
一次施設計画ノ急速完成ヲ図ルト共ニ若干ノ施設ヲ追加スルコト

（三）航空局航空試験所ニ於テハ第二種研究ニ資スル為航空保安ニ関
スル試験研究並ニ民間航空機ノ試験研究ノ為所要ノ施設ヲ拡充スルコ
ト

六　第三種ノ研究ハ民間製作工場所属ノ研究施設ニ於テ行フモノトシ，一
定計画ノ下ニ夫々ノ工場ニ於テ之ガ整備ヲ図ルコト

乙　航空研究関係技術者ノ養成

中央航空研究所ヲ利用シ昭和十九年度ヨリ左ノ如ク航空技術者ノ養成
ヲ行フ為必要ナル準備ヲ為スコト

（一）大学，専門学校卒業程度ノ優秀者若干ヲ選抜シテ一ケ年ノ指導
者教育ヲ施スコト

（二）青年学校修了程度ノ有能者若干ヲ選抜シテ二ケ年ノ高級技能者
教育ヲ施スコト [46]

技術院は，陸軍の要求に沿う形で，航空研究の指導統制機関として拡充を行

うことを計画した。第2節で触れた「航空技術躍進ノ為現在実施シ又ハ計画中ノ事項」では，最初の項目で航空研究体制整備五ヵ年計画をあげている。この計画については，より詳しい文書が残っている。1942年10月15日付け「航空研究体制整備五ケ年計画要綱（案）」[47] である。「計画要綱（案）」は，全国の航空技術者を1ヵ所に集めることは，現下の情勢ではとるべきでないとして，単一専門的研究所を分散的に設置することを主張する。計画によれば，既存の航空研究機関を拡充する他，21ヵ所の航空に関する研究所を新設し，技術院の一元的統制指導の下で研究が実施される予定であった。

「計画要綱（案）」は，航空研究機関を以下の3つに分け，21ヵ所の研究所を表7のように分類していた。

第一種研究所 基礎科学，基礎工学研究ヲ主任務トシ応用研究及生産研究ニ対シテ助言ヲ与フ

第二種研究所 基礎科学及基礎工学ノ応用研究及実用化研究ヲ主任務トシ生産研究ニ対シテ意見及希望ヲ述ブ

第三種研究所 生産及試作ニ直接関係アル研究ヲ主任務トシ基礎研究及応用研究ニ対シテ意見及希望ヲ述ブ

技術院における航空研究機関の拡充計画は，陸軍が要求した航空研究の統制機関設置と航空研究機関の拡充を，形を変えて実現しようとするものだった。技術院で立案された計画は，1942年10月22日に「航空研究体制ノ整備ニ関スル件」として閣議決定された [48]。

この航空研究機関の拡充計画には，1941年の陸軍の視察報告が直接に影響した形跡がある。先の「計画要綱（案）」には，附表として「独逸ニ於ける航空研究体制（昭和十六年三月現在）」が添付されている。附表には，ドイツにおける研究統制機関として，航空省技術部研究課が研究題目および人員の統制・研究費の配分を行っていると記している。また，ドイツ航空省直轄航空研究機関として6つの研究所を提示し，各研究所の研究課題の特徴が記してある。さらに，ドイツ科学・教育・文化省管轄の教育・研究機関と，各機関の研究項目の特徴を示し，それぞれの機関が航空省の研究を受諾しているか否かが記されている。以上の事項は，当時，国内で簡単に入手できるものではなかった。附表における研究体制は，1941年3月現在のものである。1941年3月は，陸軍

表7　技術院における航空研究機関整備目標

名　称	研究種目	摘　要
［東京帝国大学］航空研究所	第1種	拡充（官立）
中央航空研究所	第2種	拡充（官立）
航空局航空試験所	第2種	拡充（官立）
飛行機力学研究所	第2種	新設
流体力学研究所	第1種・第2種	新設。九州帝大流体工学研究所ヲ包含ス
機体構造力学研究所	第1種・第2種	新設
原動機研究所	第1種・第2種	新設
プロペラ研究所	第2種	新設
滑翔研究所	第2種	新設
成層圏物理研究所	第1種	新設
航空無線電気研究所	第2種	新設。東北帝大電気通信研究所ヲ包含ス
航空計測器研究所	第2種	新設
航空気象研究所	第2種	新設
航空機械工作研究所	第2種	新設
航空生産能率研究所	第2種	新設
航空医学研究所	第2種	新設。東北帝大及名古屋帝大ノ航空医学研究設備ヲ包含ス
航空輸送科学研究所	第2種	新設
航空軽金属研究所 航空特殊鋼研究所 航空金属加工研究所	第2種 第2種 第2種	新設。東北帝大金属材料研究所ヲ包含ス
航空有機材料研究所	第2種	新設
航空無線材料研究所	第2種	新設
航空油脂研究所	第2種	新設
航空木材及塑性構造研究所	第2種	新設
航空軸受研究所	第2種	新設
飛行実験研究所	第2種	新設
熱地研究所	第2種	新設
寒地研究所	第2種	新設。北海道帝大低温科学研究所ヲ包含ス

「科学技術動員関係綴」『井上匡四郎文書』整理番号00142。

の視察団がドイツに滞在していた時期である。視察団は，1941年1月8日にベルリンに到着し，5月13日にイタリアへ出発するまで，ドイツでの視察を行った。2月まではドイツ陸軍を視察し，3月初旬に空軍・航空省の編成についてドイツ側より講話を受けた[49]。1941年の陸軍視察団の情報が技術院に伝わり，航空研究機関の拡充計画の策定に影響を与えたのである。

第5節　航空研究機関の新設

　技術院では，航空研究機関の拡充計画に基づいて，研究機関の設立経費および経常費を助成して，航空研究機関の新設を促した。1943年7月頃に作成された「昭和十九年度予算関係綴」から，1943年度中における研究所の設立状況や翌1944年度に予定された整備方針などを知ることができる。1943年度には，航空軸受研究所・名古屋航空研究所・滑空研究所・航空計数研究所・航空精密計測研究所・航空軽金属研究所の合計6つの研究所が設置された。

　航空軸受研究所（主務官庁：内閣技術院，所長：京都帝国大学教授鳥養利三郎）は1943年4月14日に京都市に設置された。技術院からの1943年度助成額（実行計画額）は50万円，1944年度助成額（要求額）は100万円。軸受とは，プロペラなどの回転をスムーズにするための部品で，ベアリングとも呼ばれる（回転運動だけでなく，往復運動などをスムーズにする場合もある）。京都帝国大学の鳥養利三郎教授および佐々木外喜雄教授を中心に，航空機用の軸受に関する基礎研究および応用研究，実用化研究を行う研究所である。1943年度には遊休施設を利用して緊急解決を要する研究を行うとともに研究所の新設に着手し，1944年度には研究設備の拡充整備を進めつつ，前年度に着手した高速度航空発動機用軸受の研究および新規の研究項目を実施する予定であった[50]。

　名古屋航空研究所（主務官庁：内閣技術院，所長：名古屋帝国大学工学部長生源寺順）は1943年7月1日に名古屋市に設置された。技術院からの1943年度助成額（実行計画額）は50万円，1944年度助成額（要求額）は100万円。名古屋周辺の機体関係の権威者らにより，航空機の機体構造および機体生産技術に関する研究を行う研究所である。1943年度には，研究施設の整備に着手するとともに，機体構造関係では高高度機用与圧室の構造，高揚力装置を有する翼構造，

前車輪式降着装置の構造，機体振動減衰性など，機体生産技術関係では電気点溶接利用の研究，機体部品の鋳物利用の研究を行った。1944 年度には，施設の拡充を進めるとともに，これまでの研究に加えて，高高度機用与圧室の構造の研究と関係して高高度機機体艤装に関する研究を重点的に取り上げる予定であった[51]。

滑空研究所（主務官庁：内閣技術院，所長：九州帝国大学教授宮崎鉄太郎）は九州帝国大学内に本部を置き，福岡県津屋崎町（現在の福津市）にあった九州国防訓練場（陸軍飛行場）内に研究実験室を有した。技術院からの 1943 年度助成額（実行計画額）は 30 万円，1944 年度助成額（要求額）は 40 万円。滑空機（グライダー）に関する理論と実際および，滑空機と密接な関係を持つ滑空気象について研究するとともに，実機の設計試作を実施する予定であった。滑空機とはジェット機のような固定翼を持つが，推進用のエンジンを装備せず，上昇気流を利用して滑空する機体である。1943 年度には研究施設の創設ならびに滑空機の設計試作，構造強度および運動学関係の諸研究ならびに滑空気象に関する研究に着手し，1944 年度にはさらに施設を拡充するとともに，これらの研究を促進する予定であった[52]。

航空計数研究所（主務官庁：内閣技術院，所長：東京帝国大学名誉教授寺澤寛一）は，1943 年 10 月 7 日に，東京に設置された。技術院からの 1943 年度助成額（実行計画額）は 30 万円，1944 年度助成額（要求額）は 30 万円。航空機の設計および航空力学上の数値計算を簡易かつ迅速に遂行するため計算機械・計算諸表などの設計・研究・考案・試作ならびに計算手の養成などを実施し，新鋭航空機の創製促進に寄与することを目的とする。東京帝国大学の寺澤寛一名誉教授を主班とし，航空機製作工場や航空関係研究機関と密接なる連携のもと運営することとなっていた[53]。

航空精密計測研究所（主務官庁：内閣技術院・文部省，所長：東北帝国大学教授大久保準三）は，1943 年 10 月 3 日，技術院と文部省の支援の下で設立された研究所で，東北帝国大学内に本部を置き，同大学科学計測研究所に隣接し密接なる関係のもと，研究員 10 名，助手 20 名で，1943 年に研究を開始した。技術院からの 1943 年度助成額（実行計画額）は 40 万円，1944 年度助成額（要求額）は 50 万円。1944 年には，研究所拡張に伴い，研究員 20 名，助手 40 名に充員

する予定であった。主な研究は、航空機の各種性能の基礎研究および所測定理論的研究、各種精密計測機の研究および試作、航空計器の研究に必要なる圧力計・振動計・干渉計・航空計器の各種部分機械要素、特に歯車の研究および試作、各種の仕上げおよび仕上げ面の組織・性能に関する研究および摩擦・潤滑に関する研究である[54]。

航空軽金属研究所（主務官庁：内閣技術院、所長：東邦産業研究所理事松縄信太）は、1943年12月4日に設立され、埼玉県北足立郡志木町（現在の志木市）の東邦産業研究所内に研究所を置いた。技術院からの1943年度助成額（実行計画額）は50万円、1944年度助成額（要求額）は50万円。資材・設備・機械の点において新規の研究所設立が極めて困難なため、1943年度においては当面、既存研究所の軽金属部門を強化し、将来的にこれらの研究所を総合活用することとなっていた。1943年度助成の主な対象は、軽金属およびこれに関連する研究で、礬土頁岩処理方法の実用化研究、南方産低品位ボーキサイト処理の研究、霞石閃長岩によるアルミナ製造の検討とアルカリ原料としての研究、アルミナ磁器の研究、赤泥利用の研究などである[55]。

1943年7月時点の計画では、1944年度も引き続き、航空歯車研究所・航空電気材料研究所（仮称）・航空発酵研究所の3つの研究機関を設置する計画だった。

航空歯車研究所は、東北帝国大学の実吉純一教授・東北帝国大学の成瀬政男教授・東京工業大学の佐々木重雄教授を中心に、東京都に設置予定だった。日本における歯車の研究は、理論的方面にはみるべきものもあったが、材料・熱処理・工作技術などの実用方面においては、ほとんど輸入工作機械と技術を利用している状況であった。こうした状況を打開するため、材料・工作・機械などに関する研究を総合結集し、優秀なる特殊工作機の出現を促進しようとするものだった。技術院からの1943年度助成額（実行計画額）は0円、1944年度助成額（要求額）は50万円[56]。

航空電気材料研究所（仮称）は、従来この方面の研究を行ってきた東北帝国大学金属材料研究所・電気通信研究所・逓信省電気試験所・軍関係技術研究所・学界権威者・その他民間研究機関と密接なる連携のもとに、基礎・応用・実用化研究を推進しようとするものだった。まず、優れた特性を持つ磁性材料

の研究を進め，研究体制の整備に伴い各種電気用金属材料に関する基礎・応用研究，代用材料の研究，電気兵器の試作および実用化に関する研究などを行う予定であった。技術院からの 1943 年度助成額（実行計画額）は 0 円，1944 年度助成額（要求額）は 50 万円 [57]。

　航空発酵研究所は，有益菌種の蒐集・保存・配布，その他航空に関する発酵応用の諸研究を行う研究所である。海外では，発酵の応用が，従来の食品加工だけでなく，アルコール・ブチルアルコール・アセトン・グリセリン・ブチレングリコールなどの各種有機酸類などの航空機用燃料・溶剤・火薬・各種有機合成品原料の製造に広く利用されていたが，日本での研究は不十分であった。また，南方の豊富な糖類およびデンプン類を活用して発酵の応用により高オクタン価燃料・不凍剤・航空機用塗料溶剤・火薬・化学兵器などの軍需物資の確保を図る必要性も強調された。カビおよび酵母の製造，酵素剤およびビタミン類の生産は，航空乗員および第一線将兵の携帯口糧，銃後国民の保健用として重要とみなされた。技術院からの 1943 年度助成額（実行計画額）は 0 円，1944年度助成額（要求額）は 50 万円 [58]。

　しかし，戦局の悪化により，これら航空研究機関の新設は計画通りには進まなかった。1944 年 5 月 2 日付けで，技術院研究動員部および軍需省航空兵器総局が連名で記した「内閣所管財団法人航空関係研究機関ニ対スル寄附金取扱方針」では，既設研究機関の新建築は 9 月末完成のもの以外は中止することが定められた。ただし，既設建築物の購入による拡充は研究計画に則応して適切に処置するものとされた。また，戦局の推移に鑑み，航空戦力増強に直接貢献するため，研究の重点集中化を進め，迅速に生産増強に寄与させることを求めた。そして，差し当たりの措置として，航空研究機関に対する軍需会社からの寄付金として，既に割り当て済みの 285 万円について，概ね 3 分の 1 は受け取らないこと，航空歯車研究所および航空発酵研究所のための寄付金募集および建物の新規拡充をしないことなどを定めた [59]。

第 6 節　中央航空研究所の拡充

技術院の監督下に置かれた中央航空研究所でも，アジア・太平洋戦争開戦に

より建設用資材が極度に逼迫したため，陸海軍の援助の下でも施設の建設は満足には進まなかった。設立初期の予定では，第一期計画として，高速風洞（吹き口径 5 m），高速水槽（幅 5 m，深さ 3 m，全長 500 m，最高曳航速度 30 m／s），発動機高空性能研究設備，発動機風洞，機体・燃料・材料・飛行などの各種実験研究設備，電力設備，工作工場などの施設が建設されるはずであった。この第 1 期計画として，総額 5000 万円の予算が成立し，1941 年 12 月の開戦を契機に，重点施設として選ばれた中型高速風洞（吹き口径 1.5 m）・発動機風洞・工作工場・陸上飛行研究場の 4 施設の建設が集中的に行われた。

　陸海軍からの援助にもかかわらず，1944 年末までにほぼ完成したのは，中型高速風洞・工作工場のみであった。中型高速風洞は，ゲッチンゲン型，吹口径 1.5 m，風速 280 m／s，900 馬力直流電動機 4 台で総計 3600 馬力，風速は電動機の速度を変えて任意に調整できる仕様だったが，細部装置の製作整備に時間がかかり，終戦まで本格的に使用されることはなかった。戦後，アメリカ軍に接収され，破壊されたという。1942 年度に着工した発動機風洞は，エンジンロケット研究用として計画されたもので，1 万 5000 馬力の電動機 2 台で総計 3 万馬力だったが，測定室と胴体基礎工事を終えたのみであった[60]。

　上記とは別に普通風洞として，吹き口 1 m×1.5 m の楕円型，風速 40 m／s，大風洞（吹き口 15 m×18 m の楕円型）の約 1／15 スケールの風洞が設置された。大風洞の建設に先立って建設された寸法効果測定用の模型風洞で，戦後，航空研究が再開した初期には，国内で設計試作した機体や，ライセンス生産した機体の風洞実験が行われた。試験された主な航空機には，岡村製作所の開発した軽飛行機 N-52（1953 年初飛行），航空自衛隊の研究機 X1 G（1957 年初飛行），日本航空機製造の国産旅客機 YS-11（1962 年初飛行）などがある。

　中央航空研究所では「航空研究体制ノ整備ニ関スル件」（1942 年 10 月の閣議決定）の「乙」項目で提起された「航空関係技術者の養成」も実施された。研究所では既に 1939 年 7 月から中等学校出身者を対象に夜間の技術教育を開始し，1940 年 4 月には教習所規定を制定し，高等科において中等学校出身者に対し 1 年間の再教育を，専門部において 3 年間の専門教育を，また普通科において国民学校出身者に 3 年間の研究助手および技工教育を開始していた。1944 年 6 月，教習所を教習部と改めるとともに，新たに高度養成部を設置した。高

度養成部には，大学や専門学校の
卒業生，数年の職務経験を持つ技
能者を対象に，各自の専攻部門に
ついて研修する，1年制の研究科
と専修科および2年制の技能科が
設置された。1945年9月におけ
る教習部在籍者は398名，同年度
までの卒業者はのべ627名に達し
た。高度養成部は開設したばかり

図7　中央航空研究所（1940年，郵政博物館提供）

で，入所者は数名であった[61]。研究所内には，技術者養成のため，校舎・寄
宿舎が建造された。戦後，校舎は東京大学の学生宿舎として使用され，寄宿舎
の一部は運輸省運輸技術研究所の職員宿舎として用いられた[62]。

　東京三鷹の中央航空研究所本所とは別に，茨城県鹿島郡息栖村・軽野村（と
もに現在の神栖市）に陸上飛行研究場の建設が予定されていたが，240万坪の敷
地買収と一部の施設の建設にとどまった。完成したのは格納庫（40 m×50 m）
で，南北に2 kmの使用可能な未舗装滑走路があった。この未舗装滑走路は，
陸上飛行研究場に隣接する海軍の神之池航空基地で実施された「桜花」の訓練
にも使用された。桜花は，第二次世界大戦末期に実戦使用された特攻機である。
爆弾を搭載し，母機となる一式陸上攻撃機に吊されて敵艦船近くまで運ばれた
後，切り離されて滑空し，パイロットが乗ったまま敵艦に体当たりする仕組み
だった。神之池航空基地での訓練では，基地内のコンクリート製の滑走路から
離陸した母機から上空で桜花が切り離され，陸上飛行研究場の砂地の滑走路に
着陸するという方法で実施された[63]。

　中央航空研究所の施設建設が予定通りに進まなかった状況は，予算面からみ
ても明らかである。終戦までの設備投資額は，成立予算総額の半分にも及ばな
い約4000万円に過ぎなかった[64]。1942年度には，中央航空研究所設置費の
予算1165万3317円の内，555万5349円が翌年に繰り越された。1942年度
『帝国議会決算明細書』[65]は，「中央航空研究所設置費ハ［中略］時局ノ影響ニ
依リ資材ノ蒐集困難ナリシ為工事予期ノ如ク進捗セザリシニ依リ年度内支出ヲ
了スルコト能ハザリシヲ以テ会計法第二十八条ニ依リ五，五五五，三四九・〇

表8　中央航空研究所設置費（1938〜45年度）

	a）予算額	b）前年度繰越額	c）予算現額 a)＋b)	d）支出済額	e）予算執行率 d)／c)
1938年度	500,000 円	0 円	500,000 円	449,420 円	89.9%
1939年度	3,290,000 円	0 円	3,290,000 円	2,976,634 円	90.5%
1940年度	3,595,556 円	219,644 円	3,815,200 円	3,618,027 円	94.8%
1941年度	7,800,000 円	0 円	7,800,000 円	5,970,182 円	76.5%
1942年度	11,653,317 円	0 円	11,653,317 円	6,020,335.5 円	51.7%
1943年度	3,335,008 円	5,555,349 円	8,890,357 円	4,664,331.35 円	52.5%
1944年度	12,336,154 円	4,701,954 円	17,038,108 円	6,062,147.45 円	35.6%
1945年度	不明	不明	不明	不明	不明

各年度の『帝国議会決算明細書』による。
1938 年度は「中央航空研究機関設立準備費」，1944 年度は「中央航空研究所建設諸費」としての出費。

○○ヲ繰越シタリ」（下線は著者による）と記している。

　戦後，中央航空研究所は，技術院の廃止に伴い 1945 年 9 月に運輸省に移管され 12 月末に廃庁となった [66]。約百万 m^2 あった敷地の一部は，戦後一時期，運輸技術研究所となっていたが，1955 年に総理府所管の航空技術研究所が設立されその敷地となった。航空技術研究所は，1956 年に科学技術庁が発足すると科学技術庁所管の研究所となり，さらに 1963 年には航空宇宙技術研究所と改称した。航空宇宙技術研究所は，2003 年 10 月に宇宙科学研究所・宇宙開発事業団と統合し，独立行政法人「宇宙航空研究開発機構（JAXA）」となった。中央航空研究所のあった敷地は，航空宇宙技術研究センターとなり，宇宙航空研究開発機構総合技術研究本部の本拠地となっている。

ま　と　め

　政府の科学技術動員の中枢機関として設置された技術院には，「基礎的」分野での貢献が求められた。陸海軍は，情報封鎖下における軍の負担を軽減するため，航空兵器の開発における「比較的基礎的ト見ラル、科学技術」を技術院で実施することを期待したのである。戦局が悪化した 1943 年末以降になると

戦争継続能力の確保に役立つ研究が求められるようになったが，設立当初の技術院に期待されたのは，将来の航空機の高速化や高高度化に関わってドイツなどで進められている研究課題を国内において実施することであった。

　また，中央航空研究所をはじめとした航空研究機関の整備も求められた。技術院のもとで計画された航空研究機関の新設は，陸軍が1930年代半ばから繰り返し要求してきた大規模な官立航空研究所の設立と航空研究の指導統制機関設立という陸軍構想の焼き直しであった。戦時中にもかかわらず，すぐには実用化できない新技術の開発が奨励され，研究環境の整備が進められたことは，戦時期における日本の研究開発施策の大きな特徴だといえるだろう。

　　注
1)　沢井実「科学技術新体制構想の展開と技術院の誕生」『大阪大学経済学』第41巻，第2・3号，1991年。沢井は『国策研究会文書』の分析を通じて，技術院の設立吋の政策決定過程に焦点をあて，当時の陸軍の要求を詳細に明らかにしている。関連して，「科学技術新体制確立要綱」のなかで技術院と並んで設立が謳われた「科学技術審議会」に関する以下の文献もある。沢井実「太平洋戦争期科学技術政策の一齣―科学技術審議会の設置とその活動」『大阪大学経済学』第44巻，第2号，1994年。
2)　大淀昇一『宮本武之輔と科学技術行政』東海大学出版会，1989年，大淀昇一『技術官僚の政治参画』中央公論社，1997年。大淀は，企画院の技術官僚であった宮本武之輔を通して，官僚組織内における技術官僚の地位向上運動とからめて，「科学技術新体制確立要綱」の成立までを詳細に分析している。「技術者運動」は，官僚組織内の地位向上と国家政策への発言権の拡大をめざすものとして，大正時代から続いてきた。科学・技術の質が勝敗を決する総力戦大戦下で，こうした「技術者運動」が活発化し技術官僚の政治参画が実現したことを，大淀は実証的に明らかにしている。大淀は，技術官僚によって当初計画された技術院は，技術行政の統一機関をめざすものであり，その行政領域はあらゆる部門の科学技術を対象とする計画であったことを実証的に明らかにしている。
3)　大淀前掲注2)『宮本武之輔と科学技術行政』313-314頁。
4)　「科学審議会設置ニ関スル意見」（大久保達正ほか編，土井章監修『昭和社会経済史料集成 第五巻 海軍省資料（5）』大東文化大学東洋研究所，1981年，203頁。
5)　大淀前掲注2)『宮本武之輔と科学技術行政』325-326頁。
6)　河村豊「戦時下日本における基礎研究振興論―文部省科学研究費成立過程をめぐって―」『イル・サジアトーレ』第32号，2003年，122頁。
7)　「科学振興調査会答申」『犬丸秀雄関係文書』国立国会図書館憲政資料室所蔵，資料

番号 8。

8)　沢井前掲注 1)「科学技術新体制構想の展開と技術院の誕生」374-375 頁。

9)　「科学技術新体制確立要綱（昭和一六. 五. 二七閣議決定）」JACAR（アジア歴史
資料センター）Ref. A15060029100。

10)　同上。

11)　「技術院等設置準備協議会第 1 回幹事会議事要綱」『美濃部洋次文書』（別称『国策研
究会文書』）東京大学総合図書館所蔵，整理番号 G-26-35，10-11 頁。なお本書では，
『美濃部洋次文書 マイクロフィルム版』雄松堂出版，1990 年を使用した。

12)　「附則案」『美濃部洋次文書』整理番号 G-26-41。

13)　前掲注 11)「技術院等設置準備協議会第 1 回幹事会議事要綱」11 頁。

14)　「技術院官制要綱（案）」『美濃部洋次文書』整理番号 G-26-43。

15)　「技術院官制要綱ニ関連スル閣議決定（案）」『美濃部洋次文書』整理番号 G-26-39。

16)　「技術院創立ニ当リ各庁ヨリ移管スベキ事項ニ関スル覚書」『美濃部洋次文書』整理
番号 G-26-6〜9。

17)　「技術院及総合科学技術研究所ニ各庁ヨリ移管スベキ事項」『美濃部洋次文書』整理
番号 G-26-23。

18)　「技術院等設置準備協議会幹事会協議事項ニ対スル意見」『美濃部洋次文書』整理番
号 G-26-36。

19)　閣議了解事項の内容は，通商産業省編『商工政策史 第 13 巻』商工政策史刊行会，
1979 年，641 頁を参照した。また，閣議の日時については，朝日新聞経済部編『朝日
経済年史（昭和十七―十八年版）』朝日新聞社，1943 年，11 頁を参照した。

20)　松浦四郎「技術院と航空」財団法人日本航空協会編『日本民間航空史話』1966 年，
344-346 頁。

21)　「大型航空機」『井上匡四郎文書』國學院大學図書館所蔵，整理番号 00192。なお，
本書では，『井上匡四郎文書 マイクロフィルム版』雄松堂フィルム出版，1996 年を
使用した。

22)　金額と区分に関しては「昭和十七年度技術院第二部業務年報」『井上匡四郎文書』整
理番号 00179 の「附表第四 昭和十七年度予算実行計画中航空ニ関スル各事項別予算
実行額」による。各研究の主任担当者に関しては，「昭和十七年度試験研究命令発令
状況調 試験研究補助金交付状況調」『井上匡四郎文書』整理番号 00181 による。

23)　「昭和十九年度予算関係綴」『井上匡四郎文書』整理番号 00173。

24)　『戦史叢書 陸軍航空兵器の開発・生産・補給』朝雲新聞社，1975 年，352-368 頁。

25)　「科学研究ノ緊急整備方策要綱」「学術研究会議事務機構ニ関スル件ヲ定ム」JACA-
R Ref. A14101088400，5-7 画像目。

26)　「昭和十九年度予算上の重要政策の先議画定に関する件」JACAR Ref.
A17110179200，2-3 画像目。

27)　詳しくは，山崎正勝「わが国における第二次世界大戦期科学技術動員─井上匡四郎
　　文書に基づく技術院の展開過程の分析─」『東京工業大学人文論叢』第 20 号，1994
　　年，Yamazaki Masakatsu, "The Mobilization of Science and Technology during
　　the Second World War in Japan -A Historical Study of the Activities of the
　　Technology Board Based upon the Files of Tadashiro Inoue-," *Historia Scientiarum* 5 (2) (1995).

28)　市川浩『第二次世界大戦期における日本の戦時科学技術研究の実態に関する実証的
　　研究』科学研究費補助金（基盤研究 C）研究成果報告書，1999 年，9-11 頁。

29)　日本科学史学会編『日本科学技術史大系 第 13 巻・物理科学』第一法規出版，1970
　　年，278 頁。

30)　同上，416 頁。

31)　同上，341-343 頁。

32)　太田文平『中谷宇吉郎の生涯』学生社，1977 年，243-244 頁。

33)　中谷宇吉郎『［ノート］［低温科学研究所設立経過］』中谷宇吉郎雪の科学館所蔵。

34)　廣重徹『科学の社会史（上）戦争と科学』岩波書店，2002 年，215 頁。

35)　菅谷重二「冬期高所観測基地としての雪洞並に天幕について」『低温科学』第 1 輯，
　　1944 年。

36)　中谷前掲注 33)『［ノート］［低温科学研究所設立経過］』。

37)　日付は成瀬洋二氏の手記よる。『倶知安町広報』2003 年 11 月号。

38)　黒岩大助「プロペラの着氷」『低温科学』第 6 輯，1951 年。

39)　黒岩大助「模型プロペラの着氷」『低温科学』第 6 輯，1951 年。

40)　「研究動員会議綴（実施計画）総裁」『井上匡四郎文書』整理番号 00131。

41)　中谷宇吉郎『戦研六の一』中谷宇吉郎雪の科学館所蔵。

42)　同上。

43)　『北海道新聞』2003 年 7 月 14 日付け夕刊，1 頁。なお，この零式艦上戦闘機の機体
　　は，戦後，谷底に隠されたが，1990 年に主翼が再発見され，倶知安風土館（北海道
　　倶知安町）に保存・展示されている。

44)　東晃『雪と氷の科学者 中谷宇吉郎』北海道大学図書刊行会，1997 年，99-100 頁。
　　戦前の掲載分については，「北海道帝国大学」。

45)　「昭和十八年度予算上ノ重要政策ノ先議劃定ニ関スル件ヲ定ム」JACAR Ref.
　　A14101019700。

46)　同上。

47)　「重要政策及予算先議関係資料」『井上匡四郎文書』整理番号 00151。

48)　「科学技術動員関係綴」『井上匡四郎文書』整理番号 00142。

49)　『独伊派遣軍事視察団報告資料 7／7』防衛庁防衛研究所所蔵，請求番号：陸空・中
　　央全般 7，41-50・52-57 頁。

50）　前掲注 23)「昭和十九年度予算関係綴」，「航空研究体制整備に基く航空研究機関一覧表 昭和 18 年 12 月 10 日」JACAR　Ref. C12121864400。

51）　同上。

52）　同上。

53）　同上。

54）　同上。

55）　同上。

56）　前掲注 23)「昭和十九年度予算関係綴」。

57）　同上。

58）　同上。

59）　「内閣所管財団法人航空関係研究機関に対する寄付金取扱方針（昭和 19 年 5 月 2 日)」JACAR Ref. C12121864500。

60）　寺尾治朗『私のヒコーキ博物館』オフィス HANS，2008 年，211-227 頁。寺尾は，戦後に運輸省運輸技術研究所に入所した航空技術者。在任中に見たり，上司や同僚から聞いたりした情報をもとに，同書巻末に「内閣中央航空研究所聞き書き」をまとめている。

61）　日本航空学術史編集委員会編『日本航空学術史（1910-1945)』丸善，1990 年，298-299 頁。

62）　寺尾前掲注 60)書，225 頁。

63）　同上，224 頁。

64）　日本航空学術史編集委員会前掲注 61)書，292-294 頁。

65）　『帝国議会決算明細書昭和 17 年度』国立国会図書館所蔵，84 頁。

66）　日本航空学術史編集委員会前掲注 61)書，292 頁。

第Ⅱ部　研究助成の制度化と戦後への連続

第1章　科学技術動員と軍産学の連携

は じ め に

　第二次世界大戦期の米英の科学技術動員では，原爆開発などの大規模なプロジェクト型の研究開発が実施されたのに対し，研究基盤が十分に整備されていなかった日本では，戦時動員体制のもとで，一般的な科学技術振興からより実践的な研究開発まで，多岐にわたる施策が実施された。本章では，日本の科学技術動員の下で行われた施策の全体像を把握するため，研究開発をめぐる諸施策を，(1) 軍産学連携の推進，(2) 幅広い科学研究の振興，(3) プロジェクト型の研究開発，(4) 一般国民からの発明募集という4つに分類する。その上で，それぞれの施策が実施されることになった経緯，具体的内容，戦後への影響などを概観する。

第1節　研　究　史——日本の科学技術動員

1　占領軍の調査，正史編纂

　本節では，1931〜45年の科学技術動員についての研究史を概説する。戦時期の科学・技術をめぐっては，「科学と帝国主義」など多様な視点からの考察がなされてきたが，ここでは戦時動員体制のあり様を中心にして論述する。具体的には，科学技術動員の中枢機関として設立された技術院（およびその前身の企画院），大学などの教育研究を所管した文部省，軍内外の科学者や技術者を動員して研究開発を行った陸海軍，およびそれらを包括した全体としての研究開発体制を考える。

　日本の科学技術動員の研究が盛んになったのは，1980年代以降のことである。戦後日本では，軍事をタブー視する傾向が強く，戦時期を研究対象にすることへの忌諱があった。また，終戦前後の混乱などの中で一次資料が散逸した

こと，原爆開発に「成功」したアメリカなどと比べて，日本の科学技術動員には顕著な研究成果がなかったことも，歴史研究の進展を遅らせた。これに対して，アメリカなどの科学技術動員をめぐっては，戦後直後から活発な研究が行われてきた。アメリカでは，科学技術動員を一元的に統括した科学研究開発局（OSRD）の正史（オフィシャル・ヒストリー）[1] が1946年に出版され，翌年のピューリッツァー賞歴史部門を受賞している。その後も，ビッグサイエンスや冷戦期に顕著な成長を遂げた軍産学複合体制などの起源として注目され，多くの研究がなされてきた。そうした海外における歴史研究の進展を背景として，日本でも20年ほど前から活発な研究が行われるようになってきている。2003年の日本科学史学会第50回年会では，日本の戦時科学史をテーマにしたシンポジウムが開催された[2]。日本科学史学会欧文誌においても，2005年に第二次世界大戦期の日本・ドイツ・ソ連の核開発を比較研究する特集号が，2006年には第二次世界大戦期および冷戦期の日本・ドイツ・ソ連・アメリカにおける科学技術動員を比較研究する特集号が，それぞれ組まれた[3]。また，2005年には科学史分野の国際的雑誌 *Osiris* が戦時動員についての特集を組み，日本からの研究者も参加した国際的な比較検討を通じて，各国の特徴を探る取り組みも行われた。同特集では，ドイツのカイザーウィルヘルム研究所を主軸にして，戦時期から冷戦期までのドイツ・アメリカ・ソ連・日本・イタリアなどを題材に，様々な国家体制・政治体制における科学技術動員や，科学者コミュニティーへの影響，人体実験をめぐる科学者のモラルの問題などを比較研究している[4]。以下では，当該分野の基本資料を紹介しつつ，戦後直後の占領軍の調査から，最近の研究までを概観する。

　日本の科学技術動員を調査した初期のものに，占領軍による科学情報調査団の報告[5] がある。団長エドワード・モーランド（Edward Moreland, アメリカ太平洋陸軍科学技術顧問局長，マサチューセッツ工科大学工学部長），顧問カール・コンプトン（Karl Compton, マサチューセッツ工科大学学長）による調査では，1945年9〜10月に，八木秀次（前技術院総裁）・多田礼吉（技術院総裁，陸軍中将）・内田祥三（東京帝国大学総長）など，軍人・科学者・技術者ら300人にインタビューを行い，同年11月に報告書をまとめた。調査の目的は，日本における戦前および戦時の科学技術動員体制と，研究内容を明らかにすることだった。

占領軍調査の概要は，以下のようなものだった。全般的に，日本での新技術の開発は，アメリカ・ドイツに比べてはるかに遅れていた。開発が遅れた最大の要因は，陸海軍が，軍部における技術的な課題解決のために，大学の科学者を効果的に動員することに失敗したことである。日本には，適切に動員されたならば重要な貢献をしたであろう多くの科学者がいた。しかし，科学技術動員のための適切な組織がなく，また陸軍と海軍との間の協力関係がほとんどなかったために，研究開発は進まなかった。アメリカの科学研究開発局にならって技術院が創設されたが，陸海軍の協力が得られなかったため，技術院は十分に機能を発揮できなかった。陸海軍は，多数の研究開発機関や工場を持つが，アメリカとは異なり各機関の連携は乏しかった。大学は大規模な研究を請け負わず，戦時研究に携わる研究者はアメリカと比較して少なかった。

　占領軍調査の指摘は，一元的な統括機関を設立したアメリカの科学技術動員体制を基準にした評価という面が強いが，新兵器開発に結びつかなかった日本の科学技術動員の特徴を端的に捉えている。

　歴史家による研究の先駆けは，日本科学史学会編（鎌谷親善・辻哲夫・廣重徹責任編集）『日本科学技術史大系 第4巻・通史4』（第一法規出版，1966年）であろう。さらに，この『日本科学技術史大系』編集の際に集めた資料を用いて，廣重徹『科学の社会史』（中央公論社，1973年）が刊行された[6]。日本を中心にした20世紀前半の科学技術政策の通史で，戦時期の科学動員により「科学の体制化」が進み，戦後の国家による科学技術振興体制が形成されたと主張している。本書序章でも述べた通り，廣重は，動員体制の下で研究費が増加し共同研究が一部で進展するなど，科学研究活動が拡大し，科学行政の経験が積まれ，戦後に繋がったとしている。

　1960年代以降には，官庁が編纂する正史の刊行が進み，科学技術動員の概要や歴史的位置づけが提示された。防衛庁防衛研修所戦史部編『戦史叢書（全102巻）』（朝雲新聞社，1966～80年）は，主に満洲事変から太平洋戦争までの戦史を扱ったもので，戦場での戦闘経過の記述を中心としているが，科学技術動員や新兵器の開発についても触れている。旧軍関係者が執筆しているため，当事者による内部評価という側面が強く，引用資料を明示していないなどの問題点もあるが，当時の施策の概要を把握し，一次資料探索の手掛かりにもなる貴

重な資料である。

　文部省編『学制百年史』（帝国地方行政学会，1972年）では，「第一編第五章第二節　学術」の項目で，戦時の科学動員を取り上げている。戦時体制の下で，文部省内に科学行政を担う科学課が設立され，科学研究費交付金が創設されるなど，科学振興体制が整備されたと評価しているが，戦時の科学動員と戦後の科学研究体制との関係については触れられていない。これに対して，科学技術政策史研究会編，科学技術庁科学技術政策研究所監修『日本の科学技術政策史』（未踏科学技術協会，1990年）では，戦時の科学技術動員は必ずしも成功したとはいえないとしつつも，科学技術振興策に関する議論や経験が積まれたこと，科学研究費交付金などの制度の整備，研究費の増大による研究活動の活発化，理工系人材養成の拡大などが，戦後の科学技術政策の進展や，経済および科学技術の発展に寄与したと指摘している。科学技術政策史研究会は，井上啓次郎（元科学技術庁科学技術事務次官）を中心に結成された研究会である。この他に，東京大学百年史編集委員会編『東京大学百年史（全10巻）』（1984〜87年）など，大学や研究所単位でまとめたものには動員を受けた現場の状況が描かれている。

　正史の編纂の際に行われる座談会やインタビューなどの記録も，当時の内情を知る上で役立つ。また，正史とは別に，旧軍関係者や元官僚，戦時動員された科学者・技術者などの回顧録や日記，軍需企業の社史なども，この頃多数刊行された。

2　実証研究の進展

　1980年以降，一次資料の公開が進み，歴史研究者による実証研究が進展した。公開された資料としては，防衛省防衛研究所所蔵の資料が重要である。戦時期の一次資料は，戦時中の空襲，終戦時の焼却，戦後の連合国による接収により散逸し，実証研究を妨げてきた。連合国により接収された公文書の一部は，1958年4月に防衛庁に返還された。返還文書の内，軍関係以外の資料は，防衛庁から，さらに他省庁に移管された。その後，1973年1月にも，国立公文書館に接収文書の一部が返還された。国立公文書館に返還された公文書は，1973年7月以降，同館において順次公開された。一方，防衛庁に返還された

軍関係の公文書は,『戦史叢書』の執筆において用いられたものの,外部の研究者らには公開されなかった。その後,1980年9月の防衛事務次官通達を受けて,防衛庁所蔵の返還文書も,連合軍による接収を免れた資料,戦後防衛庁が収集した旧軍関係者の資料などともに,防衛庁防衛研究所において一般公開された。防衛研究所以外にも様々な機関が軍関係の資料を所蔵しており,例えば陸軍の親睦団体であった偕行社の旧蔵資料をもとにして1999年に設立された靖国神社靖国偕行文庫は,軍人の追悼録・回想録などの所蔵資料を一般公開している。また,1999年に開館した昭和館では,史料調査会旧蔵資料など多数の海軍関係資料を公開している。なお,連合国に接収された公文書の一部は未返還で,アメリカ国立公文書記録管理局(NARA)やアメリカ議会図書館に所蔵されているといわれている[7]。

　企画院および技術院に関しては,上記の防衛研究所所蔵資料に加えて,1990年前後に,まとまった資料群がさらに公開された。東京大学総合図書館所蔵の「美濃部洋次(商工省出身の企画院官僚)関係文書」(1988年目録刊行,「国策研究会文書」とも称する)と,國學院大學図書館所蔵の「井上匡四郎(初代技術院総裁,1942〜44年在職)文書」(1992年公開)である。両資料とも,雄松堂書店(現在の丸善雄松堂)からマイクロフィルム版が出版されている。

　こうした一次資料に基づき,陸海軍・企画院・技術院の科学技術動員とその実態について,様々な実証研究がなされてきた。先に紹介した2003年の科学史学会シンポジウム報告と重複するので,2003年以前の論文などについては,具体的な論文名は省略するが,以下のような研究テーマが取り上げられてきた。原爆・生物兵器・毒ガスなどの大量破壊兵器に関する研究開発,海軍による電波兵器開発,科学技術動員をめぐる企画院および技術院の革新官僚と文部省の対立,昭和戦前期からの技術者運動と技術院創設との関わり,技術院の科学技術動員などである。2003年のシンポジウム以降も,本書序章で紹介した大量破壊兵器に関する研究開発などの実態解明が進んでいる。また技術院に関しては,大淀昇一[8]が技術者運動についてさらに研究を進めている。西山崇[9]は戦時研究が敗戦による軍民転換を経て戦後の経済発展に繋がったことを明らかにしている。

　技術院・陸海軍の科学技術動員に比べて,文部省の動員については,まとま

った一次資料が見つかっていないこともあって実態解明が遅れていたが，利用できる資料が少しずつ増え，研究が進展してきた。公開された一次資料には，国立教育政策研究所教育研究情報センター教育図書館所蔵の「本田弘人旧蔵資料」（1990 年目録刊行），国立国会図書館憲政資料室所蔵の「有光次郎関係文書」（1993〜2006 年公開）「犬丸秀雄関係文書」（2007 年公開）などがある。本田弘人・有光次郎・犬丸秀雄は，ともに戦時期に文部省科学局に勤務した官僚で，有光については『有光次郎日記』（1989 年刊行）[10] もある。こうした資料をもとに，2000 年代半ば以降，文部省の戦時動員を対象にして，比較的多くの研究が行われ，その実情が少しずつ明らかになってきた。河村豊 [11] は，文部省の戦時科学政策の進展を，1942 年までの戦時初期，1943 年の戦時後期，1944年以降の戦時末期に区分して，各時期の特徴を描いている。青木洋 [12] は，学術研究会議において，共同研究やプロジェクト型研究が進展し，戦後に繋がったことを明らかにしている。2016 年には，日本科学史学会編集の学術誌『科学史研究』でも，特集「戦前・戦中期における学術支援体制の形成」が掲載された [13]。

　2000 年代以降，各地の大学で大学史関係の資料室が整備されたことを受け，戦時下の大学の状況についても活発な研究が行われている。一次資料には，例えば，東京大学柏図書館所蔵の「平賀譲（第 13 代東京帝国大学総長，1938〜43 年在職）関係文書」（2003 年目録刊行），東京大学文書館（旧東京大学大学史史料室）所蔵の「内田祥三（第 14 代東京帝国大学総長，1943〜45 年在職）関係資料」（2008年目録刊行）などがある。畑野勇 [14] は，「平賀譲文書」をもとに，海軍・造船業・大学の結びつきを「軍産学複合体」の形成と発達という観点から分析している。吉葉恭行 [15] は，東北大学史料館所蔵の資料をもとに，東北帝国大学での戦時研究のあり方について研究をしている。また，井原聰 [16]・高橋智子 [17]も，戦時下の東北帝国大学の対応を明らかにしている。渡辺弘 [18] は，数学者の動員について調査している。橋本毅彦 [19] は，各国政府の支援下で進められた空気力学研究の歴史を追うことで，日本における国家的研究開発体制の特徴を浮き彫りにしている。

　さらに 2010 年代後半以降には，防衛装備移転三原則の閣議決定・安全保障関連法（平和安全法制）の成立・安全保障技術研究推進制度の開始を受けて，

改めてアジア・太平洋戦争期の科学技術動員が注目されることとなった。2016年には日本科学史学会第63回年会においてシンポジウム「日本戦時科学史と現代」が開催された[20]。また、2019年には歴史科学協議会発行の学術誌『歴史評論』が、特集「戦争と科学・科学技術」を組んでいる[21]。

3　研究開発をめぐる4つの施策

1980年以降の実証研究の進展により、個々の施策や研究機関での実状が明らかになってきたが、いまだに日本の科学技術動員の全体像は把握しづらい状況にある。その背景には、当時の日本にはアメリカの科学研究開発局のような動員のための中枢機関が存在せず、技術院・陸海軍・文部省において、様々な科学技術動員の施策が相互の連携を欠いたまま実施されたことがある。政府の科学技術動員の中枢機関として技術院が設立されたが、本書第Ⅰ部第3章で述べたように、実際には主に航空分野の基礎的な研究課題を担当することとなり、動員の中枢機関としての役割を十分に果たすことはできなかった。

以下では、日本の科学技術動員においてどのような施策が重視されたのかを把握するため、研究開発を推進するために行われた諸施策を、大きく4つに分類して検討していく。前述の通り、研究開発をめぐる諸施策を、（1）軍産学連携の推進、（2）幅広い科学研究の振興、（3）プロジェクト型の研究開発、（4）一般国民からの発明募集という4つに分類して、それぞれの施策が実施されることになった経緯、施策の具体的内容、戦後への影響などを概観する。各施策を取り上げる際には、欧米諸国における研究体制や類似する施策についてもできるだけ記述するようにした。先行研究においては、（1）軍産学連携の推進、（2）幅広い科学研究の振興について論じられることが多かった。本章では、4つの施策の違いを浮き彫りにするためにも、先行研究ではほとんど取り上げられてこなかった、（4）一般国民からの発明募集について、発明募集事業が立案された背景や取り組みの実態を資料に基づいて論じた。

第2節　軍産学連携の推進

アジア・太平洋戦争期に研究開発を推進するために行われた第1の施策は、

軍産学連携の推進であった。軍産学連携の推進は，科学と軍事技術・産業技術を結びつけることをめざしたもので，関連領域の科学者・技術者を動員した共同研究活動などである。アジア・太平洋戦争期の日本では，欧米諸国と比べ，科学研究と産業技術の繋がりが乏しく，大学の研究者が陸海軍や産業界の要請を受けて研究を進めることも少なかった。こうした状況の下，欧米諸国にならって，科学と技術の結びつきを強めようとする施策が，1930年代前半から国家主導で進められた。

　本書第Ⅰ部第1章で詳述したように，航空分野では，1935年の陸軍による欧米諸国への視察をきっかけとして，より実用的な研究を拡充するよう求める動きが顕在化した。陸軍の要求を受けて，東京帝国大学航空研究所では，1938年以降，高高度航空機・高速航空機・長距離航空機に関する陸軍からの大規模な委託研究を受け入れ，研究所の運営が陸軍の研究開発に組み込まれるようになった。委託研究では，試作機の基礎設計を東京帝国大学航空研究所が担当し，細部設計および機体製作を民間航空機製造会社が担当することで，研究所と産業界との関係が深まった。また，高高度航空機に関する研究が気密室や高高度用発動機の研究を促すなど，委託研究が研究所内の一般の研究課題にも影響を与えることとなった。陸軍の要求は，中央航空研究所の設立にも繋がった。応用研究を目的として1939年に新設された中央航空研究所では，試作機の試験飛行のための広大な研究飛行場をはじめ，各種風洞・工作工場などの整備が進められた。

　航空分野以外でも，1932年に設立された日本学術振興会からの援助の下で，幅広い分野の応用研究が活発化したことがわかっている。日本学術振興会では，設立以来，応用研究を重視し研究費を配分してきたが，特に1937年の日中戦争勃発以降，産業界からの用途指定寄付金や軍部からの委託研究を受け入れ，産業的・軍事的な要請に基づいた実用的な研究を一層推進するようになった（詳しくは，本書第Ⅱ部第3章参照）。

　また，アジア・太平洋戦争期における技術官僚による地位向上運動も，科学と技術の結びつきを強めようとする施策と深く関係していた。内務省土木局の技師で後に企画院次長となった宮本武之輔（1892〜1941年）らによる技術者運動は，自らの政治的発言力の拡大を意図したものだったが，科学と技術を結び

つける「科学技術」という新しい政策領域を形成しようとする理念をともなっていた。技術官僚の権限拡大のためには，文部省が所管する「科学」や商工省が所管する「産業技術」とは異なる，新しい政策領域を形成する必要があったのである[22]。戦時期の科学技術行政をめぐる議論や施策は，戦後の科学技術政策へと引き継がれていく。また，戦時期の軍産学連携の経験は，産官学の垣根の低下をもたらし，戦後復興期に大学と産業界が共同研究を行う際の基礎となった[23]。

第3節　幅広い科学研究の振興

　第2の施策は，産業力や経済力の向上のため，その社会的基盤を強化することをめざした，幅広い科学研究の振興である。第2節で述べた軍産学連携の推進が比較的短期間の成果を期待しているのに対して，より長期的な視点から，研究者養成機関の整備や幅広い分野の研究費の拡充などにより，科学研究自体の振興を進めようとするものである。軍産学連携の施策が，技術官僚や陸海軍，産業界などによって進められたのに対して，科学振興の必要性を訴えたのは，主に科学界自体であった。

　科学振興を求める動きは，第一次世界大戦期にも盛り上がり，理化学研究所の設置へと結びついた。緒端は世界的な化学者であり実業家でもあった高峰譲吉が，1913 年に一時帰国した際に，新研究所の設立を提案したことだった。この提案が，当時の日本を代表する実業家であった渋沢栄一の賛同を得て，政財界や研究者の協力のもとで具体化していった。研究所の新設計画は第一次世界大戦勃発によって一時中断したが，1915 年末には民間からの寄付金 500 万円，政府補助金 200 万円，皇室からの下賜金 100 万円で設立する案がまとまり，1917 年に理化学研究所が設立された。理化学研究所への国庫補助を定めた「理化学ヲ研究スル公益法人ノ国庫補助ニ関スル法律」では，研究所の目的を「産業ノ発展ニ資スル為理化学ヲ研究シ其成績ノ応用ヲ図ルコト」と規定している[24]。

　戦時期には，1938 年に科学振興を求める運動が広がり，文部省による科学行政の本格化をもたらした。科学界からの要望を受けた文部省は，1938 年，

科学振興調査会を設置して科学振興に関する具体的方策の審議を委ねた。翌年以降，科学振興調査会の答申を受けて，現在の科学研究費補助金の前身である科学研究費交付金の創設，研究機関および理科系の大学教育の拡充が進められた。施策の内容が異なるため単純な比較は難しいが，理化学研究所の設立と比べると，1930年代末からの文部省による科学振興策は，政府の役割がよりはっきりとした形で進められた。科学研究費交付金は，民間の寄付金などを含まず，政府の支出だけで賄われた。産業界からの資金をあてにせずすむため，産業発展のためという目標をよりゆるく解釈することが可能となり，短期的な産業への効果に縛られることなく，科学研究を進める土台となったと考えられる。

なお，1930年代末に文部省が科学振興の取り組みを積極化した背景には，第2節で紹介した技術官僚らを中心とした科学技術振興の動きが活発化したため，それに対抗するという政治的な側面もあった[25]。

科学研究費交付金の制度や，アジア・太平洋戦争期に新設された研究機関や教育機関などは，戦後も生き残った。科学研究費交付金の創設の経緯については，改めて次章で取り上げる。また科学研究費交付金によって誕生した幅広い分野の基礎研究を振興する体制が戦後へと繋がったことは，本書第I部第3章で詳述する。

第4節　プロジェクト型の研究開発

第3の施策は，特定の目標を定めて大規模に研究を実施するプロジェクト型の研究開発である。プロジェクト型の研究開発は，第2節で述べた軍産学連携の規模を拡大し，プロジェクト全体の目的を定めて，計画的・組織的に多くの研究者を動員するものである。第二次世界大戦期の欧米諸国では，大規模なプロジェクト型の研究開発が実施され，新技術の実用化が急速に進んだ。これに対して日本では，第2節のような比較的小規模な軍産学連携や，第3節のような幅広い学術研究の振興が，戦時の科学技術動員の中心的課題であり，大規模なプロジェクト型の研究開発は実現しなかった。

日本でも，科学技術動員の中枢機関として設立された技術院では，研究開発上の野心的な目標を定め，その実現のため組織的に科学者・技術者を動員しよ

うとする構想があった。1941年5月に閣議決定された「科学技術新体制確立要綱」では，新たな科学技術行政機関として技術院の創設を求めた上で，技術院において実行すべき事項として，総力戦体制において国家緊要の技術に関する画期的躍進目標を確定し，これを計画期間内に実現させるため技術能力を集中動員することをあげている。大きな目標を立て，その実現のために科学技術動員を進めることが，技術院における行政施策の重要な項目となっていたのである。

1942年1月の技術院創設時には，「急行列車的措置」という言葉を用いて，プロジェクト型の計画的・組織的な科学技術動員の優位性が喧伝された。企画院第7部部長として技術院の創設を主導した森川覚三（日本能率協会理事長）は，1942年6月刊行の『ナチ政治と我が科学技術』で，技術院の実施する「急行列車的措置」の優位性を，既存の施策である「普通列車」と比較しながら以下のように説明している。森川によれば，各駅に停車する「普通列車的措置」は，科学技術を振興するためのあらゆる措置を講じ，自然に科学技術が発展するのを静かに待つというもので，正道であり，我国文化と産業を向上させる大役を担っていく基本的方策である。これに対して「急行列車的措置」は，国家非常の際，途中停車を省略してただ一途に目標に向かって，予定の時間内に到達すべく猛進する方策だとする。そして「急行列車的措置」は，ソ連の5ヵ年計画やナチスドイツの4ヵ年計画のやり方を，国防上緊要な技術に対して行うものだと述べている[26]。ソ連やナチスドイツの影響を受けて生まれた「急行列車的措置」の理念は，既存の施策を超えて，より計画的・組織的に科学技術動員を進めようとするものであり，プロジェクト型の研究開発の一種だと考えていいだろう。

『ナチ政治と我が科学技術』では，「急行列車的措置」の内容を，自動車の例をあげて以下のように説明している。現在，最高時速90 km の国産自動車の各部分を改良し，3年後に時速150 km，5年後に時速200 km，7年後に時速250 km の最高速度を得ることを目標にすると決定したとする。現在，時速90 km のものを一気に時速150 km とするためには，現在のものを単に改良するのでは達成できないと仮定すれば，これを実現するために機関の構造，出力，材質，車全体の強度，各部分の強度などは以下のようでなければならないとい

う数字と目標が帰納的に決定できるはずである。この目標をそれぞれ実現するために，各方面の科学者・技術者を総動員して，予定期間内に是が非でも時速150 km という目標を試作によって実現し，実現できたならば直ちにこれを企業などに移し，急行列車は次の目標たる時速200 km に向かって同様の努力を続けていく[27]。『ナチ政治と我が科学技術』では，防諜上適切な例をあげることができないとして，自動車を例に説明しているが，技術院の中心的課題が航空機であったことを考えれば，自動車を航空機に置き換えて理解するのが適切だろう。つまり，技術院の「急行列車的措置」とは，航空機の試作目標を定め，そこから帰納的に決定される発動機や機体についての目標を達成するため，各方面の科学者・技術者を総動員するという施策なのである。

　「急行列車的措置」の理念に基づき，実際に技術院では航空機の試作目標を定めていたことが資料から確認できる。1942 年 10 月に技術院が作成した内部文書では，航空技術の躍進目標として以下の 4 つの種類の航空機をあげている。(1) 最大速度，時速1000 km 以上の亜音速飛行機，(2) 常用高度 1 万 2000〜1万 5000 m の成層圏飛行機，(3) 航続距離 1 万 5000 km 以上，巡航速度で時速500 km 以上の長距離飛行機，(4) 全備重量500 t 以上の超大型飛行艇。このうち，(1) の亜音速飛行機では，研究項目としてタービン（ジェット）・ロケットをあげている。また，(4) の超大型飛行艇に関しては，より具体的な仕様の検討が行われた。1942 年 7 月に開催された「超大型飛行艇に関する懇談会」では，乗客 500 名，乗員 40 名，全幅 120 m，全長 82 m，全高 27 m，エンジンは 2500 馬力の機関 4 つを束ねたものを 6 基搭載した飛行艇で，大阪からマニラ経由でインドネシアのスラバヤまで 15 時間で飛ぶものであった[28]。

　しかし，技術院の定めた躍進目標については，その後，実現に向けて具体的に取り組まれた形跡が見当たらない。代りに，技術院で取り組まれたのは，高速飛行機や高高度飛行機に関連する基礎的な個別の研究課題だった。この背景には，本書第 I 部第 3 章で述べたように，航空兵器の研究の内，「比較的基礎的ト見ル丶科学技術」を技術院に分担させ，自身の負担を軽減しようとする陸海軍の要求があった。

　結局，日本においては，プロジェクト型の研究開発は，欧米諸国のような規模では実現することはなかった。日本の科学技術動員では，第 2 節で取り上げ

た軍産学連携の推進や，第3節で取り上げた幅広い科学研究の振興が中心的課題と位置づけられており，大規模な研究開発プロジェクトの優先順位はそもそも低かった。プロジェクト型の研究開発を進めることに失敗したというよりも，むしろプロジェクト型の研究開発は優先的に実行すべき課題とみなされていなかったのである。

第5節　一般国民からの発明募集

　第4の施策は，新兵器の開発をめざした，一般国民からの発明募集である。第2〜4節で述べた施策が，専門家である科学者や技術者を動員するのに対して，より幅広い社会階層の発明家や一般国民のアイデアを活用しようとするものであった。戦時だけでなく平時においても発明は奨励されているが，懸賞金なども活用しながら，より大規模に募集することを企画していた。

　海外では，第一次世界大戦期のアメリカ海軍諮問評議会（Naval Consulting Board）において，兵器のアイデア募集が大規模に実施された。アメリカ海軍諮問評議会は，1915年に海軍長官ジョセファス・ダニエルズ（Josephus Daniels）が発明家トーマス・エジソン（Thomas Edison）の協力を得て設立した組織で，主要な発明家と専門技術学会の代表で構成されていた。海軍諮問評議会がアメリカ国内の発明家に呼びかけて兵器のアイデアを募集すると，10万件を超えるアイデアが海軍諮問評議会のもとに寄せられたが，審査した結果，突っ込んで検討するに値するものは1〜2件ほどしかなかったという。技術史家デイビッド・ハウンシェルは，英雄的な発明家の時代は，かつてあったとしても終わっていたと評価している[29]。

　アジア・太平洋戦争期の日本では，実業家で衆議院議員だった星一（1873〜1951年）が，発明奨励による生産拡充・経済発展・兵器開発を強く主張した。星一は，一代で日本有数の製薬会社を築いた実業家で，ショートショート（非常に短い短編小説）で有名なSF作家，星新一の父親でもある。星一は，高等商業学校（現在の一橋大学）を卒業後，渡米し，1896年，コロンビア大学に入学し，働きながら経済学・統計学を学び修士号を取得した。1905年に帰国した後，製薬事業を興し，日本で初めてマラリアの特効薬キニーネや麻酔薬モルヒ

ネの精製に成功し，大正期には東洋一の製薬会社といわれるまでに会社を成長させた。また，1937〜47年まで衆議院議員を務め，その後，参議院議員にもなっている。発明や創意工夫を重んじた星一はエジソンを敬愛し，1922年には友人の細菌学者野口英世に頼み込んで，75歳となっていたエジソンに面会している[30]。

図8　星一（星薬科大学提供）

星一は，1940年以降，帝国議会において繰り返し発明奨励に関する建議を行った。例えば，1940年3月5日の第75回帝国議会衆議院建議委員第2分科会では，「一億円懸賞発明募集ニ関スル建議案」を提出し，政府の企画する物動計画，生産拡充，国民生活の安定確保，日満支経済ブロックの発展繁栄もすべて，発明に待つところが多いとして，懸賞金をもって発明を募集することを提案した[31]。また，1943年2月24日の第81回帝国議会衆議院建議委員会では，「一億円懸賞改良発明発見募集ニ関スル建議案」を提出し，懸賞金による発明募集を提案した。星は，世界一の富と発明をもって自任するアメリカを撃破するには，アメリカより優れた発明が必要だと主張する。そして，日中戦争以降，体や心の総動員がいわれているが，頭脳の総動員は行われていないこと，発明は大きな組織の設備のあるところから生まれるわけではないことを述べ，広く国民から発明を募集することを提案した[32]。

1943年の建議の際には，懸賞募集の内容・募集方法・賞金・審査について，詳細な提言を行っている。募集内容に関しては，大根の葉の活用法，陸海軍の武器，不死身の飛行機，時速1000 kmの小さな飛行機，時速200〜300 kmで走る快走船など，衣食住の生活から大工場での重工業に至るまで，一切制限をつけないで募集してもらいたいとする。募集方法については，『官報』『週報』・ラジオ・新聞・雑誌・ポスターなど，あらゆる方法を用いて官民総動員で募集してもらいたいと述べる。賞金については，公債でよいとして，小さいのは1000円，5000円，1万円，少しよいのは5万円，10万円，さらによいの

は 100 万円，1000 万円，2000 万円というようにし，もし 1 億円を与えてもよいような応募者があったならば，大成功だと述べている。審査については，同じような問題がそろうのを待たずに，応募があったら直ちに審査に着手してもらいたい，未完成でも，よいものは創意だけでも採用するようにしてほしいと述べ，審査員は学校・研究所・試験場・工場の権威者・経験者など，広く官公吏および民間人の中から選択することを求めている 33)。

　1943 年の星一の建議に対して，政府委員として答弁に立った井上匡四郎（技術院総裁）は，技術院の下に特許局があり，特許局の外郭団体に帝国発明協会があるが，現在の帝国発明協会の事業が必ずしも遺憾なしとは考えられない状態であり，帝国発明協会の経費は，この建議案と比較してわずかな金額にすぎないとして，この金額が適当であるのかどうか，建議案成立後，政府としても十分検討したいと答えた 34)。

　1943 年の建議案は満場一致で可決されたが，星が満足するほどの規模で実現することはなかった。星一の評伝を執筆した文筆家の荒俣宏は，星一の提案は実現を見ぬうちに敗戦になってしまったと評価している 35)。また，星自身が，戦時末期の帝国議会で，政府が関連施策を進めないことに憤りの声をあげている。星は，1943 年以降も，44 年，45 年と立て続けに同様の建議を提出した。1945 年 3 月 20 日の第 86 回帝国議会衆議院建議委員会では，「科学技術根コソギ動員並国民的発明発見奨励ノ為十億円活用ニ関スル建議案」を提出した。建議案の説明の際，星は「私ハ支那事変ガ起ルト間モナク，一億円懸賞改良発明発見募集ヲ全共栄圏内ニ於テ施行サレンコトヲ請願シ，建議案ヲ提出シ，度々採択可決サレマシタガ，政府ハ技術院内ニ小サナ創意課ヲ置イタダケデス」として，政府の対応を批判している 36)。

　それでも，星一の建議に沿った形で，1943 年後半以降，政府が一般国民からの創意工夫の募集を始めたのも確かなのである。1943 年 10 月，戦局の緊迫化に伴い，政府は「科学技術動員総合方策確立ニ関スル件」を閣議決定した。「科学技術動員総合方策確立ニ関スル件」では，主に研究体制の整備強化と研究成果の戦力化に向けた諸方策を打ち出したが，備考として，一般国民の創意着想を高揚吸収し発明考案の実質的価値を制定審査の上，適当に活用するための方途を講ずることも決定した。閣議決定を受けて，1943 年 11 月，技術院は

一般国民から発明・創意工夫を募集する活動を開始した。1943 年 11 月 10 日発行の『週報』は,「国民の創意着想の受付口」と題した記事で創意工夫を募っている。『週報』は, 内閣情報局が編集する政府広報誌で, 当時約 180 万部の発行部数があった [37]。この記事では, 11 月 1 日付けで技術院総務部に創意課を設置し, 広く一般国民から創意・着想・発明・考案に関するあらゆる案件を受理すると報じている。そして, 必ずしも完成された発明考案に限ることなく, 兵器生産・国民生活などに関し, 決戦下, 戦力増強に役立つ見込みのあるものならば, 単なる工夫着想の類でも大いに歓迎するとしている [38]。技術院による創意工夫の募集は, 分野を問わないとする点や, 単なる着想でもよいとする点など, 星一の建議と類似する点が多いことがわかる。

技術院に寄せられた創意工夫を審査・活用する体制も整えられた。申し出のあった発明・創意工夫は, 技術院内に設置された発明創意活用審査会の創意部会で, 調査審議されることとなっていた。発明創意活用審査会は, 発明・考案・創意工夫などの最大限の活用を図るために設立されたもので, 発明・考案・創意工夫などについて, その実施価値の判定, 実施者の選定などを行う機関である。創意部会には, 兵器専門部会・生産専門部会・民生専門部会の 3 つの専門部会が置かれ, 1944 年 3 月の「発明創意活用審査会編成表」によれば, 生産専門部会および民生専門部会は, メンバー全員が技術院の所員だったが, 兵器専門部会は, メンバー 10 名のうち部会長を含む 5 人が陸軍もしくは海軍の軍人で占められ, 軍部と連携する体制が整っていた。また, 申し出のあった創意工夫の内, 試作してみなければ活用見込みの不明なものは, 創意試作費を交付し活用価値を判定することや, 有用な創意工夫を活用するため, 見込みのある創意工夫を各方面に速報することが定められていた [39]。

技術院が創意工夫の募集を開始すると, 数多くの創意工夫が国民から寄せられた。1944 年 3 月には第 1 回の審査結果発表と報奨が行われ, 1943 年 11〜12 月に寄せられた約 1700 件の創意工夫の内, 有用と認められた 301 件の申出者に対し, 技術院総裁から表彰状と金一封が授与された。「試作研究あるいは即時実施の価値ありと認められる」甲 33 件には 200 円の国債が,「参考に資するに足ると認められる」乙 268 件には 50 円の国債が, それぞれ報奨金として交付された [40]。その後も, 1944 年 6 月に第 2 回の発表, 同年 11 月に第 3 回の

表9　創意工夫の審査結果（単位：件）

	第1回	第2回	第3回	第4回	合　計
甲	33	22	15	21	91
乙	268	212	110	181	771
審査件数	1,700	4,300*	5,700**	5,000	16,700

*第2回の審査対象件数は不明のため，第2回発表時点の累計申出件数6000件から，第1回発表の審査対象件数1700件を引いて計算。
**第3回の審査対象件数は不明のため，第3回発表時点の累計申出件数1万1700件から，第2回発表時点の累計申出件数6000件を引いて計算。

発表，1945年5月に第4回の発表と，終戦までに合計4回の審査結果発表と報奨が行われた41)。第1〜4回の審査結果をまとめたのが，表9である。表9からは，毎月約1000件の創意工夫が寄せられていたことがわかる。このペースが続いたと仮定すると，終戦までには累計で約2万件の創意工夫が寄せられたと考えられる。また，有用な創意工夫（甲あるいは乙）と認定されたのは，累計審査件数1万6700件の約5％で，その内，「試作研究あるいは即時実施の価値あり」（甲）は約0.5％だった。

　前述の発明創意活用審査会での決定に従って，実際に，技術院総務部創意課は，甲あるいは乙と評価した創意工夫を一覧にした『創意速報』を発行し，関係各所に配布した。管見の限りでは現在残っている『創意速報』は，国立国会図書館憲政資料室所蔵の田中龍夫関係文書の中に含まれる，1945年発行の『創意速報』第11号だけである。田中龍夫（1910〜98年）は，第26代内閣総理大臣田中義一の長男で，1937年に東京帝国大学法学部卒業後，企画院・軍需省などに勤務し，戦後は衆議院議員となり，通産大臣・文部大臣などを務めた政治家である。戦争末期には，1944年9月から農商大臣秘書官，1945年4月から軍需省軍需官を務めていた。『創意速報』第11号には，林学・化学・電気・航空・採鉱冶金の5部門で甲および乙と評価された合計175件の創意工夫について，評点・題目・要旨・提案者氏名，住所が記されている。創意工夫は，甲上，甲，甲下，乙上，乙，乙下の6段階に区分して評価された。評価の内訳は，甲上2件（1％），甲31件（18％），甲下2件（1％），乙上3件（2％），乙136件（78％），乙下1件（1％）だった42)。

　それでは，幅広い社会階層の一般国民から創意工夫を募集し活用するという施策は，成功したのであろうか。実際には，一般国民から寄せられた創意工夫は，専門家からみるとほとんど役立たないものだった。1945年5月まで技術

院総裁を務めた電気工学者の八木秀次（1886〜1976年）は，1945年8月4日および5日の『朝日新聞』で，寄せられた創意工夫に不適切な提案が多いことを嘆いている。八木によれば，例えば，B29爆撃機への対策として，敵からの音響を感知して砲弾を自動的に操舵し敵機に必中するという考案を提案した者は20名を超える。しかし，このような信管を備えた弾については，既に数十年前から専門家の間で知られており，敵機の音以上に弾自身の発する音が大きいこと，音をマイクに感じてから舵が動くまでの時間がかかり過ぎ，弾が不必要に蛇行することなどの

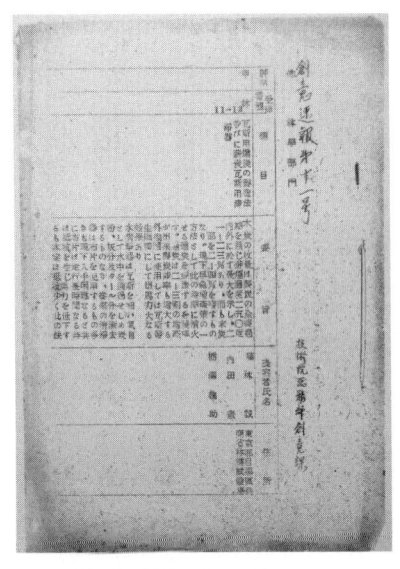

図9 『創意速報』第11号（『田中龍夫関係文書』国立国会図書館憲政資料室所蔵）

課題があることがわかっているという。そのため，専門家以上の能力ある者の他はあまり貢献する余地がないと，八木は述べる。そして，このように専門的知識を欠いているために，せっかくの考案もこれを黙殺するより他ない場合が多いとまとめている。さらに，記事の終わりの部分では，私利私欲の念を離れてひたすら国事を憂い国軍に貢献せんとする国民の胸中を偲ぶ時，そぞろに感謝感激の涙を催す次第であるが，遺憾ながら有効適切なる創案は極めて稀であると嘆いている [43]。専門的知見を欠いた市民からの提案の多くは，実際の研究開発上の課題と結びつかず，新兵器の開発などに貢献することはなかったのである。

　役立つ可能性がある創意工夫を提案することができたのは，専門的知識を持つ技術者たちだった。先に述べた『創意速報』第11号で最上位の甲上と評価された2件の創意工夫は，どちらも一般国民ではなく専門の研究者によるものであった。この内1件は，乾電池の性能向上および物資節約を図るもので，提案者は埼玉県大宮市（現さいたま市）にあった片倉工業研究所の所員だった。片倉工業は，当時日本最大級の製糸会社で，富岡製糸場の経営を担ったことで

も知られている。発明内容は，乾電池の隔膜（セパレーター）として，性質の異なる様々な紙を大量に使用する代わりに，一枚ですべての紙の特徴を持つ「細菌膜」を使用しようとするものだった。もう1件の創意工夫は，真空計を改良しようとするもので，提案者は逓信省電気試験所技師の曽根有（生年不明〜1991年）だった。曽根は，テレビ画像を表示する際に用いられる飛び越し走査を発明したことで知られる電気工学者である。発明内容は，電離真空計において，イオン電流を検流計で直接測定する代わりに，イオン電流の逆数に相当する物理量を測定することで，微小電流の測定をせずに済ませようとするものだった[44]。

　結局，一般国民から創意工夫を募るという施策は，うまく機能しなかった。技術院が創意工夫の募集を始めると，毎月1000件程度の創意工夫が寄せられたが，軍事技術や生産技術の現場についての知見を欠いた提案の多くは，実際の研究開発上の課題とは結びつかなかった。役立つ可能性があると考えられた創意工夫は，専門的知識を持つ技術者からの提案だった。発明募集活動の顛末は，研究開発を進める際には工学などの専門的見が必要だということを改めて示すものとなった。

ま　と　め

　アジア・太平洋戦争期の日本では，研究開発をめぐって，(1) 軍産学連携の推進，(2) 幅広い科学研究の振興，(3) プロジェクト型の研究開発，(4) 一般国民からの発明募集という4つの方向性を持つ施策が行われた。4つの施策の内，日本の科学技術動員の中心的課題となったのは，(1) 軍産学連携の推進，(2) 幅広い科学研究の振興であった。欧米諸国と比較して科学研究と産業技術の結びつきが希薄な中で，まず進められたのは (1) 軍産学連携の推進だった。その後，大学などにおける研究環境の貧弱さが応用研究を進める上での障害になっているとの見方が広がり，(2) 幅広い科学研究の振興を図る動きが加速した。(1) 軍産学連携の推進，(2) 幅広い科学研究の振興を重点課題とした日本の科学技術動員では，(3) プロジェクト型の研究開発は優先的課題とみなされず，欧米諸国のような規模では行われなかった。また，(4) 一般国民からの発

明募集は，実業家で衆議院議員でもあった星一の提案のもと，1943 年以降，国策として実施されたが，うまく機能しなかった。専門的知見に乏しい一般国民から寄せられる創意工夫は，実際の研究開発上の課題とは結びつかず，発明募集活動の経験は，専門的知見の重要性を浮き彫りにすることとなった。

注

1) James Phinney Baxter 3rd, *Scientists Against Time*, Boston: Little, Brown and Company, 1946.

2) 河村豊・田中浩明・山口直樹・矢島道子・常石敬一・加藤茂生・山崎正勝「シンポジウム：日本戦時科学史の現状と課題―2003 年度年会報告―」『科学史研究』第 43 巻（通巻第 229 号），2004 年。

3) Yamazaki Masakatsu, Mark Walker, Lawrence Badash, Vladimir Pavlovich Vizgin, Nagase-Reimer Keiko and Walter E. Grunden, "Special Issue: Comparative History of Nuclear Weapons Projects in Japan, Germany, and Russia in the 1940s", *Historia scientiarum*, 14 (3), 2005. Ichikawa Hiroshi, Helmut Maier, Eduard. I. Kolchinsky, Jessica Wang and Stuart W. Leslie, "Special Issue: Science and Technology during the Second World War and the Cold War: A Perspective for a Cooperative Study", *Historia scientiarum*, 16 (1), 2006. 関連シンポジウムの日本語記録は，市川浩・山崎正勝編『戦争と科学の諸相―原爆と科学者をめぐる 2 つのシンポジウムの記録―』丸善，2006 年。

4) Carola Sachse and Mark Walker (eds.), *Politics and Science in Wartime: Comparative International Perspectives on the Kaiser Wilhelm Institute*, Chicago: University of Chicago Press, 2005. (*Osiris* Volume 20).

5) General Headquarters United States Army Forces, Pacific, Scientific and Technical Advisory Section, *Report on Scientific Intelligence Survey in Japan, September and October 1945.*

6) 廣重徹『科学の社会史 上・下』岩波書店，2002〜03 年として復刊。

7) 藤本守「アメリカにおける日本占領関係資料収集の現在―2010 年〜2015 年―」（国立国会図書館利用者サービス部編『参考書誌研究』第 77 号，2016 年。

8) 大淀昇一『近代日本の工業立国化と国民形成―技術者運動における工業教育問題の展開―』すずさわ書店，2009 年。

9) Takashi Nishiyama, *Engineering War and Peace in Modern Japan, 1868-1964*, Baltimore: Johns Hopkins University Press, 2014.

10) 有光次郎著，楠山三香男編『有光次郎日記 昭和二年〜二十三年』第一法規出版，1989 年。

11) 河村豊「戦時初期における文部省の戦時科学政策―有光次郎日記をめぐって―」『イル・サジアトーレ』第 34 号，2005 年，河村豊「戦時後期における文部省の戦時科学政策―企画院（技術院）と文部省の二度目の対立―」『イル・サジアトーレ』第 35 号，2006 年，河村豊「戦時末期における文部省の戦時科学政策－陸海軍技術運用委員会の下での変化―」『イル・サジアトーレ』第 36 号，2007 年。

12) 青木洋「第二次世界大戦中の科学動員と学術研究会議の研究班」『社会経済史学』第 72 巻第 3 号，2006 年，青木洋「学術研究会議と共同研究の歴史―戦前から戦中へ―」『科学技術史』第 9 巻，2006 年，青木洋「学術研究会議の共同研究活動と科学動員の終局―戦中から戦後へ―」『科学技術史』第 10 巻，2007 年。

13) 水沢光・若月剛史・森脇江介・山中千尋・太田智己「特集 戦前・戦中期における学術支援体制の形成」『科学史研究』第 55 巻（通巻 277 号），2016 年。

14) 畑野勇『近代日本の軍産学複合体―海軍・重工業界・大学―』創文社，2005 年。

15) 吉葉恭行『戦時下の帝国大学における研究体制の形成過程―科学技術動員と大学院特別研究生制度 東北帝国大学を事例として―』東北大学出版会，2015 年。

16) 井原聰「第二次大戦下における東北帝国大学」『国際文化研究科論集』第 10 巻，2002 年。

17) 高橋智子・井原聰「東北帝国大学と附置研究所（1）」『国際文化研究科論集』第 11 巻，2003 年。

18) 渡辺弘「歯車研究と数学者の戦時動員―内田祥三文書から分かること―」『科学技術史』第 12 巻，2009 年。

19) 橋本毅彦『飛行機の誕生と空気力学の形成―国家的研究開発の起源をもとめて―』東京大学出版会，2012 年。

20) 林真理・田中浩朗・水沢光・蒼健蒼健・山崎正勝・河村豊「小特集 日本戦時科学史と現代」『科学史研究』第 56 巻（通巻 282 号），2017 年。

21) 中野良・水沢光・藤原辰史・加藤茂生・小長谷大介・山崎文徳「特集 戦争と科学・科学技術」『歴史評論』第 832 号，2019 年。

22) 大淀昇一『宮本武之輔と科学技術行政』東海大学出版会，1989 年。

23) 沢井実『近代日本の研究開発体制』名古屋大学出版会，2012 年，526 頁。

24) 理化学研究所百年史編集委員会編『理化学研究所百年史』国立研究開発法人理化学研究所，2018 年，3-8 頁。「御署名原本・大正五年・法律第十六号・理化学ヲ研究スル公益法人ノ国庫補助ニ関スル件」JACAR（アジア歴史資料センター）Ref. A03021056700。

25) 河村前掲注 11)「戦時初期における文部省の戦時科学政策」121-132 頁。

26) 森川覚三『ナチ政治と我が科学技術』岡倉書房，1942 年，190-191 頁。

27) 同上，191-192 頁。

28) 山崎正勝「わが国における第二次世界大戦期科学技術動員―井上匡四郎文書に基づ

く技術院の展開過程の分析―」『東京工業大学人文論叢』第 20 号，1994 年。

29)　リチャード・S・ローゼンブルーム，ウィリアム・J・スペンサー編，西村吉雄訳
　　　『中央研究所の時代の終焉―研究開発の未来―』日経 BP 社，1998 年，52–53 頁。

30)　星一の生涯については，息子の星新一による下記伝記に詳しい。星新一『明治・
　　　父・アメリカ』新潮社，1978 年，星新一『人民は弱し官吏は強し』新潮社，1978 年。

31)　第 75 回帝国議会衆議院建議委員第二分科会議録（速記）第 2 回，1940 年 3 月 5 日，
　　　30–31 頁。国立国会図書館「帝国議会会議録検索システム」にて閲覧。

32)　第 81 回帝国議会衆議院建議委員会議録（速記）第 2 回，1943 年 2 月 24 日，3–6 頁。

33)　同上。

34)　同上。

35)　荒俣宏『大東亜科学奇譚』筑摩書房，1996 年，122–123 頁。

36)　第 86 回帝国議会衆議院建議委員会議録（速記）第 5 回，1945 年 3 月 20 日，1–3 頁。

37)　『週報』については，藤原彰監修『史料 週報 解説』大空社，1988 年が詳しい。

38)　「国民の創意着想の受付口」『週報』第 369 号，1943 年，15 頁（「週報 第 369 号」
　　　JACAR Ref. A06031052900，11 画像目）。

39)　「発明創意活用審査会 綴」JACAR Ref. A03032254800。

40)　「輝く創意工夫賞 三百一件に初の報奨」『朝日新聞』1944 年 3 月 17 日朝刊，2 頁。

41)　「創意工夫の殊勲甲 二百三十件に報奨」『朝日新聞』1944 年 6 月 10 日朝刊，2 頁。
　　　「盛上る戦う創意 技術院へ集つた一万二千件」『朝日新聞』1944 年 11 月 1 日朝刊，2
　　　頁。「真空管の多量生産 けふ国民創意の第四回報奨」『朝日新聞』1945 年 5 月 12 日
　　　朝刊，2 頁。

42)　『創意速報』第 11 号『田中龍夫関係文書』請求番号 52，国立国会図書館憲政資料室
　　　所蔵。

43)　「勘違ひが多い」『朝日新聞』1945 年 8 月 4 日朝刊，「適切な提案を望む」『朝日新
　　　聞』1945 年 8 月 5 日朝刊。

44)　前掲注 42)『創意速報』第 11 号。曽根有については，板倉聖宣監修『事典 日本の科
　　　学者―科学技術を築いた 5000 人―』日外アソシエーツ，2014 年，448 頁を参照。

第2章　科学研究費交付金の創設

はじめに

　1939年3月に創設された科学研究費交付金は，現在の科学研究費補助金（科研費）の前身であり，日本における研究助成の中核として，戦後に引き継がれた制度である[1]。科学研究費交付金の予算規模は，それまであった科学研究奨励費や日本学術振興会の研究費などに比べて格段に大きかった[2]。また，後述するように，基礎研究に重点を置くという特徴を持っていた。

　第II部第1章で述べたように，日本の科学技術動員は，プロジェクト型の研究開発の遂行に力を注いだ欧米諸国の科学技術動員とは対照的に，幅広い科学研究の振興を重視した。本章では，科学研究費交付金の創設の経緯をたどることで，戦時下にもかかわらず，基礎研究を含む幅広い科学振興施策が実行されるに至った社会経済的な背景を解明することをめざす。

　科学研究費交付金創設のもとになった科学振興調査会に関して，文部省編『学制百年史』は，学術研究会議の代表と文部省首脳が会談の結果，従来の学術行政の貧困を改め，今後の具体的方策を審議することを目的に設置したと述べている。この科学振興調査会の答申に基づいて，文部省は科学研究費交付金を予算計上した。『学制百年史』は，この予算計上について，当時，中国における日本の軍事行動に対して諸外国の反感が激化し日本に対する科学封鎖の傾向が著しくなり，この危機を打開するために科学を根底から振興する必要が痛感されたためだった，と説明している[3]。しかし，次節以降で明らかにするように，科学研究費交付金が予算計上された時点では，日本に対して書籍の輸出を制限したりする科学封鎖の動きはまだ本格化しておらず，「当時［中略］科学封鎖の傾向が著しくな［っていた］」という『学制百年史』の状況認識は実情に沿わない面がある。また，廣重徹は，1938年5月に荒木貞夫（予備役陸軍大将）が文部大臣に就任した後，文部省が科学行政に積極的に取り組むように

なったと述べ，科学振興調査会設置や科学研究費交付金創設についても，荒木の個人的な影響が大きかったと評価している[4]。しかし，本文中で示すように，荒木が文部大臣に就任する以前から，文部省は学術行政が貧困だったことを認めて政策転換を模索しており，廣重の主張はこうした状況と整合しない。

　本章では，科学振興調査会や科学研究費交付金が，どのような認識のもとで何のために創設されたのかを分析し，これらの科学振興策の具体化を促した社会経済的背景を明らかにする。

　なお，本書では戦時期における科学・技術の動員について「科学技術動員」という用語を使用しているが，文部省の科学振興策に関しては，同省の所管する政策領域が「科学」であり，当時から「科学動員」という呼称が使われてきたことから，本書でも「科学動員」と呼ぶこととする。

第1節　海外学術情報の流通状況

1　全般的動向

　理工系分野における海外学術情報の流通状況をみると，1930年代後半からアジア・太平洋戦争開始までの期間は，大きく2つの時期に分けることができる。第1期は，1939年9月の第二次世界大戦勃発までで，学術情報の流通が全般的に順調だった時期である。ただし，1938年の半ば頃から，日本に対する輸出規制や，日本人留学者の受け入れ制限の動きが現れ始める。第2期は，第二次世界大戦勃発以降で，各国による輸出制限の動きが本格化し，学術情報の流通にも影響が出てくる時期である。

　各時期の大まかな状況は，年ごとの外国書籍の輸入額からも，うかがい知ることができる。書籍全体の輸入額は，1936〜40年まで大きな変動はなく，金額ベースでみる限り，輸入はほぼ順調であった。主な輸入元はドイツ・アメリカ・イギリスであり，3ヵ国合計で，9割程度を占めていた。国別増減をみてみると，1938年以降，イギリス・フランスからの輸入は次第に減少していった。イギリス・フランスからの輸入は船舶によっており，欧州における国際情勢の悪化を受けて，輸送の危険度が増したことなどが影響したと思われる。また，ソ連からの輸入は，日本国内での検閲強化と輸入統制に加え，ソ連側の

表10　1936〜41 年の外国書籍輸入額国別一覧（単位：円）

年次	ドイツ	アメリカ	イギリス	フランス	その他	合　計
1936	2,066,200	1,283,900	1,417,700	321,200	268,900	5,357,900
1937	2,251,900	1,509,300	1,497,400	298,400	388,500	6,945,500
1938	1,910.700	1,331,600	1,179,900	191,400	277,500	4,891,100
1939	2,505,900	1,406,800	1,017,700	141,200	215,100	5,286,700
1940	3,324,100	1,783,500	912,500	80,900	237,600	6,338,600
1940	2,659,292	1,426,817	729,966	64,737	190,119	5,070,931
1941	1,395,954	810,306	467,402	314	127,715	2,799,691

飯泉新吾『丸善百年史─日本近代化のあゆみと共に─ 下巻』丸善，1981 年，991 頁。1941 年以降については輸入額の記録がない。1936〜40 年において，丸善は，日本への洋書輸入の 8 割強を取り扱っていた。
ただし，1940・41 年の数字は，丸善取扱い分のみを記載。

秘密主義により，満洲事変以降，ほぼ途絶することとなった。一方，書籍の最大の輸入元であるドイツからの輸入は，シベリア鉄道経由の交易が比較的良好だったこともあり，かえって増加傾向にあった [5]（表10 参照）。

2　第二次世界大戦勃発まで

1930 年代後半，理工系の学術書の輸入は，軍需工業の活況による需要の拡大を受けて，著しく増加した。『帝国大学新聞』が毎年 7 月頃に掲載していた記事「出版界の趨勢」をみると，1937〜39 年にかけて，理工系の学術書の輸入は対前年比で大きく増加していたことがわかる。1937 年 7 月掲載の「出版界の趨勢」によれば，洋書輸入全般が好調であり，中でも軍需工業に関連する工学・化学・機械類の書籍の輸入は，対前年比で一挙に 5 倍に拡大していた。書店では，工学分野の洋書への注文が殺到して在庫切れが続出し，書棚は空スペースばかりになったという [6]。

1938 年になると，政府の為替管理政策による輸入制限が，洋書輸入に大きな影響を与えるようになった。1931 年の満洲事変以降，世界的に広がった日本製品へのボイコットの影響で，日本の貿易収支は赤字続きで，日本は書籍を含めた輸入全般を制限せざるを得ない状況にあった [7]。1937 年 6 月には，国際情勢の悪化を受けて，政府による洋書輸入の取締が強化され，輸入の際には政府の許可が必要となり，同年 8 月には輸入手続きが一層複雑になった [8]。

1938 年 7 月掲載の「出版界の趨勢」では，こうした政府の為替管理政策による洋書輸入制限が，出版業者や書店，個人の自粛と相まって大きな影響をもたらし，文芸・思想・芸術などの人文系の書籍の輸入が著しく減少したと報じている [9]。

　そうした中でも，理工系の学術書の輸入は，為替管理政策における理工系書籍に対する優先的な措置により，第二次世界大戦が勃発する 1939 年までは増加傾向を維持した。1938 年 7 月掲載の「出版界の趨勢」によれば，軍需工業に関連する理工学書，特に航空・人絹・液体燃料分野の書籍輸入は対前年比で 5 割増加している。当時の洋書輸入の大半を占めるのが，こうした理工学書だった [10]。1939 年も，同様の傾向が続いた。1939 年 7 月掲載の「出版界の趨勢」によれば，航空・船舶・機械・人絹・液体燃料・石炭・化学製造工業・土木などの軍需工業分野の書籍の輸入は，検閲および輸入統制における優遇を受けて活況が続いている。こうした傾向は，物理・化学などの純粋科学にも広がっていた [11]。

　一方で，1938 年の半ば頃から，日本に対する輸出規制や，日本人研究者の受け入れ制限の動きが各国で現れ始めた。本書第 I 部第 2 章で詳述したように，1938 年 6 月には，アメリカ政府による航空機および航空部品に関する対日「禁輸」措置が始まり，その後，日本への軍需製品の輸出は急激に減少した。以下では，対日封鎖の動向を総合的に把握するため，書籍の輸出制限に先立って行われた，日本人研究者の受け入れ制限について取り上げる。

　1939 年初頭には，各国の教育研究機関においても，日本人留学者の受け入れを制限したり，視察を拒否したりする動きが広がってきた。物理学者の長岡半太郎（1865〜1950 年）は，1939 年 3 月の日本学術振興会理事長の就任挨拶で，ドイツでは，従来外国人の学生を自由に入学させてきた大学においても，外国人が講義を聴講することが難しくなっており，また，欧米諸国における工場・研究所などは，日本人に対してはほとんど封鎖状態に置かれている，と述べている [12]。

　文部省在外研究員の増減からも，日本人留学者への対応の変化を読み取ることができる。文部省在外研究員の制度は，大学などの文部省直轄学校教官らを対象に，外国において学術技芸を研究させるための費用を支給する官費留学の

表11　1931〜40年の文部省在外研究員在留地別人数（単位：人）

時　　期	独	米	英	仏	その他	帰朝中	渡航中	合計（理系）
1931年3月	114	29	15	20	15	19	7	219（142）
1932年3月	83	21	23	21	16	3	24	191（118）
1933年3月	91	14	23	14	11	10	21	184（115）
1934年3月末	52	11	17	8	6	9	33	136（89）
1935年3月末	36	6	8	7	11	6	30	104（67）
1936年3月末	63	4	2	7	4	3	43	126（91）
1937年3月末	90	10	7	9	3	9	40	168（99）
1938年3月末	74	8	4	6	2	13	5	112（80）
1939年3月末	21	8	0	8	5	11	1	54（38）
1940年3月末	2	6	0	4	4	1	11	28（21）

各年度の文部省専門学務局編『文部省在外研究員表』（1931〜40年）の巻末の表をもとに作成。
「理系」は内数で，理科・医科・農科・工科の合計。

仕組みである[13]。表11は，1931〜40年の文部省在外研究員数を在留地別に記載したものである。文部省在外研究員数の時期による変化をみると，1930年代半ばまでは合計100〜200人ほどであったが，1939年3月には54人，1940年3月には28人へと減少している。特に，在外研究員の最大の派遣先であったドイツでは，1938年3月に74人だった在留研究員数が，1939年3月には21人，1940年には2人へと激減しており，ドイツの対応が日本人の留学に大きな影響を与えたことがうかがえる。

　このように，1938〜39年にかけて，軍需製品の輸出規制や，日本人研究者の受け入れ制限の動きが現れ始めた。また，1938年頃から，国際情勢の悪化が洋書輸入にも影響を及ぼすようになったが，第二次世界大戦勃発まではその影響は限定的で，学術情報全般の入手は，比較的順調だったといえる。

3　第二次世界大戦勃発後

　1939年9月に第二次世界大戦が勃発すると，各国による書籍の輸出制限が本格化し，洋書輸入のボトルネックとなっていった。特に航空・経済分野の書籍には，とりわけ厳しい制限が課せられた。1940年7月掲載の「出版界の趨勢」によれば，イギリスは，戦争勃発後，新たな官庁を設置して輸出する書籍の検閲を強化し，経済および航空分野の雑誌・統計資料を輸出禁止にした。年

鑑などの中には廃刊になったものもあったという。こうした状況は，イギリス以外のヨーロッパ各国でも見受けられ，以後さらに拡大することが危惧された [14]。実際イタリアは，1940年6月の参戦後，航空・経済などの資料をすべて輸出禁止にしている [15]。アメリカ航空諮問委員会（NACA）の技術報告である *Technical Notes* も，1940年5

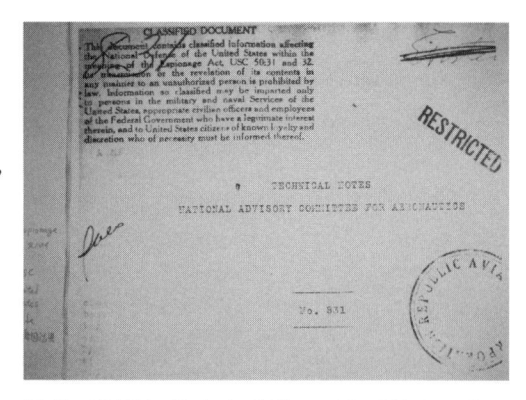

図10　NACA, *Technical Notes*, No. 831（1941年11月発刊）

写真は日本の国立国会図書館が1957年に収集した複製資料。右上に Restricted ［部外秘］のスタンプあり。

月発行の763号までしか日本国内では入手できなかった [16]。

　それでも，独ソ戦の始まる1941年6月までは，理工学分野一般の学術雑誌の輸入は，ある程度定期的に行われていた。当時，理化学研究所所員であった岡崎三郎は，1941年6月時点における理化学研究所図書室への海外学術雑誌の到着状況について，『科学主義工業』に記事を残している。この記事によれば，ドイツ占領下のフランスの学術雑誌こそ1940年5月頃を境に届かなくなったものの，アメリカ・ドイツの学術雑誌はほぼそれまで通り届いており，イギリスの学術雑誌も1940年末頃までは届いていた。アメリカの雑誌は，毎月規則正しく到着しており，数年前の到着日付と比べても，1週間ほども変化していなかった。ドイツの雑誌も，雑誌によっては半月もしくは1ヵ月ほど遅延して届くものもあるが，多くは規則正しく届いていた。これに対して，イギリスの雑誌は，1940年9月頃から到着の遅れが目立つようになった [17]。

　1941年後半以降，対日封鎖の拡大によって，日本国内では，海外学術雑誌の入手がほぼ途絶することとなった。1940年刊の学術研究会議編『外国学術雑誌目録』によれば，第二次世界大戦以前には，大学・図書館・研究所・学会・工業会社など1004ヵ所で，廃刊になったものを含めて9033種の学術雑誌を所蔵していたが [18]，各国による戦時統制により，海外学術雑誌の入手は次第に難しくなっていった。1941年6月にドイツが独ソ不可侵条約を破棄して

ソ連に進攻すると，ドイツの雑誌は 1941 年 5 月頃に入手不能となり，アメリカ・イギリスの雑誌も，同年 10 月頃には入手できなくなった。1943 年に日本学術振興会が大学などの所蔵雑誌を調べた調査によれば，例えば，ドイツ物理学会の学術誌 *Zeitschrift für Physik* は 1941 年 4 月 30 日発行の第 117 巻第 7-8 号まで，ドイツ化学会の学術誌 *Angewandte Chemie* は 6 月 7 日発行の第 52 巻第 23-24 号までで，国内での所蔵が途切れている。また，イギリスの雑誌 *Nature* は 1941 年 9 月 27 日発行の通巻第 3752 号まで，アメリカ科学振興協会の雑誌 *Science* は 10 月 31 日発行の通巻第 2444 号までで，所蔵が途切れている [19]。

当時，ドイツからは，医学や理工学分野の書籍が数多く輸入されていたが，独ソ戦の開始により，こうした輸入も止まってしまった。シベリア経由での輸入が途絶した後，しばらくはスイス経由で若干の輸入があったが，それもだんだんと少なくなった [20]。その後は，アメリカ・イギリスの航空機や船舶を通じて，わずかな洋書輸入が行われた。1941 年 7 月掲載の「出版界の趨勢」は，独ソ開戦によってシベリア経由の輸入がまったく絶望視されるに至り，輸入はアメリカ経由のみとなった，と述べている [21]。1941 年 7 月下旬，アメリカ・イギリスが対日資産の凍結を行い，輸入はさらに激減した [22]。こうした困難な状況の下でも，太平洋戦争開戦直前まで，マニラ経由で上海に流通していた洋書が買い集められるなどして，ごくわずかな輸入が行われたが，太平洋戦争開戦によってほぼ途絶することとなった [23]。

このように，科学封鎖が本格化するのは，第二次世界大戦勃発以降だった。1930 年代後半から第二次世界大戦勃発までの時期，学術情報の流通は比較的好調であった。この時期，洋書輸入のボトルネックになっていたのは，各国による輸出制限ではなく，貿易赤字を原因とした日本政府による輸入制限だった。そうした為替管理政策の下でも，優遇措置を受けた理工学分野の学術書の輸入は大幅な拡大傾向にあった。1938 年半ばからは，各国による軍需製品の対日禁輸措置が始まり，海外の教育研究機関による日本人留学者の受け入れ拒否の動きも出てきたが，この時点で書籍の輸出を制限するような施策を打ち出したのは，ソ連などごく一部の国だけだった。その後，第二次世界大戦が勃発すると，イギリス・イタリアなどでも書籍の輸出制限が本格化し，フランスの書籍も届かなくなった。それでも，実際に理工学分野一般の書籍の入手が困難にな

るのは，1941年半ば以降だった。つまり，科学研究費交付金が創設された1939年3月の時点においては，科学封鎖はまだ本格化してはいない。まして，科学研究費交付金設立のもととなった科学振興調査会の設置が検討され始めたのは，後述するように1938年前半の時点である。科学封鎖に対処するために施策が開始されたとする『学制百年史』の記述では，文部省による科学行政の積極化の起源を十分には説明できないことがわかる。

第2節　科学振興調査会の設置と科学研究費交付金

1　科学界の進言

　それでは，1938年に，文部省が科学行政を積極化させたのはなぜなのだろうか。本節では，文部省が科学行政を積極化させるきっかけとなった科学界の進言について考察することで，科学封鎖とは別の問題の存在を明らかにする。

　文部省による科学行政は，1938年8月の科学振興調査会設置で本格化したといわれる。それまで文部省内には，科学研究を所管する独立の部局は存在していなかった。大学は，文部省専門学務局の所管だったが，学生の教育が行政上の主題であり，科学研究は周辺的な問題にすぎなかった。そのため研究費助成などの制度も手薄な状態にあった。こうした状況を抜本的に改善するために設置されたのが，科学振興調査会だった。科学振興調査会は，文部大臣からの「科学振興に関する具体的方策如何」との諮問に対して，3回にわたって答申を行い，この答申に基づいて，理工系教育の拡充，研究施設の整備，研究費の増額，科学行政機関の新設など，今日に繋がる科学振興施策が次々と実行された[24]。

　科学振興調査会の設置は，1938年春に行われた科学界から木戸幸一文部大臣への進言をきっかけにしたものであった。1954年に刊行された文部省編『学制八十年史』では，以下のように述べている。

　　昭和十三年春，学術研究会議の会長桜井錠二，副会長田中館愛橘ら八名の代表は木戸文部大臣等に進言するところがあり，文部省も従来の学術行政の貧困を認め，学界・研究機関・各省代表の協力を求めて科学振興調査会を設立し［た][25]。

図11 木戸幸一

1938年春に，化学者の櫻井錠二（学術研究会議会長）・物理学者の田中館愛橘（学術研究会議副会長）らが，科学振興策の拡充を求める進言を木戸幸一（文部大臣）らに行い，これを直接のきっかけにして，文部省による科学行政の積極化が始まったのである。学術研究会議は，現在の日本学術会議の前身にあたる科学界の代表機関であった（科学研究費交付金創設後には，学術研究会議が同研究費の配分を担った。詳しくは第Ⅱ部第3章参照）。

　1938年春に科学界から進言が行われたことは，『木戸幸一日記』においても確認することができる。昭和天皇の側近であった木戸が記した『木戸幸一日記』は政治史研究の基礎資料であるが，木戸が文部大臣を務めていたことから，科学行政についての資料ともなっている。『木戸幸一日記』の1938年4月25日の項には，「正午，学士会館に至り，学術研究会議の桜井博士，田中館，大森其他の博士と会食し，学術振興につき懇談す」と記載されている[26]。この記述から，1938年春の進言は，4月25日正午に東京神田の学士会館で，櫻井錠二・田中館愛橘ら科学者側と，木戸幸一ら文部省側との間で，昼食をとりながら行われたことがより具体的にわかる。

　科学振興策の充実を求める科学界の進言は，従来から繰り返し行われており，施策の拡充をもたらしてきた。第一次世界大戦期には，物理学および化学に関する研究所設立を求める運動が科学界からおこり，この研究所設立運動をきっかけとして，1917年3月に理化学研究所が設立された。また，1931年1月には，帝国学士院長だった櫻井錠二らの呼びかけで，学長・研究所長・学会長らの科学界の要人，百数十人が東京上野の帝国学士院会館に集まり，学術研究振興機関の設立を求めて協議し，同年7月，内閣総理大臣・文部大臣・大蔵大臣に建議を提出した。この建議をきっかけに，1932年12月に日本学術振興会が設置され，1933年度より研究費補助の事業が始まった[27]。

2　進言の社会的背景

　1938 年春に，科学振興を求める科学界から
の進言が改めて行われた背景には，日中戦争に
伴って深刻化した不足資源の問題があった。戦
争による軍需の拡大に加えて，世界的な日本製
品のボイコットによる貿易収支の悪化が，海外
からの輸入に頼る軍需物資の不足に拍車をかけ
た。また，政府の為替管理政策による輸入制限
のため，幅広い分野の民生品においても外国製
品に代わる代用品が求められるようになった。

図12　櫻井錠二

資源問題の深刻化を受けて，科学界は，日本学術振興会の研究費補助事業を通
じて，軍需工業や不足物資の補塡に関わる研究への取り組みを強めた。日本学
術振興会の行う研究費補助には，研究者が単独で実施する「個人援助補助（個
人研究とも呼ばれる）」と，複数の研究者が同一目的の下に集まり，必要に応じ
て現場の専門家とも連携して実施する「特別及小委員会経費（総合研究とも呼ば
れる）」があった。日中戦争が始まった 1937 年以降，軍部などからの要請を受
けて，国家重要問題の解決をめざす総合研究への補助が急速に拡大した [28]。
1936 年の時点では，特別及小委員会経費は個人援助補助とほぼ同額であった
が，2 年後の 1938 年には 1936 年比で 3 倍以上に拡大し，個人援助補助を大き
く上回るようになった（表 12 参照。日本学術振興会の研究費については，第 II 部第
3 章も参照）。

　実際に行われた総合研究の題目をみると，軍需工業や不足資源の補塡に関わ
る研究が多かったことがよくわかる。1938 年の総合研究の内，研究費の大き
なものを予算額順にあげると，以下の通りである。1）航空燃料に関する研究，
2）無線装置の研究，3）宇宙線・原子核の研究，4）結核予防に関する研究，
5）鋳物製造に関する研究，6）特殊鋼材製造に関する研究，7）国民体力問題
に関する研究，8）金属材料の疲労に関する研究，9）植物繊維原料の調査研究，
10）電気溶接に関する総合調査研究 [29]。こうした戦時下の緊急問題に関わる
総合研究の拡大は，科学界の発言力を増大させることに繋がった。

表12　1936〜41 年の研究費の推移（単位：千円）

年度	科学研究費交付金	日本学術振興会		科学研究奨励金
		委員会	個人援助	
1936		327	400	73
1937		588	312	73
1938		1,015	310	73
1939	3,000	1,285	288	73
1940	3,000	1,428	413	73
1941	5,000	2,067	480	150

科学研究費交付金および科学研究奨励金については，学術体制研究会編『学術研究の背景』日本学術振興会，1953 年，194–195 頁により作成。日本学術振興会の研究費については，下記の『事業報告』による。日本学術振興会学術部編『昭和 11 年度後期 事業報告』1938 年，29 頁，同編『昭和 12 年度 事業報告』1939 年，38 頁，同編『昭和 13 年度 学術部事業報告』1940 年，36 頁，同編『昭和 14 年度 事業報告』1941 年，45 頁，同編『昭和 15 年度 事業報告』1941 年，44 頁，同編『昭和 16 年度 事業報告』1942 年，38 頁。

　1938 年春の科学界からの進言は，このような状況に合わせたものであった。4 月 25 日の進言の具体的な内容を記録した資料は現在のところ発見されていないが，進言の内容は，同年 5 月 30 日に日本学術振興会が内閣総理大臣・大蔵大臣・文部大臣宛に提出した建議「科学動員ノ基源培養施設ニ関スル件」（章末資料 4）によって類推することができる。日本学術振興会の建議は，4 月 25 日の進言を行った櫻井錠二らによってまとめられた。櫻井は，当時，日本学術振興会の理事長を務めており，1940 年に出版された遺稿集『思出の数々』の中で，政府の学術振興策の貧弱さを見過ごすことができず，この建議を政府に提出したと述べている [30]。建議は，非常時である現在において，科学動員の出来映えが国家総動員の上で，いかに重大な影響を及ぼすか明らかであると述べる。そうした状況にもかかわらず，我国の科学研究施設は，人的にも物的にもはなはだ手薄かつ不十分であるとする。そして，特に学術の理論および応用を教授し，その蘊奥を攻究すべき使命を有する大学の施設は，この方面の期待にまったく応えていないと指摘し，この際，急速にその是正対策を講じるべきだと訴えた [31]。

　建議では，主文に引き続いて，大学の施設の拡充を求める「理由」として，日中戦争下で要求される総合研究を実施する上での問題点を，以下のように指

摘している。

　　総合研究ノ実施ニ当リ，大学方面ニ於ケル研究者ノ少キト設備ノ不完全ナ
　　ルト経費ノ不足セルトノ為，屢々適当ナル共同研究者ヲ得ルニ苦シミタル
　　コトアリ，特ニ今事変ニ臨ミ，緊急問題ノ急速解決ヲ要スルモノ多キノ際，
　　其ノ感更ニ深ク時ニ重要問題ヲ擁シナガラ徒ニ時日ヲ空過スルノ已ムヲ得
　　ザルニ陥ルコトスラ勘ラザルノ状態ナリ [32]。

大学の研究者層・設備・研究費が貧弱であることが，日中戦争下で要求される
総合研究を実施し，緊急問題を急速に解決していく上で障害になっているとい
うのである。

　さらに，欧米諸国では，純学理の研究については，十分な設備と豊富な資金
を用いて，多数の有能な研究者が競って精進している状態だとする。応用研究
についても，アメリカの石油関係分野では，多数の研究者と豊富な資源によっ
て世界的な優良品が生み出され，ドイツでも，多数の研究者と充実した研究施
設の下で世界的な学術研究と国家的な応用研究の成果が次々と生まれ，一般文
化の向上，国防の充実，産業の進展に多大な寄与をなしつつあることを指摘す
る。建議は，日本においても，大学教員に優れた学者を任命し，研究者の待遇
改善，設備と経費の充実，研究者養成を進めることが極めて重要だと主張し
た [33]。

　科学界の主張は，資源問題に悩む社会の状況に沿っており，社会的にも受け
入れられやすいものだった。例えば，1938 年 12 月 23 日付けの『東京朝日新
聞』は，資源問題と絡めて，基礎研究を奨励すべきだと主張している。記事で
は，日中戦争以来，科学研究の実用化・産業化によって，不足資源を補塡しう
ることは証明済みだとして，人造繊維の事例などをあげている。こうした認識
から，基礎研究こそ実用化・産業化の根源だとして，戦局が長期にわたればわ
たるほど，基礎研究の重要性が増すと述べる。そして，これまで基礎研究に対
して国が冷淡であったことを批判し，もし平素から基礎研究の振興を進めてい
れば，現在の科学動員の効果はもっと大きかったであろうと述べ，今後の基礎
研究の振興を主張している [34]。

　このように，日中戦争下で，軍需工業や不足物資の補塡に関わる総合研究が
拡大する中，科学界は，研究環境の貧弱さが総合研究を実施する上での障害に

なっているとして，科学振興策の拡充を求めた。不足資源の問題を通じて科学振興策の拡充を求める科学界の主張は，社会的にも受け入れられやすく，科学振興調査会の設置へとつながったのである。

3　科学封鎖への危惧

　科学振興のための施策は，1938年5月26日の内閣改造で文部大臣が荒木貞夫に代わって以降，具体化することとなった。同年8月15日，文部大臣の諮問に対して，科学の振興に関する重要事項を調査審議することを目的に，科学振興調査会が発足した。委員は，大学等の研究機関に在籍する科学者および技術者，陸海軍や各省庁の代表で構成されていた。科学振興調査会は，同年11月17日に第1回総会を開催し，「科学振興ニ関スル具体的方策如何」との諮問に対して議論を開始し，続く11月24日の第2回総会において，長岡半太郎を委員長とする特別委員会を設置して諮問内容を付託した。特別委員会は，第2回総会以降，1939年3月6日の第3回総会までに，5回の会議を開催し，人材養成及研究機関の整備拡充並に連絡統一に関する答申案を決議した[35]。

　第3回総会で答申案を報告する際，特別委員会は，経済封鎖下での不足資源の問題に絡めて，科学振興の重要性を説いた。答申案の説明を担当した安藤廣太郎（農事試験場技師）委員は，大学の研究費が不足する中，日中戦争下で要求される代用品や軍需工業に関する研究がなされていることを，まず指摘する。その上で，特別委員会全体の意見として，もし以前から大学に研究費が相当にあったならば，日中戦争下でもっと大きな役割を果たしたであろうとの見方を示している[36]。

　特別委員会は，大学での研究を振興する際には，基礎的研究を重視すべきだと主張する。安藤委員は，世の中では，研究をすればすぐにそれが役に立つと考えているが，今日の様々な代用品の研究も，必要性が明らかになってから研究を始めた結果できたものではない，と述べる。その事例として，皮革の代用品である水産皮革の研究が十数年来行われてきたために，今日，役立っていることをあげる。そして，その他の軍需品の生産や代用品についても同様であるとして，大学の研究室の整備拡充が，我国の産業発達，および今後の日中戦争下における必要品の生産においても極めて大切であると力説する[37]。

特別委員会は，基礎的研究の重要性を訴える際，それまで科学界が指摘してきた不足資源の問題に加えて，新たに，将来，科学封鎖を受ける恐れのあることを指摘した。安藤委員は，以下のように述べている（下線は著者）。

今日ノ時局ニ対シマシテ代用品或ハ日本ノ軍需工業ニ付テ今日ノヤウナ研究ノ結果ガ非常ニ役ニ立ッテ居ルコトハ今更申上ゲルマデモナイコトデアリマスガ，ソレ等ト雖モ大学ノ教授及ビソノ他ノ方々ガ非常ナ窮屈ノ中カラ研究サレタモノデアリマシテ，研究費ノ少ナイ所デヤラレタ結果ガ今日ニ於テ相当ナ役目ヲ致シテ居ルノデアリマス。若シコレガ前カラ研究費ガ相当ニアツタナラバ，此ノ事変下ニ於テモット大キナ役目ヲ果シタノデハナイカト云フコトハ，特別委員会全体ノ意見デアリマシテ，随ツテドウシテモ主ナル研究機関デアル大学ノ研究設備ヲ十分ニスルト云フコトハ，極メテ大事ナコトデアリ，而モ此ノ研究ハ基礎的ノ研究デアツテ，サウシテコレガ応用モ出来ルヤウニ漸次進メテ行カナケレバナラヌ［中略］従来研究サレナカツタ研究ノ手ニ着イテ居ラヌモノニ於キマシテハ，マダ代用品ヲ創造スルコトノ出来ナイト云フ状況ノ下ニアルモノモアルノデアリマシテ，ソレ等ヲ考ヘテ見マスト，ドウシテモ大学ノ研究室ヲ整備拡充スルト云フコトガ我国ノ産業ノ発達，又今後ノ事変下ニ於テ必要品ヲ作ル上ニ於テモ極メテ大切ナコトデアリマシテ，ソレナクシテ今後我国ノ工業ノ発展ヲ望ムト云フコトハ頗ル困難トシナケレバナラヌ。殊ニ時局ニ於キマシテハ御承知ノ通リ学問上ニ付キマシテハ，色々経済封鎖或ハ知識封鎖ト申シマスカ，色々ナ自国ノ研究ナドヲ日本ニ寄与スルコトヲ好マナイ所モアルヤウデアリマシテ，此ノ知識的ノ封鎖ヲ受クルト云フコトガ将来絶無トハ考ヘラレナイノデアリマス。サウナットママ来ルト，ドウシテモ我国ノ研究機関ヲ拡大シテ，基礎的ノ研究ヲ十分ニシ，且其応用ヲ図ツテ行キマシテ，我国ニ於ケル独創的ノ発達ヲスルト云フコトガ極メテ重大デアルト云フコトモ亦特別委員全体ノ総意見デアリマス [38]。

特別委員会は，自国の研究が日本に利用されるのを好まない国々が出ていることを指摘し，今後，科学封鎖を受ける恐れがあるとの懸念を表明した。そして，その対策として，国内の研究機関を拡大して基礎的研究を十分に実施し，その応用を図っていくことが重要であると訴えたのである。

この時期，各国による対日封鎖の動きが顕在化したことにより，将来の科学封鎖が危惧されるようになった。第1節で述べたように，1938年半ば頃から，欧米諸国で軍需製品の輸出規制や留学者の受け入れ制限の動きが現れた。こうした国際状況が，科学振興をめぐる国内の認識にも影響を及ぼすようになったのである。科学振興調査会の特別委員会で委員長を務めた長岡半太郎は，1939年3月30日における日本学術振興会の理事長就任の挨拶で，科学封鎖について，より踏み込んだ発言を行っている。長岡は，欧米諸国における大学・研究所・工場の封鎖状況を列挙した上で，学術封鎖の鉄拳が既に頭上に挙げられているとして，将来予測される欧米諸国からの学術封鎖について強く警告する。そして，学術封鎖に対処するために，国内の研究を進捗させ，欧米諸国を凌駕する域に達せしめ，欧米諸国を逆に封鎖することを主張している[39]。

　科学振興調査会で答申案を作成する時期に，将来の科学封鎖が危惧されだし，科学振興の重要性を裏付けることとなった。科学封鎖への危惧は，具体化しつつあった科学振興策を後押しする役割を果たしたのである。

4　科学研究費交付金

　科学振興を求める科学振興調査会の提言は，政策に反映され，科学研究費交付金の設置へと繋がった。1939年3月11日，科学振興調査会は，第1回答申「人材養成ノ問題及研究機関ノ整備拡充並ニ連絡統一ノ問題ニ関スル件」（章末資料5）を提出した。この答申を受けて文部省は，1939年度追加予算に科学研究費交付金300万円を計上した。また1940年2月には，文部省専門学務局に科学課が設置された[40]。

　新設された科学研究費交付金は，それまでの研究費と比べて金額が格段に大きかった。初年度の300万円という金額は，日本学術振興会の研究費や科学研究奨励金など，既存の文部省関係の研究費の2倍近い額だった。さらに，文部省は，科学振興調査会が1940年8月19日に提出した第2回答申「一　大学ニ於ケル研究施設ノ充実ニ関スル件」（章末資料5）「二　大学・専門学校卒業者ノ増加ニ関スル件」を受けて，1941年度に科学研究費交付金を500万円へと増額した[41]（表12参照）。

　科学研究費交付金の性格は，科学振興を求める科学者の要求に沿うものだっ

た。日本学術振興会の研究費が応用研究に重点を置いたものだったのに対して、科学研究費交付金は基礎的な分野の研究を奨励するという特徴を持っていた。文部省科学局（1942 年に科学課から改組）が作成したと思われる「第八十一回帝国議会予想質問事項並答弁資料」では、2 つの研究費の性格の違いを以下のように説明している。「第八十一回帝国議会予想質問事項並答弁資料」に作成年月日の記載はないが、第 81 回帝国議会は 1942 年 12 月 26 日に開会したので、同年末頃に作成されたものと思われる。日本学術振興会の研究は、国家重要諸問題の急速解決に力を注ぎ、国防化事業化に重点を置くものである。研究課題も応用問題に重点を置き、研究組織も文部省管轄外の科学者技術者を含む研究者により実施されている。これに対して科学研究費交付金は、国家百年の計に基づき、不断に国本を培うべき科学の基礎的研究の遂行を目的とする。研究課題の選定においては、我が国科学研究の現状を精査し、大所高所より、我が国科学を根底より振起するとともに科学の水準高揚を図るとの方針に基づき、重要な学理研究事項を選定し、大学等の学理研究機関に担当させる [42]。

　実際、科学研究費交付金の報告書をみても、基礎研究が多く行われていたことがわかる。1939 年度の報告書によれば、助成を受けた研究機関は大学及研究所 21 ヵ所、高等専門学校 66 ヵ所だった。この内、帝国大学での研究が報告書のページ数の過半を占めており、重点的に研究費が配分されていたことがわかる。対象の研究分野は、理学・工学・医学・農学の 4 分野だった。例えば、東京帝国大学理学部で行われた研究題目は、以下の 18 である。1）本邦の保険に対する数理計算の再検討、2）不確実現象の確率的数理化に関する研究、3）太陽光球面諸現象の研究、4）固態及び液態の構造、5）分子及原子の構造、6）原子核の構造並に素粒子に関する研究、7）物理的方法による分子及微粒子の構造決定並に化学反応の研究、8）希産元素及び放射性元素の化学的並に地球化学的研究、9）「リグニン」「ステロイド」及酵素に関する化学的並に生物化学的研究、10）動物形態の発現機構、11）東亜及南洋の植物の基礎的研究、12）火成岩生成及び岩石変性の研究、13）日満支に於ける金属鉱床の成因に関する研究、14）日満支の中生代地殻変動の比較研究、15）日本鉱物誌資料の研究、16）地動の研究、17）日本に於ける地理学的諸現象の分布に関する研究、18）日本人の人類学的研究殊に其地方型に就いて [43]。占領地の資源研究とい

う側面を持つ研究もあるが，多くは戦時下の緊急問題とは直接関係のない基礎研究だった。

　なお，結果的にではあるが，基礎研究を重視する科学研究費交付金は，内地の研究機関だけを支給対象とする制度となっていた。応用研究に重点を置く日本学術振興会研究費は，内地の研究機関だけでなく，台北帝国大学・京城帝国大学・満洲医科大学など外地の大学などにも支給された。これに対して，科学研究費交付金は，東京帝国大学・京都帝国大学・東北帝国大学といった内地の研究機関だけを対象としていたのである。これは，科学研究費交付金を所管する文部省が管轄するのが内地の大学であり，外地にある大学はそれぞれ，台北帝国大学は台湾総督府が管轄し，京城帝国大学は朝鮮総督府が管轄するといった行政区分を反映していた。ただし，全体としてみると，基礎研究は内地の研究機関で実施し，そうした基礎研究をもとに，自然環境や社会環境の異なる外地において，応用研究を実施するという体制となっていたことは，留意しておく必要があるだろう。

ま　と　め

　文部省が科学振興施策を積極化するきっかけとなったのは，1938 年 4 月の科学界からの進言だった。科学振興策の拡充を求める科学界の進言は，日中戦争下で要求された軍需工業や不足物資の補塡に関わる応用研究が進展する中で提起されたものだった。大学の研究者層・設備・研究費が貧弱であることが，戦時下の緊急問題を解決していく上で障害になっているというのである。こうした科学界の主張を受けて，文部省は，今後の科学振興のあり方を議論するため，科学振興調査会を設置した。文部省による科学行政の積極化は，荒木貞夫が文部大臣に着任する以前に始まっており，科学振興調査会の設置は荒木の主導によって行われたものとはいえない。

　1939 年 3 月，科学振興調査会は，研究機関を拡充し，基礎的研究を振興するよう求める答申をまとめ，科学研究費交付金が創設された。科学振興調査会においても，研究機関の拡充を訴える際に理由としてあげられたのは，研究機関が貧弱であることが戦時下の緊急問題を解決していく上で障害になっている

ことだった。こうした理由に加えて，科学振興調査会では，新たに，今後，科学封鎖を受ける恐れのあることが指摘された。科学封鎖への危惧は，具体化しつつあった科学振興策の実施を後押しする役割を果たしたといえる。しかし，1939年3月の時点では，まだ科学封鎖は本格化しておらず，科学研究費交付金の創設は，封鎖への対処というよりも，戦時下の緊急問題の解決を主眼として企画されたものであった。

日本学術振興会の研究費が応用研究を重視したのに対して，新たに創設された科学研究費交付金は基礎研究を重視するという特徴を持っていた。研究環境の貧弱な当時の日本では，応用研究だけを追求する当初のやり方を，そのまま続けることは難しかった。日中戦争下でこのような基礎的分野に焦点を置く研究費が創設されたことは，基礎的な研究環境の整備を重視せざるを得なかった日本の科学技術動員の特徴をよく表している。

注

1) 公式には，1918年の「科学研究奨励金」の創設をもって，現在の科学研究費補助金（科研費）に繋がる研究助成制度ができたとされている。また，科学研究費交付金は，当初は単に「科学研究費」と呼ばれていた。詳しくは，文部科学省『科研費100周年—研究者と共に百年。これから先も。—』文部科学省，2018年を参照。

2) 科学技術政策史研究会編，科学技術庁科学技術政策研究所監修『日本の科学技術政策史』未踏科学技術協会，1990年，38-40頁。

3) 文部省編『学制百年史 記述編』帝国地方行政学会，1972年，652-653頁。なお，文部省で科研費の実務に携わった原現吉は，科学研究費交付金の創設について，「このころになると，わが国は戦時色が濃厚になり，軍をはじめ政府，学界などから基礎研究の振興が強く叫ばれるようになってきたのである」（原現吉編著『科学研究費—その成立ちと変遷—』科学新聞社，1982年，37-38頁）と記している。

4) 廣重徹『科学の社会史（上）』岩波書店，2002年，202-204頁。

5) 丸善株式会社編『丸善百年史—日本近代化のあゆみと共に—下巻』丸善，1981年，990-991頁。「出版界の趨勢」『帝国大学新聞』1938年7月4日。『帝国大学新聞』参照の際には，不二出版から1984〜85年に出版された復刻版を使用した。

6) 「出版界の趨勢」『帝国大学新聞』1937年7月5日。

7) マイラ・ウィルキンズ著，蠟山道雄訳「アメリカ経済界と極東問題」細谷千博・斉藤真・今井清一・蠟山道雄編『新装版日米関係史 開戦に至る十年 1931-41年 3議会・政党と民間団体』東京大学出版会，2000年，171-236頁。

8) 司忠編『丸善社史』丸善，1951年，318頁。

9）　前掲注5)「出版界の趨勢」。

10）　同上。

11）　「出版界の趨勢」『帝国大学新聞』1939 年 7 月 3 日。

12）　長岡半太郎「挨拶」『学術振興』第 14 号，1939 年。

13）　「文部省在外研究員規程ヲ定ム」JACAR（アジア歴史資料センター）Ref. A13100415300，5 画像目，辻直人「二十世紀初頭における文部省留学生の派遣実態とその変化についての一考察」『東京大学史紀要』第 26 巻，2008 年。辻は，日本の留学政策の視点から在外研究員制度について検討し，高等教育機関が拡充された 1920 年代に最も在外研究員数が多く，1930 年代には徐々に規模が縮小したことを指摘している。

14）　「出版界の趨勢」『帝国大学新聞』1940 年 7 月 1 日。

15）　「出版界の趨勢」『帝国大学新聞』1941 年 7 月 3 日。

16）　*Technical Notes* 554〜763 号（1936 年 2 月〜40 年 5 月）の記事を分野別に編集し直したものを，大日本航空技術協会が 1944 年に刊行したことから推測できる。この編集版は，『空気力学篇上』『空気力学篇下・プロペラ篇』『飛行力学篇上』『飛行力学篇下・浮舟及艇体篇』『機体構造強度篇上』『機体構造強度篇下・航空材料篇』『航空原動機篇・航空燃料篇』『航空機艤装篇・航空計測器篇』の 8 巻の刊行を当初予定していた。このうち『空気力学篇上』『空気力学篇下・プロペラ篇』『飛行力学篇上』『機体構造強度篇上』『航空原動機篇・航空燃料篇』の 5 巻は 1944 年に学術文献出版社より刊行された。他 3 巻は，刊行したことを確認できない。

17）　岡崎三郎「学術雑誌と外国語」『科学主義工業』第 5 巻第 8 号，1941 年，88-91 頁。

18）　学術研究会議編『外国学術雑誌目録 第三版訂正版』学術研究会議，1940 年。

19）　日本学術振興会編『雑誌：1940 年以降発行ノモノ（外国書籍雑誌調査資料，第二報）』日本学術振興会，1943 年。

20）　丸善株式会社前掲注5)，988 頁。

21）　前掲注5)「出版界の趨勢」。

22）　司前掲注8)書，321 頁。

23）　丸善株式会社前掲注5)書，988-990 頁。

24）　科学技術政策史研究会，科学技術庁科学技術政策研究所前掲注2)書，38-40 頁。

25）　文部省編『学制八十年史』大蔵省印刷局，1954 年，418 頁。国立教育政策研究所所蔵『本田弘人文書』によれば，『学制八十年史』の「第 6 章 戦時下の教育 第 14 節 学術行政の体制」415-423 頁の項目は，1938 年当時に文部省専門学務局学芸課長を務め，後に科学振興調査会幹事となった本田弘人が執筆したものである。

26）　木戸幸一著，木戸日記研究会編集校訂『木戸幸一日記 下巻』東京大学出版会，1966 年，638 頁。

27）　科学技術政策史研究会，科学技術庁科学技術政策研究所前掲注2)書，25-28・34-36

頁，櫻井錠二著，九和会編『思出の数々―男爵櫻井錠二遺稿―』九和会，1940 年，53-58 頁。

28)　廣重前掲注 4)書，161-169 頁，長岡半太郎「日本学術振興会創立五ヵ年と其の将来への希望」『学術振興』第 8 号，1938 年，6-9 頁。

29)　日本学術振興会編『日本学術振興会年報 第 6 号（自昭和 13 年 4 月 至昭和 14 年 3 月）』日本学術振興会，1939 年，7-25 頁。

30)　櫻井錠二，九和会前掲注 27)書，63-64 頁。

31)　日本学術振興会学術部編『昭和 13 年度 学術部事業報告』日本学術振興会，1940 年，135-136 頁。

32)　同上。

33)　同上。

34)　「資源補塡と科学動員」『東京朝日新聞』1938 年 12 月 23 日朝刊，3 頁。

35)　「科学振興調査会総会議事録 第 1 輯～第 3 輯」『本田弘人文書』国立教育政策研究所所蔵。

36)　「科学振興調査会総会議事録 第 2 輯」『本田弘人文書』9-11 頁。

37)　同上。

38)　同上。

39)　長岡前掲注 12)「挨拶」。

40)　文部省前掲注 25)書，418-419 頁。

41)　「科学振興調査会答申及処置」『犬丸秀雄関係文書』国会図書館憲政資料室所蔵，資料番号 9 番。

42)　科学局「第八十一回帝国議会予想質問事項並答弁資料」『犬丸秀雄関係文書』資料番号 35-枝番号 9。

43)　文部省専門学務局科学課編『文部省科学研究費ニョル研究報告 1 昭和 14 年度』文部省，1941 年。

<章末資料4〉建議「科学動員ノ基源培養施設ニ関スル件」日本学術振興会学術部編『昭和13年度 学術部事業報告』日本学術振興会，1940年，135-136頁（下線は著者による）

［1938年5月30日］

　　　　　　　　　　　　　　　日本学術振興会会長　公爵　近衛文麿

内閣総理大臣　大蔵大臣　文部大臣　殿

　　　　　　　　科学動員ノ基源培養施設ニ関スル件

　現下非常時ノ皇国ニ於テ，科学動員ノ出来栄ガ国家総動員時難克復ノ上ニ如何ニ大ナル影響ヲ及ボスベキカハ蓋シ絮説ヲ要セザルベシ，先ニ政府ニ於テ科学審議会ヲ創設セラレタルノ趣意亦茲ニ在リト信ズ。

　然ルニ本会設立以来5ヶ年間ノ経験ニ徴スルニ，我国ノ科学研究施設ハ，人的物的共ニ尚ホ甚ダ手薄且ツ不十分ナルヲ以テ，其ノ急速ナル増強拡充ヲ望ムコト洵ニ痛切ナルモノアリ。就中学術ノ理論及ビ応用ヲ教授シ，竝其ノ蘊奥ヲ攻究スベキ使命ヲ有スル大学ノ施設ハ，斯界ノ期待ニ及バザルコト甚ダ遠キモノアルヲ以テ，此ノ際急速ニ其ノ是正対策ヲ講ゼシメラルル様相成度，左ニ其ノ理由ヲ具シ及建議候也

　　　　　　　　　　理由

　日本学術振興会設立以来5ヶ年間ノ施為ハ，直接間接学術振興ノ機運ヲ一般ニ促進シ，年ト共ニ斯界ノ発展ニ寄与シ得タルコト大ナルモノアルヲ確信ス，而シテ昨夏来ノ事変ニ就テハ，本会ハ科学動員奉仕ヲ図リ，以テ事変ニ関スル緊急問題ノ解決ニ力ヲ傾注シツツアリ。

　過去5ヶ年ノ経験ニ徴シ，本会ガ我国斯界ノ為ニ痛感措ク能ハザル所ノモノハ科学研究上最重要素タル人ト設備ト経費トガ何レモ尚ホ頗ル手薄ナル状態ニアルコト是ナリ。

　抑モ本会ハ学理竝ニ応用両方面ノ研究ヲ振興スルノ目的ヲ以テ，個人研究ノ援助及ビ各般ノ重要問題ニ対スル総合研究ヲ実施シ来リタルガ，<u>総合研究ノ実施ニ当リ，大学方面ニ於ケル研究者ノ少キト設備ノ不完全ナルト経費ノ不足セルトノ為，屢々適当ナル共同研究者ヲ得ルニ苦シミタルコトアリ，特ニ今事変ニ臨ミ，緊急問題ノ急速解決ヲ要スルモノ多キノ際，其ノ感更ニ深ク時ニ重要</u>

問題ヲ擁シナガラ徒ニ時日ヲ空過スルノ已ムヲ得ザルニ陥ルコトスラ尠ラザル
ノ状態ナリ，欧米諸先進国ノ斯界ヲ観察スルニ，理化学ノ純学理的研究ノ如キ
ハ大学教室ニ於テ完全ナル設備ト豊富ナル経費トヲ以テ多数ノ有能研究者ガ競
ツテ之ニ精進シツツアルノ状態ナリ。又応用研究ニ就テ例示スレバ，米国ノ如
キハ石油ニ関スル研究ニ従事スル学者ノミニテモ，今日已ニ4千人ノ多キヲ数
ヘ，更ニ年々2百名内外ヲ累増シ豊富ナル資源ト相俟ツテ，世界ニ冠絶スル優
良品ヲ製出シツツアリ。又独国大学ニ於テハ，一般特ニ工業ニ関スル講座数極
メテ多ク，従テ研究者ノ数モ自ラ多数ニ上リ，尚ホ一面研究施設トシテ教授ノ
下ニ完備スル教室或ハ研究所ヲ附属シアリ，従テ世界的新学理竝国家的応用研
究ガ踵ヲ接シテ出現シ，一般文化ノ向上，国防ノ充実，産業ノ進展等ニ大ナル
寄与ヲ為シツツアルノ盛況ハ世間周知ノ事実ナリトス。

　偖テ我国ニ在リテハ，大学令第一条ニ特ニ明示セラレタル如ク，学術ノ蘊奥
ヲ攻究スルヲ以テ其ノ目的ノ一トスルモノニシテ，此ノ目的ヲ達成スルニハ，
一面ニ於テ大学ノ教授助教授ハ研究ニ堪能ナル学者ヲ選択シテ之レヲ任命スル
ト共ニ，他ノ一面ニ於テハ其ノ待遇ヲ改善シ，其ノ定員ヲ増加シ，又研究ニ必
要ナル設備ト経費ヲ豊富ナラシメ，更ニ又研究科及大学院ノ制度ヲ活用シテ，
多数堪能ナル研究者ノ養成ニ力ヲ致スコト極メテ肝要ナリ。

　尚ホ我国ノ大学ハ欧米ノソレニ比シ，理工科特ニ工科ノ学生収容数甚ダ尠ク，
従テ時勢ニ鑑ミ将来満支方面其ノ他ニ於ケル工業発展ニ対シ，多数ノ有能ナル
技術者ヲ供給スルノ必要アル点ヨリスルモ，将又大学院ニ止ツテ研究ニ精進ス
ルモノヲ多カラシムル必要上ヨリスルモ，理工学科ノ学生収容数ハ速ニ之ヲ増
加シ，以テ時代ノ急切ナル要求ニ応ズルノ要アルベシ。

　要スルニ現下ノ時局ニ対応スル必要上ヨリ之ヲ見ルモ，将又我国将来ノ発展
上ヨリ之ヲ考ルモ，学術ノ研究ハ国家隆昌ノ原動力ニシテ，国家ノ最高学術研
究機関タル帝国大学及他ノ大学ニ於ケル施設ノ改善充実ハ今日焦眉ノ急務ナリ
ト信ズ

〈章末資料5〉科学振興調査会答申（『犬丸秀雄関係文書』国立国会図書館憲政資料室所蔵，資料番号8）（下線は著者による）

諮問第一号（1938年11月17日　文部大臣ヨリ諮問）

科学振興ニ関スル具体的方策如何

科学振興調査会答申第一（1939年3月11日答申）

「人材養成ノ問題及研究機関ノ整備拡充並ニ連絡統一ノ問題ニ関スル件」

現下時局ノ進展ニ伴ヒ国家ノ要望ニ鑑ミ我ガ国科学ヲソノ根底ヨリ振興セシムル為諸般ノ施設ヲ必要トスルモ，就中緊急ノ方策トシテ

一　科学関係ノ業務ニ従事スベキ技術者並ニ研究員ノ養成ハ科学振興上焦眉ノ急務ナルヲ以テ最近ニ於ケル人的要素ノ需給状態ヲ調査シ速ニ之ガ対策ヲ樹立スル必要ト之ガ実現ノ可能性ヲモ考慮シ

（一）大学卒業生ヲ差シ当リ最小限三倍以上ニ増加セシムベシ

（二）高等学校理科学級ノ定員ヲ増加シ尚学級増加又ハ新設ヲナスベシ

（三）実業専門学校，実業中等学校ニ関シテハ文部省ノ現計画案ヲ速ニ実現スベシ

二　<u>政府ハ我ガ国研究機関ノ現状ニ鑑ミ大イニ之ヲ整備拡充シ，進ンデ文部大臣ノ管理ノ下ニ有力ナル科学行政ノ中枢機関ヲ設ケ研究機関ノ連絡統一ヲ図リ，我ガ国科学研究ノ発達ヲ促進セシムベシ</u>

右中枢機関ニハ権威アル審議機関ヲ置キ科学行政ニ参与セシムベシ

右二項ノ急速ナル実施ヲ要望ス

科学振興調査会答申第二（1940年8月19日答申）

「一　大学ニ於ケル研究施設ノ充実ニ関スル件」

大学ニ於ケル科学研究ノ業績ガ，国運ノ進展ニ対シ多年重要ナル役割ヲ演ジ来レルハ実績ノ証明スルトコロニシテ，或ハ一般科学水準高揚ノ原動力トナリ，或ハ実用研究発達ノ根幹ヲ成シ，甚大ナル指導効果ヲ挙ゲ得タルハ夙ニ識者ノ認ムルトコロナリ。

又本邦産業ニ於ケル目覚シキ技術ノ向上ハ，大学ノ研究ヨリ流レ出デタル智識ノ伸展結実セルモノニシテ，洵ニ大学ニ於ケル基礎及ビ応用研究ハ一般実用研究ノ源泉ト云フベク，之ナクシテ本邦産業ノ十分ナル発達ヲ期スルコト

ノ不可能ナルハ疑ヲ容レザルトコロナリ。

然ルニ之等大学ノ研究ハ人的並ニ物的施設ノ甚シク不備ナルニモ拘ラズ，既存ノ施設ヲ最大限度ニ活用シテ漸クニシテ挙ゲ得タル成果ニシテ，之ヲ世界ノ科学水準ニ比スレバ，尚幾多ノ遜色アルヲ免レズ。殊ニ今日ノ国際情勢ニ対処スルニ当リテハ，現在ノ施設ヲ以テシテハ其ノ機能ヲ発揮シ得ザルヲ遺憾トス。

茲ニ於テ本邦科学ノ振興ヲ図ルニハ，先ヅ大学ニ於ケル這般ノ缺陥ヲ是正シ，研究施設充実ニ関スル根本方策ヲ左記眼目ニ基キ確立スルノ要アリ。

　一　大学ニ於ケル研究ハ本邦科学ノ源泉ナリ。

　二　大学ニ於ケル研究ハ基礎研究及ビ応用研究トス。

　三　大学ニ於ケル研究ハ一般実用研究ノ前提タルベキモノナルヲ以テ，其ノ重要性ト緊急性ハ一般実用研究ニ優ルトモ劣ラザルモノナリ。

　四　大学ニ於ケル教育ハ研究的雰囲気ノ裡ニ於テ行フベキモノナリ。

本調査会ハ上記ノ認識ヲ基調トシテ慎重審議ノ結果，大学ニ於ケル研究施設ノ整備拡充ニ対シ，差当リ緊要ナル左記具体案ヲ得タルヲ以テ，速カニ之ヲ実現セラレンコトヲ要望ス。

　一　研究者ノ待遇ヲ改善スルコト

　　　総長，学長，教授特ニ助教授及ビ助手ノ待遇ヲ改善スルコト

　　　有能卓抜ナル人材ヲシテ安ンジテ其ノ研究ニ専念セシメンガ為ニハ，研究者ノ待遇ヲシテ現下社会各般ノ水準ニ達スルヨウ向上セシムルハ第一ノ要件ナリ。

　二　研究者ノ員数並ニ研究費フ増加スルコト

　　　教授ノ定員ヲ増加シ，一教授ノ下ニ少クトモ助教授二名，助手六名ヲ置キ，経常費トシテ新ニ一教授ニ付キ年額平均二万円ノ研究費ヲ計上スルコト

　　　現下科学ノ進歩ニ対処シ研究ニ遺憾ナキヲ期センニハ，研究ノ中心タルベキ多数ノ教授ヲ必要トス。而シテ之等各教授ノ下ニハ，更ニ適当数ノ助教授及ビ助手ヲ配スルノ要アリ。然ルニ現在ノ定員ヲ以テシテハ，此ノ必要ヲ充スニ足ラズ，設立古キ大学ニ於テ特ニ然リトス。尚

現在大学ニ於ケル研究費ハ極メテ少額ニシテ，教授上学生ノ実験及研究ノ指導ニモ甚ダ不十分ナル程度ナルヲ以テ，基礎研究ニ要スル経費ノ如キハ殆ンド之無キ状況ニアリ。依ツテ大学ニ於ケル研究ヲ振興センガ為ニハ，毎年経常費トシテ少クトモ一教授ニ付キ年額平均二万円ノ研究費ヲ計上スルヲ要ス。

三　大学ニ於ケル研究所ノ整備拡充並ニ新設ヲナスコト

大学ニ於ケル既設研究所ノ施設ヲ整備拡充シ，必要ニ応ジ各種重要事項ニ関スル研究所ヲ新設シ，之等研究所ニハ十分ナル研究専任ノ教授，助教授及ビ助手ヲ配置スルコト

大学ノ使命タル基礎及ビ応用研究ノ遂行ニハ，多数ノ研究所ヲ設置完備スルト共ニ，之ニ多クノ研究員ヲ配スルヲ要ス。然ルニ現在大学ノ研究所ハ此ノ要求ヲ充スニ足ラザルヲ以テ，速カニ之ガ拡充ヲ図ルト共ニ，更ニ各種重要事項ニ関スル研究所ヲ新設スルノ要アリ。尚之等研究所ニ於テハ，優秀ナル大学卒業者，大学院及ビ研究科修了者ガ之ニ配セラレ，権威アル指導者ノ下ニ重要ナル研究ニ参加シ得ラルルト共ニ，之等ノ研究者ハ将来独立シテ研究ヲ為シ得ル素養ヲモ与ヘラレ，本邦科学ノ振興ニ寄与スルトコロ甚大ナルベシ。

四　大学院及ビ研究科ヲ整備拡充スルコト

大学院及ビ研究科ノ研究施設ヲ整備シ，新ニ学生ノ研究ニ要スル経費ヲ計上シ，且ツ学生ノ給費制ヲ確立スルコト

本邦科学ノ振興ニハ，独立シテ研究シ得ル研究者ヲ益々多数ニ必要トスルヲ以テ，大学院及ビ研究科ノ機能ヲ活用シ，斯カル研究者ノ養成ニ努ムルノ要アルヲ以テ，学生ノ研究費ヲ計上スルト共ニ，優秀ナル人材確保ノ為給費ノ制度ヲ設クルヲ要ス。

五　文部省科学研究費ヲ増額スルコト

本邦科学ノ水準ヲ高メ国家ニ須要ナル基礎及ビ応用研究ノ完遂ヲ期スルガ為ニハ，現在ノ文部省科学研究費三百万円ニテハ甚ダ不十分ナルヲ以テ，更ニ之ヲ増額シ各大学及ビ研究機関ヲシテ現下山積セル重要研究事項ノ解決ニ当ラシムルヲ要ス。

六　公私立大学ノ研究ヲ振興スルコト

　公私立大学ノ研究ヲ促進スル為之ニ助成金ヲ交付スルト共ニ，公私立大学ニ於テ研究ニ従事スル教授ノ待遇ハ特ニ甚ダ不十分ナルヲ以テ，之ガ改善ノ方途ヲ講ズルヲ要ス。

「二　大学・専門学校卒業者ノ増加ニ関スル件」

　　［中略］

科学振興調査会答申第三（1941 年 3 月 28 日答申）

「一　科学研究ノ振作及連絡ニ関スル件」

本調査会ハ曩ニ諮問相成リタル「科学振興ニ関スル具体的方策如何」ニ対シ，昭和十四年三月之ガ緊急方策トシテ研究機関ノ整備拡充並ニ連絡統一ニ関シ「政府ハ我ガ国研究機関ノ現状ニ鑑ミ大イニ之ヲ整備拡充シ，進ンデ文部大臣ノ管理ノ下ニ有力ナル科学行政ノ中枢機関ヲ設ケ，研究機関ノ連絡統一ヲ図リ，我ガ国科学研究ノ発達ヲ促進セシムベシ」「右中枢機関ニハ権威アル審議機関ヲ置キ科学行政ニ参与セシムベシ」ト答申シ，ソノ急速ナル実施ヲ要望セル処，時局ノ進展，国際情勢ノ変転ニ伴ヒ，之ニ対処シテ真ニ我ガ国科学研究ヲ振作スル為ニハ現下ノ機構ハ尚甚ダ不十分ナルヲ以テ重ネテ左記要項ノ迅速ナル実施ヲ要望ス。

一　<u>文部省ニ強力ナル学術行政ノ中枢機関ヲ設置スルコト</u>

　学術ヲ振興セシムル為ニハ現在ノ行政機構ヲ以テシテハ甚ダ不十分ナルヲ以テ新ニ強力ナル部局（仮称　学術局）ヲ文部省ニ設置スベシ。

（一）<u>本部局ニ於テハ自然科学ノミナラズ，人文科学ニ関スル事項ヲモ所掌セシムベシ</u>。

（二）本部局ニ於テハ学術研究ト不可分ナル教育行政事務ヲ所掌セシムベシ。

二　右中枢機関所掌ニ関シ文部省ニ権威アル学術行政ノ諮問機関ヲ設置スルコト

　学識経験アル者及関係各庁ノ関係官ヲ以テ権威アル諮問機関ヲ組織シテ学術行政ニ参画セシメ常時之ニ関スル調査審議ヲ為サシムベシ。

三　学術研究ノ連絡総合ヲ強化スル為学術研究会議ヲ改組シ之ヲ整備拡充

スルト共ニ，事務ノ刷新進捗ヲ図ル為事務組織ヲ拡充スルコト

四　学術研究会議ニ新ニ人文科学ニ関スル部門ヲ設ケ専属会員ヲ置クコト

五　日本学術振興会ヲ充実強化スルコト

我ガ国学術ノ健全ナル発達ヲ期スル為，前項学術研究会議ノ整備拡充ト並行シテ日本学術振興会ヲ充実セシメ，両者緊密ナル連絡ヲ保タシムベシ。

六　既設研究機関ヲ整備拡充スルト共ニ更ニ重要ナル学術部門ニ付強力ナル研究所ヲ設置スルコト

七　学会相互ノ連絡ヲ緊密ナラシムルト共ニソノ機能ヲ十分ニ発揮セシムルコト

学術研究会議ヲシテ常ニ諸学会及ソノ相互間ノ連絡ヲ図リ，補助金ノ交付其ノ他ノ方法ニヨリ之ガ健全ナル発達ヲ促進セシムベシ。

八　科学文献ニ関スル図書館ヲ設置スルコト

本邦並ニ世界ノ重要科学文献ヲ蒐集整備シ研究者ヲシテ随時之ヲ利用セシムベシ。

九　科学図書及研究用資材ノ輸入ヲ緩和スル処置ヲ講ズルコト

海外情勢ノ逼迫ニ従ヒ外国図書及研究用資材ノ輸入困難トナリ，科学研究上重大ナル支障ヲ来シツツアルヲ以テ，特ニ科学図書及研究用資材ノ輸入ニ付テハ之ヲ緩和スル処置ヲ講ズベシ。

一〇　少壮有為ナル学生並ニ研究者ヲ多数海外ニ留学セシメ，諸外国ニ於ケル科学教育並ニ科学研究ノ長所ヲ摂取体得セシムルコト

高等学校卒業程度ノ有望ナル学生ヲ欧米ニ派遣シ彼ノ地ニ於ケル大学ノ正規課程ヲ履修セシメ，又有為ナル研究者ヲ欧米ノ優秀ナル研究所ニ入所セシメテ実地研究ニ従事セシメ，以テ真摯ナル研究雰囲気ノ中ニ彼ノ地ニ於ケル教育ノ真髄並ニ研究ノ長所ヲ摂取体得セシムベシ。

一一　各国ニ於ケル大学其ノ他ノ研究機関ヲ調査シ我ガ国学術ノ振興ニ資スルコト

右ニ於テハ現在ノ組織，制度ノミナラズソノ活動状況並ニ発達経路ヲモ明ニスベシ。

一二　欧米諸国ニ科学調査官ヲ駐在セシムルコト

　　近時諸外国ノ科学封鎖ノ傾向顕著ナルヲ以テ特ニ科学調査官ヲ科学研
　　究ノ進歩セル諸外国ニ駐在セシメテ海外科学情勢ノ調査ニ当ラシムベ
　　シ。

　右ノ如ク学術行政ノ中枢機関ノ設置並ニ之ニ関連スル諸方策ヲ提示シ，
現下非常時局ニ於ケル緊喫ノ事項トシテ之ガ急速ナル実現ヲ要望ス。尚
研究実施部局ヲ督励シ真ニ新情勢ニ適応スル体制ノ確立ニ邁進セシムル
ノ要アリト認ム。

　以上諮問第一号「科学振興ニ関スル具体的方策如何」ニ対シ科学研究ノ
振作及連絡ニ関スル答申トス。

「二　科学教育ノ振興ニ関スル件」

　　［後略］

補論　文部省の科学論文題目速報事業と翻訳事業

は じ め に

　1943年8月，東条英機内閣は「科学研究ノ緊急整備方策要綱」を閣議決定し，「研究機関ニ於ケル科学研究ハ大東亜戦争ノ遂行ヲ唯一絶対ノ目標トシテ強力ニ之ヲ推進スル」として，戦争遂行を科学研究の唯一絶対の目標とすることを定めた[1]。

　先行研究は，閣議決定を境に，文部省の科学動員が，一般的な科学振興から応用的な側面を重視した科学の戦力化へと大きく転換したことを指摘している[2]。しかし，1943年の閣議決定後，科学の戦力化という方針でまとめきれない施策が数多く実施されたことも事実である。軍産学連携によって実施された共同研究も小規模分散的で，必ずしも戦力化に結びつく内容ではなかった。先行研究では，科学の戦力化という方針に沿う施策を主要な分析対象としているため，科学の戦力化という枠に収まらない施策については十分な検討がなされてこなかった。前章で述べたように，研究環境の貧弱な日本では，日中戦争下にもかかわらず，基礎的な研究環境の整備が重視された。日本の科学技術動員の特徴を探るためには，科学研究の戦力化から程遠い施策が始まり拡大していった経緯やその実情についても，分析を進めることが必要だと思われる。

　本章では，科学論文題目速報事業および翻訳事業の分析を通じて，1943年の閣議決定前後における文部省の科学動員について検討する。科学論文題目速報事業および翻訳事業は，1942年以降，海外文献の入手難を背景として開始された事業であり，本文中で詳述するように，科学振興をめざしていた。両事業は，当時，科学局の所管項目の中でも，重要な問題と位置づけられていた。1943年の閣議決定後に科学局が作成した「第八十四回帝国議会予想質問事項並答弁資料」では14の質問事項を取り上げているが，両事業を9・10番目の項目としてそれぞれ取り上げている[3]。本章では，現場の研究者と文部官僚

の緩やかな連携により両事業が始まり拡大していったことや，両事業が科学の幅広い分野を対象にしたものだったことを明らかにし，文部省の科学動員の実相をより多面的に描くことを試みる。

本章では，科学論文題目速報事業および翻訳事業を検討する際，国会図書館憲政資料室所蔵の「犬丸秀雄関係文書」を用いる。「犬丸秀雄関係文書」は，2007年9月に公開された資料で，第二次世界大戦中に文部省科学局で作成された公文書を中心としている。文部省の科学動員

図13　犬丸秀雄（1944年，犬丸秀雄『海表』白玉書房，1964年）

については公的な資料が限られるため，同文書は当時の科学局の施策を知ることができる貴重な資料となっている。犬丸秀雄（1904〜90年）は，第四高等学校教授を経て，1940年から文部事務官として専門学務局科学課（1942年に科学局へ改組）に勤務し，戦時下，科学行政に携わった官僚である。戦時中には科学論文題目速報事業および翻訳事業に携わり，1943年3月〜1945年5月には科学論文の収集のためヨーロッパに派遣された。戦後は科学教育局人文科学研究課長や人文科学委員会幹事を歴任した。斎藤茂吉門下の歌人でもあり，戦後にヨーロッパ滞在中の回顧録を含む歌集『海表』を出版している[4]。

犬丸らの実施した科学論文題目速報事業は，海外のペニシリン研究に関する論文を国内に伝え，日本におけるペニシリン研究の発端となったことが一部で知られている。ペニシリンは，世界初の抗菌薬で，英米では1942年に実用化され，感染症の治療薬として戦場で用いられ多くの連合国兵士の命を救った画期的な薬である。日本でのペニシリン研究は，ドイツから入手した学術雑誌をもとにして1944年初頭から始まり，終戦までにペニシリンの精製に成功したが，大量生産には至らなかった。戦時期日本のペニシリン研究については，研究資料が国立科学博物館の「重要科学技術史資料」に登録されるなど比較的知られている[5]。一方，ドイツから重要な学術情報をもたらした科学論文題目速報事業については，関連資料が乏しかったこともあって，部分的に取り上げ

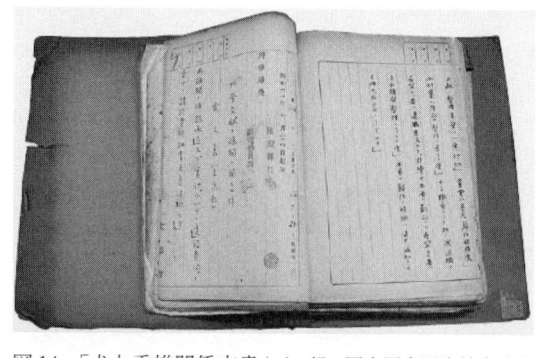

図14 「犬丸秀雄関係文書」（一部，国立国会図書館憲政資料室所蔵）

られたり，概括的に記述されたりするにとどまってきた。ノンフィクション作家の角田房子は，戦時中の国内でのペニシリン研究を扱った著作の中で，犬丸へのインタビューなどをもとに，ペニシリン研究に関する論文が速報事業によって国内にもたらされたことを明らかにしている。しかし，速報事業そのものについては，簡単に触れるにとどまっている[6]。また，廣重徹は，海外文献の蒐集・翻訳をめぐって，文部省の事業と技術院の文献蒐集翻訳事業が並列し，組織の重複があったことを指摘している。しかし，速報事業および翻訳事業そのものの内容については，概括的な説明にとどまっている[7]。

第1節　科学論文題目速報事業の立案

　科学論文題目速報事業は，1942年4月，海外学術雑誌の途絶に苦しむ大学などの研究機関からの訴えを受け立案された。文部事務官として速報事業を立案した犬丸秀雄は，海外文献の輸入が途絶し，大学などの研究機関や日本学術振興会から文部省にその窮状を訴える声があったのが立案の直接の動機だと，戦後，回想している[8]。

　海外文献途絶に苦しむ研究機関からの訴えは，ベルリン在住の技術者たちからの申し出を受けて，現実的な事業計画へと発展した。第二次世界大戦の勃発によって帰国できなくなった出張中の科学者や技術者から，国家のために何らかの貢献をしたいとの申し出が文部省および技術院にあったのである[9]。

　1942年4月に犬丸が作成した「独逸ニ於ケル科学論文題目速報事業実施案」によれば，当初の速報事業の仕組みは次のようなものであった。文部省は，ドイツ在住の科学者や技術者などに委嘱して論文題目の通報を受け，通報を受け

た論文題目および抄録を印刷して，国内の研究機関に配布する。配布資料を見た研究者は，掲載論文の中に，抄録や当該研究に関するドイツの情勢について知りたいと思うものがあれば，文部省に申し出る。文部省は，研究者から申し出のあった論文題目に関して，ドイツ在住の嘱託と連絡を取って抄録や関連情報を電信させる[10]。

当時，ドイツ—日本間の通信費用は非常に高額だったので，論文題目の通報の際には，あらかじめ現地で論文の有用性をチェックし，重要な論文題目だけを選んで通報する必要があった。そのためには，当該分野に通じたドイツ在住の科学者および技術者の協力が必要不可欠だった。犬丸が作成したと思われる予算要求書類によれば，1942 年度第 1 四半期における速報事業の予算額は合計 7 万 9135 円で，主な支出は外国電信費 3 万 7500 円，海外での雑誌購入のための図書費 2 万円，論文題目および抄録の印刷費 1 万 4520 円などだった。予算では，毎月の購入雑誌数を 140 冊，1 冊に掲載されている論文数を 10 件として，この内 10% の 140 件の論文題目と，140 件のさらに 20% にあたる 28 件の抄録を電信することになっていた[11]。

当初の速報対象雑誌は，ドイツにおける理学・工学・医学・農学分野の約 100 冊で，各分野の専門家の推薦をもとに選ばれることになっていた。「独逸ニ於ケル科学論文題目速報事業実施案」では，対象雑誌 100 種の選定に関して，東京帝国大学の理・工・医・農学部の各教室から，それぞれ 1 種ずつの申し出を請い，これに論文抄録集を加えて，帝国大学の嘱託と協議した上で文部省において決定するとしている[12]。各分野の研究者の申し出に基づいて，万遍なく雑誌を選定する計画だったといえよう。

このように，速報事業は，海外情報の途絶に危機感を抱いた研究者からの訴えを受けて立案され，速報雑誌の選定，抄録論文の絞り込みなど，速報内容にも研究者の意見を反映する仕組みが考えられていたのである。

なお，文部省では，アメリカやイギリスなどの学術雑誌についても入手できないか模索したが，手に入れることは困難であった。1942 年 10 月 11 日着の大島浩ドイツ大使から谷正之外務大臣宛の電報には，在ドイツ日本帝国大使館が調べた学術雑誌の入手方法に関する調査結果が報告されている。同調査によれば，スイス政府は，アメリカおよびイギリスの科学雑誌を「外交伝書使」に

より取り寄せており，自由購入は不可能とのことであった。外交伝書使とは，外交行嚢（外交パウチ）を用いた運搬方法のことで，国境検査なしで外交上の荷物を持ち運ぶ外交特権を利用するものである。報告では，スイスの学界から雑誌を入手することができないか引き続き調査中であり，スウェーデン・スペイン・ポルトガルでも調査するので最も必要とする雑誌名を連絡するように求めた。この連絡を伝達された文部省では，11月21日，イギリスの雑誌 *Nature*，アメリカの雑誌 *Science*，アメリカ物理学会発行の学術誌 *Physical Review*，アメリカ化学会の学術誌 *Chemical Abstract* など106種の雑誌名をあげて大島ドイツ大使に返信している [13]。しかし，後述する1944年1月に科学局調査課がまとめた到着雑誌リストに上記の雑誌は含まれていないことから，アメリカやイギリスの雑誌は結局入手できなかったものと思われる。

第2節　事業開始後の反響

　4ヵ月ほどの準備期間を経て，1942年8月初旬，国内の研究機関への速報配布が始まった。配布物には，(1) 重要論文の題目をまとめた『論文題目』，(2) 題目記載の論文の中からさらに絞り込んだものを要約した『論文抄録』，(3) 題目や抄録とは別に，送付を受けた資料をまとめた『論文別報』の3つがあった [14]。『論文題目』第1号は，1942年8月1日付で発行された [15]。内容は，同年7月11日発行のドイツ技術者協会の雑誌 *Zeitschrift des Vereins Deutscher Ingenieure* 第86巻第27–28号の目次だった [16]。続いて，第2〜5号までが，9月上旬頃までに発行された [17]。

　当初の印刷部数は，1942年11月頃発行の理学関係の『論文別報』第1号，および医学関係の『論文別報』第2号で，ともに1500部だった。配布先は，帝国大学583部，官立大学175部，公私立大学136部，官公私立高等学校65部，官立実業専門学校247部，高等師範学校44部，官公私立専門学校106部，研究所その他94部，事務保存用50部で，機関によっては複数部を送付した [18]。その後，大学などからの要望を受けて，配布先は順次拡大していった。例えば，速報事業を伝え聞いた朝鮮総督府学務局からは，1942年9月，京城帝国大学およびその他の研究機関にも必要だとして，送付依頼が届いてい

る[19]。こうした依頼を受け，1943年2月配布の『論文別報』第3〜6号では，理学関係の『論文別報』第3号で2000部，工学関係の『論文別報』第4号で2500部，農学関係の『論文別報』第5号で1000部，医学関係の『論文別報』第6号で2500部が配布され，各分野ごとに発行部数の差をつけつつ，おおむね増加している[20]。

　『論文題目』の配布を始めると，実際に研究者から論文の抄録を求める要請があり，文部省は，当初の計画通り，研究者からの要請に応じて抄録作成を行った。文部省が1943年1月にまとめた「速報抄録希望調」によれば，題目速報の始まった1942年8月以降，『題目速報』の発行は19報，速報した題目数は合計111件に上った。これに対して，東京帝国大学・技術院・岡山医科大学・松江高等学校などから，のべ131件に上る詳報の依頼が文部省に寄せられた[21]。技術院からの依頼は，民間企業などからのリクエストをまとめたもので，1942年11月，大日本紡績（現在のユニチカ）・住友電気工業・山本油脂（同日油）・富士写真フイルム（同富士フイルム）・内閣印刷局（同国立印刷局）などからの希望を受け，化学工学の雑誌 *Kunststoffe* や，鉱業分野の雑誌 *Glückauf* などの論文抄録を要請している[22]。

　抄録の希望を受けて，文部省はドイツ在住の委嘱に対して論文内容の照会を行った。1943年4月のドイツ宛電信では，先に依頼した2件の抄録が届いたことを伝えた後，研究機関から希望があったとして，さらに33件の抄録を依頼している[23]。また，電信することのできない図面などのある論文については，スイス経由で全文のフォトコピーを送付してもらうこととなった[24]。抄録を受け取った文部省は，『論文抄録』として，『論文題目』と同じように広範な研究機関に配布した。例えば，1943年3月頃には，工学分野の『論文抄録』工抄第1巻と工抄第2巻，各3000部を研究機関に配布している[25]。

　1942年8月に題目速報を開始すると，実際に，研究者から詳報を求める依頼が届き，文部省は，この依頼に基づいた抄録を発行した。研究者の声を反映して速報を行うという事業計画が，実際に実行されていたのである。

第3節　電信から雑誌送付へ

　1943年度に入ると，それまで日本国内で業務を統括していた犬丸自身が，ドイツに赴任して事業を直接実施することとなり，速報事業はさらに拡大していった。犬丸が赴任する以前は，在ドイツ日本帝国大使館の関係者や，ドイツ在住の日本人技術者などに委嘱して，業務を行っていたが，文部省の責任者がいない状態で，国外搬出禁止の雑誌の入手や持ち出し[26]，金品授与を伴うドイツ人研究者への協力依頼[27]などを含む業務を十分に実施するのは困難だった。このため，文部事務官だった犬丸が外務省調査官を兼任する形で渡欧することとなった[28]。1943年2月，日高信六郎（イタリア大使）の赴任に合わせて出国し，シベリアからカスピ海およびトルコを経由して，4月21日にベルリンに到着した。ドイツに入国した犬丸は，ドイツ科学・教育・文化省科学局長ルドルフ・メンツェル（Rudolf Mentzel）らに会って情報収集に努めるとともに，ドイツ人研究者の協力を得ながら学術情報の収集，学術雑誌および書籍の購入を進めた。また，学術文献を求めて，スイス・イタリア・スペイン・ポルトガル・デンマーク・スウェーデン・フィンランド・フランスなど，ヨーロッパ各国を訪問し書籍の購入を行った[29]。

　犬丸赴任後の1943年後半以降，速報事業における主要な情報伝達手段は，電信による論文題目の送信から，雑誌送付へと様変わりすることとなった。犬丸が戦後出版した『海表』によれば，1943年9月頃，ドイツから中立国スイス経由で日本宛に，雑誌を送付することを試みたという。ベルリンの在ドイツ日本帝国大使館から，ベルンの在スイス日本帝国公使館に「外交便」を使って雑誌を持ち出し，これを，スイスの日本帝国公使館から日本向けに郵送するのである。ここでいう「外交便」とは，先の「外交伝書使」と同じく，外交行嚢を用いた運搬方法のことである。スイスから日本への郵送では，経由地のソ連で没収されることも懸念されたが，雑誌は一部も欠けることなく東京に到着したという[30]。このスイス経由での郵送が成功し，以後，日本への学術情報の伝達手段は，論文題目や抄録の電信に代わって，現物の学術雑誌の送付が中心となった。1944年1月に科学局調査課がまとめた到着雑誌リストによれば，

理学関係 24（27.0%），工学関係 32（36.0%），医学関係 28（31.5%），農学関係 5（5.6%），その他 2 の合計 91 種の雑誌が，日本国内に届いていたことがわかる [31]。

　到着雑誌の中には，日本におけるペニシリン研究の発端になったといわれる，ベルリン大学のマンフレート・キーゼ（Manfred Kiese）の論文「カビ，細菌より得られた抗菌性物質による化学療法について」を掲載した 1943 年 8 月 7 日発行の医学雑誌 *Klinische Wochenschrift* の第 22 巻第 32–33 号も含まれていた [32]。陸軍軍医学校教官の稲垣克彦が，1943 年 12 月，文部省でこの雑誌を入手し，1944 年 1 月，陸軍省医務局に研究の必要性を訴え，大学などと連携して日本のペニシリン研究が始まった [33]。文部省は，同年 2 月，研究機関からの要望も受けて，2 度にわたって，キーゼ論文の写真複写を帝国大学医学部や千葉医科大学（現在の千葉大学）・金沢医科大学（同金沢大学）・新潟医科大学（同新潟大学）・岡山医科大学（同岡山大学）・長崎医科大学（同長崎大学）・熊本医科大学（同熊本大学）などの有力大学に送付し [34]，研究の立ち上がりに貢献した。

　到着雑誌は，各分野からバランスよく選ばれていた。このことは，到着雑誌を，当時，日本国内の研究機関が所蔵していたドイツ発刊雑誌と比較するとよくわかる。日本学術振興会は，1942 年 1 月，国内研究機関が所蔵する 1940 年以降発行の外国学術雑誌を調査し，1615 種の雑誌リストを作成している。この内ドイツで発行され，国内の複数の研究機関に所蔵されていることがリスト上で確認できる 194 種を分野別に分類すると，理学 53（29.4%），工学 84（46.7%），医学 35（19.4%），農学 8（4.4%），その他 14（内訳：経済 12，他 2）だった [35]。この国内所蔵雑誌のデータと比較すると，到着雑誌は，工学の割合がやや低く，医学の割合がやや高いが，全般的な傾向はほぼ同じである。なお，工学の割合が低く，医学の割合が高いのは，東京帝国大学の各研究室から各 1 種の雑誌の申し出を受けて対象雑誌の選定を行ったため，工学が比較的少なく医学が多いという当時の研究者数 [36] の影響を受けたためと推測できる。速報事業は，特定分野の雑誌を速報しようとするものではなく，海外学術雑誌の入手が途絶する以前と同じように，幅広い分野の情報を国内に速報しようとしたものだったことがわかる（後掲表 15 参照）。

図15 犬丸秀雄（左端）と大島浩ドイツ大使（右端，1943年ドイツ，犬丸秀雄『海表』白玉書房，1964年）

雑誌の送付が一般的になったのに伴い，研究者向けの情報提供のあり方も，さらに整備されることになった。1944年3月，文部省科学局は「外国科学論文等速報事業実施要綱」を策定し，速報資料を雑誌に掲載する際の手続きや，速報資料の原本を閲覧・複写する際の手続きを定めた[37]。

速報資料原本の利用は，先のキーゼの論文にみられるようにそれ以前から実施されていたが，「実施要綱」の策定により利用手続きが明確になり，速報資料の利用がさらに促されることになった。

また，1944年には，研究機関からの要望を受け，それまで収集の対象外だった人文科学系の文献も収集の対象となった。同年3月に科学局長から会計課長に宛てた文書では，大学などから法制・経済・民族など人文科学に関する文献入手の希望が多数あり，今後は学術研究会議の人文科学部門設置に伴いその方面からの要望も予想されるとして，文献購入費の増額を要請している[38]（学術研究会議の人文科学部門設置については，本書第Ⅱ部第3章参照）。実際に収集雑誌の対象分野は拡大した。1944年度予算では，翻訳事業の書籍購入費を含めて，10万円の文献購入費をドイツ送金分として計上したが[39]，1944年5月上旬に科学局長から犬丸に宛てた電報では，この内3万円について主として法制・経済・民族などの人文科学に関する文献購入に当てるよう指示している[40]。さらに，5月下旬の電報では，民族学関係および心理学関係の具体的な雑誌のリストを示して，購入を促している[41]。

1944年2月〜1945年3月の『題目速報』の発行実績をまとめた表13からは，雑誌の送付が活発に行われていたことがよくわかる。1944年3月の「速報事業実施要綱」策定に合わせて，『題目速報』の巻号表示が変更となり，電信により通報された「甲」と，送付された原本のある「乙」に大きく二分され，さ

表13 『題目速報』発行実績（1944年2月〜45年3月）

	甲			乙			
	理	工	医	理	工	医	農
2月					1	1	
3月				1,2	2	2,3	
4月	1		1	3	3,4	4	
5月		1		4	5	5	
6月				5	6,7		1
7月	2			6,7		6	
8月			2	8		7,8	
9月	3,4	2	3	9–11	8–10	9,10	2
10月	5,6	3		12	11,12	11,12	3
11月				13,14	13,14	13,14	
12月				15	15	15	
1月	7	4		16	16	16	4
2月	8		4	17,18	17,18	17,18	
3月				19,20	19,20	19,20	

「速報事業関係書類綴昭和十八年度」犬丸文書4，「速報事業関係書類綴3昭和十九年度（1）」犬丸文書5，「速報事業関係書類綴4昭和十九年度」犬丸文書6。
乙の「1944年2月」行「工」列の数字「1」は，1944年2月に文部省が受け取った情報が，『題目速報』乙の工第1号として発行されたことを示す。

らにそれぞれを理・工・医・農に分類して号数を付けることになった。『題目速報』の多くは「乙」に分類されており，合計80報の内8割を占めている。この時期の情報伝達手段は，送付中心だったことが確認できる。分野別にみると，理学28報（35%），工学24報（30%），医学24報（30%），農学4報（5%）の速報が発行されており，人文科学を対象にした速報は発行されていない（表13参照）。

　また，表15に示すように，分野別の発行実績を，1944年1月調査の到着雑誌リストと比べると，報数と到着雑誌数という異なるデータを扱っているにもかかわらず，理学・工学・医学がほぼ等しく，農学が少ないという全般的な傾向は似通っている。1944年2月以降も，1944年1月までと同様に，幅広い分野を対象にした速報が行われていたことがみて取れる（表15参照）。

第4節　事業の終焉

　1944年後半，ベルリンにおける空襲の激化などによって，事業実施の環境が悪化する中でも，事業の継続および拡大に向けた努力が行われた。1944年7月の科学局長宛の電報で，犬丸はベルリン文部省事務所設置案として以下の6項目を提案した。(1) 書記官1名，科学官2名，属1名の俸給，海外手当，出張旅費，雇員手当の新設，(2) 調査のための嘱託の手当および接待費の新設，(3) 文献購入送付のためドイツ・フランス・スウェーデン・スイス・トルコなどにおける在外公館に設置すべき文部省嘱託の手当の新設，(4) 事務所賃借料，自動車備品などの雑費の新設，(5) 通信運搬費の増額，(6) 文献購入費の増額および日本学術文献頒布費の新設 [42]。

　この内，第6項の日本学術文献頒布費の新設は，日本の主要学術雑誌を日本からドイツへ送付しドイツ側の学者に対して提供しようとするもので，犬丸が科学局長に繰り返し要請したものだった。1944年6月の科学局長宛電報で犬丸は，理論物理学者ヴェルナー・ハイゼンベルク（Werner Heisenberg）に未刊行論文の写しを依頼した際，日本の学術雑誌の入手を熱望されたとして，送付を促している。さらに，同月の別便では，ドイツの研究者との連絡を緊密にし，将来の日独学術雑誌交換の礎石とするためにも，日本の主要学術雑誌，科学内報，学術研究会議編纂の欧文報告を至急郵送してほしいと要請している [43]。その後，科学局が，各分野の雑誌を実際に送付したかは不明だが，少なくとも同年8月には，理論物理学者の湯川秀樹から受け取ったハイゼンベルク宛の資料を犬丸に送付している [44]。

　1945年3月頃，速報事業は終焉を迎えた。同年3月の科学局長宛電報で，犬丸は，ドイツにおける最近の情勢により，事業を中止せざるを得なくなりつつあるとして，中立国のスイスもしくはスウェーデンでの事業継続を提案した [45]。しかし，中立国での事業継続は実現せず，その後犬丸は，ドイツの戦況悪化により，ベルリン近郊の小都市ケッツィン（Ketzin）に設けた速報事業の事務所分室に避難した。4月末にはケッツィンも脱出し，ついに5月にはソ連軍に軟禁され，日本に送還された [46]。

以上のように，速報事業は，研究者の要望を受けて立案され，その後も研究機関からの様々な要請を受け事業を拡大した。1943 年 8 月の閣議決定以降も，研究機関の要望に応えて，速報する雑誌の対象分野を拡大していった。事業は，軍事上の目的から特定分野の情報を速報するのではなく，幅広い分野の学術情報を国内に速報することで国内の科学研究全般を振興しようとするものだった。

第 5 節　翻訳事業の立案と第 1 回の書籍選定

　翻訳事業は，文部省の事業として，海外の自然科学分野の書籍を翻訳しようとするもので，1943 年 7 月に着手された。速報事業が海外における最新の学術論文の速報を担ったのに対して，翻訳事業は，ここ 15 年間程度に出版された海外学術書籍の翻訳を企図していた。翻訳する書籍の選定においては，科学教育に資すること，および科学研究の促進に役立つことが重視された。1943 年 9 月 20 日文部大臣裁定の「翻訳事業実施要綱」によれば，翻訳事業は，翻訳・翻刻・複写に分かれており，それぞれの選定基準は下記のようなものであった。翻訳は，(1) 高等専門学校以上における教育上適当なもの，(2) 科学研究の促進上必要なもの，(3) 一般の科学力の啓培上価値あるものだった。また，翻刻は，(1) 高度の科学研究上価値あるもの，(2) 科学研究上急速普及の必要あるものだった。複写は，官庁関係における科学研究上特に必要なものと規定されていた。こうした翻訳などを通じて，海外学術文化の摂取を容易にし，日本の学術文化の進展に資することが事業の目的だった [47]。

　この時期に，海外の学術文化の摂取を容易にするために，翻訳事業が取り組まれた背景には，1941 年以降に実施された大学・専門学校などでの修業年限の短縮があった。大学・専門学校などでは，1941 年 10 月の勅令により修業年限を 1 年間臨時に短縮することが可能となり，1941 年度は 3 ヵ月，1942〜44 年度までは高等学校高等科・大学予科などを含めて 6 ヵ月，それぞれ短縮した。さらに，1943 年には，高等学校令と大学令を一部改正して，高等学校高等科と大学予科の修業年限そのものを 1 年短縮して 2 年に改め，同年 4 月入学者からこれを適用した [48]。修業年限短縮によって，学生の学力が低下し，教育および研究面で困難が生じ，これに対処するために登場したのが翻訳事業だった。

表 14 翻訳書籍タイトル一覧

第 1 回選定

（理学関係）
1）コンスタンティン・カラテオドリ（Constantin Carathéodory） 『等角写像論』（Conformal Representation） 2）ヴァルター・ハイトラー（Walter Heitler） 『輻射場の理論』（Quantum Theory of Radiation） 3）ジョン・ストロング（John Strong） 『物理実験の技術』（Procedure in Experimental Physics） 4）リヒャルト・クーラント（Richard Courant），ダフィット・ヒルベルト（David Hilbert） 『数理物理学の方法』（Methoden der Mathematischen Physik） 5）フリードリッヒ・コールラウシュ（Friedrich Kohlrausch） 『実験物理学』（Lehrbuch der Praktischen Physik） 6）ウィリアム・モーリス・ディヴィス（William Morris Davis） 『珊瑚礁問題』（Coral Reef Problem） 7）バーナード・ルイス（Bernard Lewis），グンサー・フォン・エルベ（Guenther von Elbe） 『気体の燃焼，焔及爆発』（Combustion, Flames and Explosions of Gases） 8）G. E. K. ブランチ（G. E. K. Branch），メルヴィン・カルヴィン（Melvin Calvin） 『有機化学』（The Theory of Organic Chemistry）
（工学関係）
9）シドニー・ゴールドスタイン（Sydney Goldstein） 『現代流体力学』（Modern Developments in Fluid Dynamics） 10）ジョージ・ザックス（George Sachs），ケント・ヴァン・ホーン（Kent Van Horn） 『金属加工学』（Practical Metallurgy） 11）エドウィン・ビドウェル・ウィルソン（Edwin Bidwell Wilson） 『高等微積分』（Advaced Calculus） 12）アラン・ハリーズ・ウィルソン（Alan Herries Wilson） 『半導体と金属』（Semi-Conductors and Metals）
（医学関係）
13）カール・ラントシュタイナー（Karl Landsteiner） 『血清学的反応の特異性』（The Specificity of Serological Reaotions） 14）ネビル・シジウィック（Nevil Sidgwick） 『窒素有機化合物の化学』（The Organic Chemistry of Nitrogen）
（生物学農学関係）
15）ヘンリク・ルンデゴールド（Henrik Lundegordh）

『気候と土壌』（Klima und Boden in ihrer Wirkung auf das Pflanzenleben）
16）エドワード・ジョン・ラッセル（Edward John Russell）
『土壌と植物』（Soil Conditions and Plant Growth）
17）モリッツ・ビュスゲン（Moritz Büsgen），エルンスト・ミュンヒ（Ernst Münch）
『材木の構造と生理』（Bau und Leben unserer Waldbäume）

（科学一般）

18）ヴィルヘルム・オストヴァルト（Wilhelm Ostwald）
『科学の体系』（Die Pyramide der Wissenschaften）
19）フロリアン・カジョリ（Florian Cajori）
『物理学史』（History of Physics）
20）［下記 3 冊の合本］
ウィリアム・ヘンリー・ブラッグ（William Henry Bragg）
『氷』（Ice）
ジェラルド・セリグマン（Gerald Seligman）
『雪の性質』（Nature of Snow）
ヘルベルト・フロイントリッヒ（Herbert Freundlich）
『物質の構造』（The Structure and Forces in Colloidal Systems）
21）アーロン・フランクリン・シャル（Aaron Franklin Shull）
『進化新講』（Evolution）
22）エルンスト・マッハ（Ernst Mach）
『文化と力学』（Kultur und Mechanik）
23）ジョージ・サートン（George Sarton）
『科学史研究』（The Study of History of Science）
24）ジョージ・サートン（George Sarton）
『数学史研究』（The Study of History of Mathematics）
25）ヘルムート・ヴェルナー（Helmut Werner）
『星による方位決定』（Orientierung im Gelände nach Gestirnen）

第 2 回選定（第 2 回選定分については欧文の著者名および書籍タイトルの記載なし）

（理学関係）

1）レウイ『変分学概説』
2）アイゼンハート『リーマン幾何学』
3）ファラウ，グゲンハイム『統計熱力学』
4）ミドルトン『気象学に於ける視程』
5）レーレ『気象学的立場より見たる視程観測』
6）シュナイダーヘーン，ラムドール『鉱石検鏡学』
7）ヘットナ『地理学』

（工学関係）

8）ジーベル『材料試験便覧』

9) クアライン『プレス機械及作業法』

10) ドイツコンクリート協会『新しい鉄筋コンクリートの構築』

11) テーラー『船の速力と馬力』

12) クルチ『自動火器』

13) クリチンガー，シュトゥールメン『大砲便覧』

14) ハウラネック『可動橋』

（医学関係）

15) バウル，フィッシャー，レンツ『人類遺伝学』

16) アムモン，ディルシェル『酸素，ホルモン，ヴィタミン及其の相互関係』

17) グレフ，シューブ『肺結核空洞問題』

18) ケーファ『戦陣外科学』

19) シュナイダー『精神病質人』

20) グゲンハイム『生体塩基の化学と生理』

（生物学農学関係）

21) ウエーバ『家畜牛の疾病』

22) スミス，ロビソン『家畜牛の遺伝』

23) デルスマン，ハルデンベルク『旧蘭領印度の魚と漁業』

24) ビコンニング『植物の成長及運動生理学』

25) ガイヤ『顕微鏡に依る動物学研究法』

（科学一般）

26) ル・ワイス，デバイ，ローゼンブルム
『酸と塩基，電解質溶液の構造，人工放射性指示薬』

27) プランク『物理学的認識への道』

28) モリッシュ『道具なしの植物実験』

第 3 回選定

（理学関係）

1) アンドレイ・コルモゴロフ（Andrei Kolmogorov），アレクサンドル・ヒンチン
（Aleksandr Khinchin）［両名ともロシア人だが英語名で記載］
『確率の基礎理論』（Grundbegriffe der Wahrcheinlichkeitsrechung）（Asymptotische Gesetze der Wahrcheinlichkeitsrechung）＊原著は 2 冊

2) アルノルト・ゾンマーフェルト（Arnold Sommerfeld）
『電気振動』（Elektromagnetische Schwingungen）

3) ギルバート・ルイス（Gilbert Lewis），メルル・ランドル（Merle Randall）
『熱力学』（Thermodynamics and the Free Energy of Chemical Substances）

4) マックス・フォルマー（Max Volmer）
『相生成の動力学』（Kinetik der Phasenbildung）

5) フリードリヒ・クロックマン（Friedrich Klockmann），パウル・ラムドール（Paul Ramdohr）

『鉱物学』（Lehrbuch der Mineralogie）
6）トマス・バース（Thomas F. W. Barth）
『岩石生成論』（Die Entstehung der Gesteine）
7）カール・トロール（Carl Troll）
『空中写真と生態学的地物研究』（Luftbilder und ökologische Bodenforschung）

（工学関係）

8）ドイツ技術者協会（Verein Deutscher Ingenieure : VDI）
『試験と測定』（Prüfen und Messen）
9）ジョージ・ウィンドレッド（George Windred）
『電気接触子』（Electrical Contacts）
10）フリッツ・ヴィルビ（Fritz Vilbi），ジョナサン・ツェネック（Jonathan Zenneck）
『高周波工学の発達』（Fortschritt der Hochfrequenztechnik）
11）チャールズ・ガーナー・ライナム（Charles Garner Lynam）
『コンクリートの成長と変形』（Growth and Movement in Portland Cement Concrete）
12）ロエロフ・ハウウィンク（Roelof Houwink）
『高重合体の化学』（Chemie und Technologie der Kunststoffe）

（医学関係）

13）ジョン・リチャードソン・マラック（John Richardson Marrack）
『抗原抗体の化学』（The Chemistry of Antigens and Antibodies）
14）マンフレッド・オエスタリン（Manfred Oesterlin）
『化学療法』（Chemotherapie）
15）レジナルド・ヒューイット（Reginald Hewitt）
『鳥類マラリア』（Bird Malaria）

（生物学農学関係）

16）アーネスト・ボールドウィン（Ernest Baldwin）
『比較生物化学概論』（An Introduction to Comparative Biochmistry）
17）リチャード・ゴールドシュミット（Richard Goldschmidt）
『生理遺伝学』（Physiological Genetics）
18）ハンス・ハインリッヒ・ファイファー（Hans Heinrich Pfeiffer）
『実験細胞学』（Experimentelle Cytologie）
19）アレクサンドル・ギリエモンド（Alexandre Guilliermond）
『植物細胞の細胞質』（The Cytoplasm of the Plant Cell）
20）ジークフリート・シュトラッガー（Siegfried Strugger）『植物細胞及組織生理学実
験法』（Praktikum der Zell und Gewebephysiologie der Pflanza）
21）フリッツ・ヴァーモルト・ウェント（Frits Warmolt Went），ケネス・ビビアン・
ティマン（Kenneth Vivian Thimann）
『植物ホルモン』（Phytohormones）
22）フランツ・コルマン（Franz Kollmann）

『木材工芸論』（Technologie des Holzes）
（科学一般）
23）エドマンド・テイラー・ホイッテーカー（Sir Edmund Taylor Whittaker） 『エーテル及電磁気理論の歴史』（A History of the Theories of Aether and Electricity）

「（一）翻訳実施文献並ニ翻訳者及校閲者」「8. 文部省ノ翻訳事業実施ノ件」JACAR Ref.
B09041811300, 12-20 画像目,「翻訳実施文献進捗状況ニ関スル件（供閲）」犬丸文書 7-14,「第三
回翻訳実施文献説明」犬丸文書 7-15-3。

1943 年 12 月の翻訳事業に関するプレスリリースで，文部省は，翻訳事業の目
的として，学制改革による修業年限短縮への対処を第一に挙げている[49]。

　修業年限の短縮により，教育および研究面で困難に直面した大学からは，科
学教育や科学研究の促進に繋がる，翻訳事業の実施を求める声が高まった。翻
訳事業では，出版・著作権行政を所管する内務省警保局検閲課が関与しており，
内務省経由で翻訳事業の実施を知った外務省にも，関連資料が残されている。
1943 年 12 月，外務省は，翻訳事業が外国の著作権に触れることを危惧して，
事業の進め方に関して文部省に照会を行った。その際に外務省のまとめた記録
では，外務省は著作権上の問題を心配して「文部省選定」といった文言を入れ
ないよう要望したが，文部省からは，国のお墨付きがないまま敵国文献を販売
するのは難しい旨，返答があった。また，文部省に対し翻訳を熱心に希望督促
するのは主に大学当局だと記されている[50]。大学から文部省に，翻訳事業の
実施を求める強い要望があったことがわかる。

　翻訳事業では，翻訳する書籍を選定する際，専門分野の大学教員を主要メン
バーとする翻訳調査委員の調査を経ることになっており，大学における教育研
究上の必要性を反映する仕組みが整っていた。「翻訳事業実施要綱」によれば，
翻訳および翻刻に関する重要事項を審議するのは，文部省科学局長を委員長と
する翻訳審議委員の任務であったが，翻訳・翻刻・複写に関する専門事項に関
しては，別に任命する翻訳調査委員が調査することとなっていた。翻訳調査委
員は，第 1 部（理学関係）・第 2 部（工学関係）・第 3 部（医学関係）・第 4 部（生
物学農学関係）・第 5 部（科学一般）に，それぞれ属することとなっており，メ
ンバーの多くは東京帝国大学などの教員だった。また，翻訳する書籍などは，
(1) 翻訳調査委員の調査，(2) 科学局の調査，(3) 大学・高等専門学校・学術
（ママ）
　会 などに対する照会，(4) 海外駐在の嘱託による調査および購入により，調

査蒐集することとされていた[51]。

　実際の書籍選定では，大学における教育研究上の必要性を反映して，基礎的な科学教育や，幅広い分野の科学研究に役立つ書籍が多く選ばれた。1943年12月の第1回の書籍選定で選ばれたのは，翻訳文献が理学関係8（32%），工学関係4（16%），医学関係2（8%），生物学農学関係3（12%），科学一般8（32%）の合計25件，翻刻文献が理学関係4，工学関係2の計6件だった。翻訳調査委員第5部（科学一般）委員長が，桑木彧雄（日本科学史学会初代会長）だったこともあり，科学一般の文献には，科学史分野の書籍が複数選ばれた[52]（表14参照）。

　翻訳文献の分野別割合を，当時，国内研究機関が所蔵していた海外学術書籍と比較すると，その特徴がよくわかる。日本学術振興会は，1942年1月，国内研究機関が所蔵する1940年以降発行の海外書籍を調査し，1084冊のリストを作成している。リストでは，書籍を，政治・経済・経営241冊，数学14冊，物理78冊，写真11冊，化学123冊，化学工学122冊，地質・海洋・気象26冊，動植物3冊，医学90冊，薬学34冊，機械103冊，航空76冊，金属材料23冊，電気67冊，建築・土木6冊，農学44冊，軍事23冊に分類している[53]。この内，政治・経済・経営，軍事を除く820冊を，翻訳文献の分類項目に合わせて分類すると，理学241冊（29.4%＝数学，物理，化学，地質・海洋・気象），工学408冊（49.8%＝写真，化学工学，機械，航空，金属材料，電気，建築・土木），医学124冊（15.1%＝医学，薬学），生物学農学47冊（5.7%＝動植物，農学）となる。このデータと比較すると，1943年12月選定の翻訳文献は，まず科学一般という分野があり，およそ3分の1を占めている点で大きく異なる。また，工学関係の割合が少なく，理学関係の割合が多い。理学分野や科学一般など幅広い分野の基盤となる領域が重視されていたことがわかる（表15参照）。

第6節　第2回書籍選定以降

　1944年に行われた第2回および第3回の書籍選定においても，教育研究上，有用な書籍を選んで翻訳するという選定基準に変化はなかった。例えば，第3回の書籍選定を行うための翻訳調査委員会開催を通知した1944年6月の文書

表15　分野別の事業実績（単位：%）

		理	工	医	農
速報事業	（参考）研究者数 1940 年	19.9	27.8	41.1	11.2
	（参考）国内所蔵ドイツ主要雑誌(180 種)1942 年	29.4	46.7	19.4	4.4
	到着雑誌（89 種）1944 年 1 月調査	27.0	36.0	31.5	5.6
	報数　1944 年 2 月–1945 年 3 月	35.0	30.0	30.0	5.0

		理	工	医	生農	科学一般
翻訳事業	（参考）国内所蔵外国図書(新刊 820 種)1942 年	29.4	49.8	15.1	5.7	—
	第 1 回選定　1943 年 12 月	32.0	16.0	8.0	12.0	32.0
	第 2 回選定　1944 年 3 月	25.0	25.0	21.4	17.9	10.7
	第 3 回選定　1944 年 7 月	30.4	21.7	13.0	30.4	4.3

では，各委員に対して先の「翻訳事業実施要綱」における選定基準に沿った依頼を行っている。具体的には，第 1 部（理学関係）・第 2 部（工学関係）・第 3 部（医学関係）・第 4 部（生物学農学関係）の委員に対して，翻訳文献として科学研究の促進上必要なもの，教育上適当なもの，翻刻文献として高度の科学研究上価値あるもの，科学研究上急速普及の必要あるものについて，調査・推薦するよう依頼した。また，第 5 部（科学一般）の委員に対しては，翻訳文献として一般の科学力の啓培上価値あるものについて調査・推薦するよう依頼した [54]。

　第 2 回と第 3 回の書籍選定で実際に選ばれた書籍は，科学教育に役立つ教科書や，当該分野の研究に役立つ参考書などだった。1944 年 3 月の第 2 回の書籍選定では，理学関係 7（25%），工学関係 7（25%），医学関係 6（21.4%），生物学農学関係 5（17.9%），科学一般 3（10.7%）の合計 28 件が選定され [55]，つづく同年 7 月の第 3 回の選定では，理学関係 7（30.4%），工学関係 5（21.7%），医学関係 3（13.0%），生物学農学関係 7（30.4%），科学一般 1（4.3%）の合計 23 件が選定された [56]。第 1 回選定に比べて，科学一般は大きく減少したが，理学関係の割合にはほとんど変化がない。また，生物学農学関係の増加も目立つが，第 3 回の選定で選ばれた 7 件は，『木材工芸論』以外は生物学の教科書や参考書だった（表 14 および表 15 参照）。

　第 3 回の選定書籍については，書籍の内容や選定理由をまとめた「第三回翻訳実施文献説明」が残っている。例えば，『鉱物学』に関しては，本書は数十

年来標準教科書として使用されたものを，最近増補改編したもので，専門学校
上級生徒・大学生，並に専門研究者および関係学科研究者用として推薦する旨，
述べている。また，『実験細胞学』に関しては，一般原形質の基礎的性質の最
近における実験的研究方法およびその成果を紹介したもので，特に物理的およ
び物理化学的研究面を網羅しており，研究者の参考書としても唯一のものと記
している[57]。専門学校生や大学生を対象とした科学教育や，専門分野の科学
研究に役立つかどうかを選定基準にして，書籍が選定されていたことがわかる。

　翻訳事業が一般的な科学振興を目的にしていたことは，終戦を挟んで，事業
が継続されたことからもわかる。文部省は，当初，第1回選定の翻訳文献の約
半数を，1943年度中に翻訳完了する見込みだったが[58]，事業は思ったほどの
ペースでは進まなかった。1944年7月現在の「翻訳実施文献進捗状況調」に
よれば，第1回選定の25件の内，翻訳完了が10件，この内，印刷中のものが
5件だった。また，第2回選定の28件の内，翻訳完了が7件，この内，印刷
中のものが1件だった[59]。終戦までに出版されなかった文献の一部は，戦後，
文部省科学教育局に引き継がれた。第1回選定の『実験物理学』『科学の体系』
『星による方位決定』，第2回選定の『精神病質人格』など，少なくとも4件が，
戦後，出版されている。また，第1回選定の『金属加工学』『気候と土壌』『土
壌と植物』などのように，翻訳事業をきっかけに，戦後，原著の改訂版が翻訳
されたものもある[60]。

　このように，翻訳事業は，1943年7月，大学・専門学校などでの修業年限
の短縮などにより，教育および研究面で困難に直面した大学教員からの要請を
受けて開始された。このため，翻訳書籍の選定においては，大学などでの科学
教育や科学研究の促進に繋がること，一般の科学力の向上に資することが重視
された。こうした翻訳書籍の選定方針は，1944年3月の第2回，7月の第3回
の書籍選定でも変わらなかった。選定された書籍は，特定の軍事研究ではなく，
一般的な科学振興を目的にして選ばれたので，終戦までに出版されなかった文
献に関しては，戦後，文部省科学教育局に引き継がれ，翻訳・出版された。

第 7 節　米英による科学情報入手プログラム

　第二次世界大戦期の科学情報の流通をめぐっては，イギリスやアメリカにおいても，国家機関などによる組織的な学術論文の収集や配布が実施された。以下では，イギリスでの先行研究をもとに，イギリスおよびアメリカでの活動の概要を紹介する。

　イギリスでは，1940 年 5 月頃より，ドイツの学術雑誌の流通が滞るようになった。1941 年以降は大西洋での通商破壊作戦によりアメリカからの雑誌輸入も停滞し，科学情報を求める研究者の不安や要望が高まった。アメリカにおいても，1941 年 6 月以降，ドイツの学術雑誌が入手できなくなった。外国の科学雑誌を入手するため，アメリカ政府は，1942 年初頭，CIA の前身である戦略情報局 （Office of Strategic Services：OSS） の下に，外国出版物収集のための部門間委員会 （Interdepartmental Committee for the Acquisition of Foreign Publications：IDC） を設立した。IDC では，敵占領地の周辺諸国に拠点を設置し，偽名などの手段も用いて，ドイツの学術雑誌の入手に努めた。イギリスでは，1942 年 4 月，情報省 （Ministry of Information） の支援を受けて，アスリブ・マイクロフィルム・サービス （Aslib Microfilm Service） が設立された。その目的は，敵国や敵に占領された国からイギリスに届く学術雑誌をマイクロフィルム化することであり，アメリカの IDC とも提携して業務を進めることとなった [61]。

　アスリブ・マイクロフィルム・サービスでは，1943 年までに，イギリスの政府機関やリスボン・ストックホルム・イスタンブールにおける IDC の情報源から，約 280 の定期刊行物などを定期的に受け取ることに成功した。1945年後半時点で，データを記録するのに用いたマイクロフィルムは 550 万ページに達した。当初は，ワシントンに届く資料の大部分は，アスリブ・マイクロフィルム・サービスによるものだったが，戦争が進むにつれて，アスリブ・マイクロフィルム・サービスと IDC は互いに情報を補い合うようになっていった。アスリブ・マイクロフィルム・サービスは，戦時中，イギリスでは，マイクロフィルムのコピーを 1 ページにつき 1 ペニーで利用者に提供した。アメリカでは，入手資料の内，戦争に関わる音響学・航空・生化学・電子工学などの選ば

れた雑誌を，再版して配布した。利用者には，116 種の雑誌を再版可能として提示したが，戦争目的で緊急に必要な雑誌を追加でリクエストするよう求めると同時に，1944 年 11 月には，ドイツの植物学の雑誌 *Angewandte Botanik* や *Botanische Zentralblatt* などについては，再版から撤退することが通知された。戦争終結時の調査によれば，利用者 900 人の内，94% が戦争目的で利用したという [62]。

　日本の科学論文題目速報事業や翻訳事業が文部省によって実施されたのに対して，イギリスやアメリカでは，プロパガンダを担う情報省や諜報活動を行う戦略情報局の下で学術論文の収集や配布事業が行われた。背景には，同盟国の雑誌ではなく，交戦相手国の雑誌を主要な対象としていたことがあった。こうした相違が，戦争に密接に関わる分野を重視する傾向に繋がったと思われる。

ま　と　め

　1943 年 8 月に閣議決定された「科学研究ノ緊急整備方策要綱」は，戦争遂行を科学研究の唯一絶対の目標とすることを宣言したが，科学論文題目速報事業および翻訳事業の実施経緯からは，「要綱」が額面通りには行われていなかった実態が浮かび上がる。

　科学論文題目速報事業は，1942 年 4 月，海外学術情報の途絶を危惧した研究者の訴えを受けて立案された。事業は，研究者の求めに応じて，主にドイツにおける最新の学術論文を国内に速報することで，国内の科学研究全般を振興しようとするものだった。1943 年 8 月の閣議決定以降も，研究者からの期待を背景にして，雑誌の送付や人文系雑誌の収集を開始するなど事業を拡大し，ドイツの戦局悪化により事業を中止せざるを得なくなった 1945 年 3 月まで，幅広い分野の学術情報を速報し続けた。ドイツで速報事業を担った犬丸秀雄文部事務官は，将来的な学術交流の拡大までを視野に入れて，積極的に事業の拡大に努めた。

　翻訳事業は，大学などでの科学教育や科学研究の促進，一般の科学力の向上を目的に，自然科学分野の海外書籍を翻訳しようとするもので，1943 年 7 月，大学などの修業年限短縮により，教育および研究面で困難に直面した大学教員

からの要請を受けて立案された。科学教育の促進や，一般の科学力向上という目的に沿って，1943年12月の第1回の翻訳書籍選定では，科学一般や理学分野など幅広い分野の基盤となる領域の書籍が多く選ばれた。1944年3月の第2回，7月の第3回の書籍選定でも，選定方針は変わらなかった。

　両事業の推移からは，研究者の要望に沿いながら，文部省が，1943年の閣議決定以降も，科学の戦力化からは程遠い施策を拡充していったことがわかる。1941年以降，海外学術情報の途絶や修業年限の短縮などにより，もともと貧弱な教育研究環境はさらに悪化し，現場の研究者からは，これらの問題への対処を求める声が上がった。一方，文部省科学局には，科学振興に意欲的な官僚がおり，研究者の意向を取り入れることにも積極的だった。こうした状況の下で，両者の緩やかな連携により，一般的な科学振興を目的とした施策が戦争末期まで拡大していったのである。

　注
(1) 「科学研究ノ緊急整備方策要綱」「学術研究会議事務機構ニ関スル件ヲ定ム」JACAR（アジア歴史資料センター）Ref. A14101088400，5-7画像目。
(2) 　廣重徹は，この時期に，政府が新たな動員体制づくりに乗りだし，軍事上の要請に従って研究課題を決定することになったと述べている。研究自体は資材不足などのため進まなかったとしているが，少なくとも組織上は，科学を戦力化するための体制整備が進展したと描いている（廣重徹『科学の社会史（下）』岩波書店，2003年，50-55頁）。青木洋は，この時期に，学術研究会議における研究の方向性が，基礎研究から戦力に直結する研究へと転換したとし，閣議決定を受けて改組された学術研究会議のもとでの共同研究体制の進展を，科学研究の戦力化という流れの中に位置づけている（青木洋「第二次世界大戦中の科学動員と学術研究会議の研究班」『社会経済史学』第72巻第3号，2006年）。河村豊は，文部省は閣議決定後，漠然とした学術振興に代わって，科学の戦力化をめざす方向に乗りだしたと指摘している。そして，その後に実施された委員会などの拡充，研究所の増設，研究費の増額などの取り組みは，科学研究の戦力化からは程遠かったため，1944年以降に，再度，動員体制が変化したと述べている（河村豊「戦時後期における文部省の戦時科学政策—企画院（技術院）と文部省の二度目の対立—」『イル・サジアトーレ』第35号，2006年）。このように閣議決定後の政策転換の実態については，論者によって評価が微妙に異なるが，科学研究の戦力化が進められたという点で先行研究は一致している。
(3) 「第八十四回帝国議会予想質問事項並答弁資料」『犬丸秀雄関係文書』国立国会図書館憲政資料室所蔵，資料番号35-枝番号5。以下では，「犬丸文書35-5」のように略

記する。また，資料によっては，枝番号のほかに，さらに孫番号があるものもある。この場合には「犬丸文書 35-5-1」のように記す。

(4)　国立国会図書館主題情報部政治史料課「憲政資料室の公開資料から 犬丸秀雄関係文書」『国立国会図書館月報』通巻第 560 号，2007 年，21 頁，国立国会図書館憲政資料室『犬丸秀雄関係文書目録』2018 年。

(5)　八木澤守正・松本邦男・加藤博之・岩田敏「"碧素アンプル"の「重要科学技術史資料」への登録」『日本化学療法学会雑誌』第 68 巻第 3 号，2020 年。

(6)　角田房子『碧素・日本ペニシリン物語』新潮社，1978 年，18-22 頁。

(7)　廣重前掲注 2)書，41-43 頁。

(8)　犬丸秀雄『海表』白玉書房，1964 年，384 頁。

(9)　「計画説明」犬丸文書 3-1-3。

(10)　「独逸ニ於ケル科学論文題目速報事業実施案」犬丸文書 3-1-2。

(11)　「昭和十七年度外国科学文献蒐集頒布費第一四半期分施行予算の令達要求」犬丸文書 3-5-3。

(12)　前掲注 9)「計画説明」。

(13)　「大島大使宛電文」犬丸文書 3-39-6。

(14)　「昭和十八年度新規事業費予定額調」犬丸文書 4-1，前掲注 3)「第八十四回帝国議会予想質問事項並答弁資料」。

(15)　「速報第一報送り状」犬丸文書 3-26-1。

(16)　「速報第一報」犬丸文書 3-26-2。

(17)　「速報 2」犬丸文書 3-31-1，「速報 3」犬丸文書 3-31-2，「速報 4」犬丸文書 3-31-3，「速報 5」犬丸文書 3-31-4。

(18)　「印刷伺」犬丸文書 3-38-1。

(19)　「外国科学論文題目速報ニ関スル件」犬丸文書 3-33。

(20)　「印刷配布伺」犬丸文書 3-47-1。

(21)　「速報抄録希望調」犬丸文書 3-45-9。

(22)　「独逸学術速報ニ関スル件」犬丸文書 3-45-5。

(23)　「外国科学論文題目速報ニ関スル件（伺）」犬丸文書 3-55。

(24)　「指定独逸雑誌ニ関スル件」犬丸文書 3-50-2。

(25)　「印刷配布伺」犬丸文書 3-56。

(26)　「指定独逸雑誌ニ関スル件」犬丸文書 3-34-3。

(27)　「文部省所管資金前渡官吏ニ関スル件」犬丸文書 3-25，「昭和十九年五月十四日着在独大島大使発電報写」犬丸文書 5-14-3。

(28)　「逓信省事務官遠藤申三外五名官等陞叙並任免ノ件〇文部事務官犬丸秀雄兼任，長野県長野中学校教諭神谷成三外一名任官並官等陞叙，輸出絹織物検査所技師兼商工技師大類徳一郎免官並兼官」「任免裁可書・昭和十七年・任免巻二百二」国立公文書館

所蔵，請求番号：任 B03275100，11–14 画像目。

(29)　犬丸前掲注 8)書，3・60・335–340・385 頁。ベルリンに到着した日付は，「3．文部省」JACAR Ref. B15100124900 による。

(30)　犬丸前掲注 8)書，341 頁。

(31)　「到着外国雑誌」犬丸文書 5-2-4。理学・工学・医学・農学・その他の区分は原資料による。また，分野別割合は，その他を除いて計算した。

(32)　同上。

(33)　角田前掲注 6)書，4–7・34–37 頁。

(34)　「外国科学論文複写速報送付ニ関スル件（伺）」犬丸文書 4-32-1，「外国科学論文複写速報理 2 送付先」犬丸文書 4-32-2，「備考」犬丸文書 4-32-3，「外国科学論文複写速報頒布ニ関スル件（伺）」犬丸文書 4-34。

(35)　日本学術振興会編『雑誌：1940 年以降発行ノモノ（外国書籍雑誌調査資料，第二報）』日本学術振興会，1943 年。理工医農の分類にあたっては，文部省による到着雑誌 91 種の分類を参考にした。また，分野別割合は，その他を除いて計算した。

(36)　1940 年 4 月 1 日現在における文部省所管の大学・高等専門学校・研究所・実験所などにおける自然科学系の研究者数は，理学 987 人（19.9%），工学 1379 人（27.8%），医学 2037 人（41.1%），農学 555 人（11.2%）だった（「第七十六回帝国議会説明材料」犬丸文書 34）。

(37)　「外国科学論文等速報事業ニ関スル件（伺）」犬丸文書 5-2-1。「外国科学論文等速報事業実施要綱」犬丸文書 5-2-3。

(38)　「外国学術論文速報事業ニ関シ打電依頼ノ件（案）」犬丸文書 4-36-1。

(39)　「昭和十九年度事業費予定額調」犬丸文書 5-1-1。

(40)　「外国科学論文速報事業ニ関シ打電方依頼ノ件（案）」犬丸文書 5-6-1。

(41)　「外国科学論文速報事業ニ関シ打電方依頼ノ件（案）」犬丸文書 5-9-1。

(42)　「昭和十九年七月九日着在独大島大使来電写」犬丸文書 5-24-3。

(43)　「昭和十九年六月九日着在独大使来電写」犬丸文書 5-15-3。

(44)　「伯林ハイゼンベルグ教授宛資料送付ノ件」（書簡案）犬丸文書 5-35。

(45)　「在独犬丸事務官依頼電転達ノ件」犬丸文書 6-21-2。

(46)　犬丸前掲注 8)書，343 頁。

(47)　「翻訳事業実施要綱」（1943 年 9 月 20 日文部大臣裁定）「8．文部省ノ翻訳事業実施ノ件」JACAR Ref. B09041811300，3–4 画像目。

(48)　文部省編『学制百二十年史』ぎょうせい，1992 年，79 頁。

(49)　科学局調査課「新聞発表　翻訳事業ノ実施ニ関スル件」（1943 年 12 月 6 日）「8．文部省ノ翻訳事業実施ノ件」JACAR Ref. B09041811300，11 画像目。

(50)　「文部省ノ翻訳事業実施ニ関スル件」（1943 年 12 月 3 日）「8．文部省ノ翻訳事業実施ノ件」JACAR Ref. B09041811300，2 画像目。

（51） 「翻訳事業実施要綱」犬丸文書 7-15-5。

（52） 「（一）翻訳実施文献並ニ翻訳者及校閲者」「8. 文部省ノ翻訳事業実施ノ件」JAC-AR Ref. B09041811300，12-20 画像目。

（53） 日本学術振興会編『書籍：1940 年以降発行ノモノ（外国書籍雑誌調査資料，第一報）』日本学術振興会，1943 年。

（54） 「案ノ一・二」犬丸文書 7-5-1。

（55） 「翻訳実施文献進捗状況ニ関スル件（供閲）」犬丸文書 7-14。

（56） 「第三回翻訳実施文献説明」犬丸文書 7-15-3。

（57） 同上。

（58） 科学局調査課前掲注 49）「新聞発表　翻訳事業ノ実施ニ関スル件」。

（59） 前掲注 55）「翻訳実施文献進捗状況ニ関スル件（供閲）」。

（60） F. Kohlrausch 著，文部省科学教育局訳『放射線・放射能・量子論（コールラウシュ実験物理学 7）』河出書房，1947 年，ウィルヘルム・オストワルト著，文部省科学教育局訳『科学の体系：科学的な思考と労作への道』岩波書店，1947 年，H. Werner 著，文部省科学教育局訳『星に依る方位の決め方』誠文堂新光社，1946 年，クルト・シュナイデル著，文部省科学教育局訳『精神病質人格』北隆館，1946 年，George Sachs, Kent R Van Horn 共著，加藤正夫訳『加工冶金学　上巻基礎編，下巻応用編』コロナ社，1950 年，ルンデゴルド著，門司正三ほか訳『植物実験生態学：気候と土壌』岩波書店，1964 年，ラッセル著，藤原彰夫ほか訳『植物生育と土壌』朝倉書店，1956 年。

（61） Pamela Spence Richards, *Scientific Information in Wartime: the Allied-German Rivalry, 1939–1945*, Westport: Greenwood Press, 1994, pp71–82.

（62） 同上，pp84–87.

第3章　研究費の分野別割合にみる戦時と戦後の連続性

は じ め に

　本章では，日本学術振興会研究費と科学研究費交付金の分野別割合の分析を通して，幅広い研究分野を振興する体制が，戦時から戦後へと受け継がれたことを明らかにする。1933 年に創設された日本学術振興会研究費は，本文中でも述べるように，工学分野の応用研究に重点をおいたものだった。これに対して，現在の科学研究費補助金（科研費）の前身である科学研究費交付金は，幅広い分野の基礎的研究の振興を目的にして 1939 年に創設された。本書第Ⅱ部第 2 章では，科学研究費交付金創設の経緯を分析し，日中戦争下にもかかわらず，基礎的研究を重視する政策が実行されるに至った社会経済的な背景を明らかにした。戦時下で要求された応用研究が進展する中で，大学の研究環境が貧弱であることが研究を進める上での障害になっているとの認識が広がり，幅広い分野の基礎的研究への援助を行う科学研究費交付金が創設されたのである。1939 年の科学研究費交付金の創設は，特定分野の応用研究推進から幅広い分野の基礎的研究重視へと政策の重点が移動したことを表している。

　それでは，1939 年に始まった幅広い研究分野を振興しようとする体制は，戦争末期あるいは終戦後，断絶してしまったのだろうか。終戦を挟んだ数年間，研究活動を取り巻く社会状況は大きく変化した。戦争末期には，戦局の悪化を受けて，科学の戦力化が声高に叫ばれた。その後，1945 年の終戦を経て，戦時の科学動員体制は解体され，占領軍の下で新たな研究体制が構築された。1943 年の「科学研究ノ緊急整備方策要綱」の閣議決定や，1945 年の終戦は，科学研究費の分野別割合にどのような変化をもたらしたのだろうか。

　本章では，1930 年代前半〜1950 年代後半の約 25 年間における科学研究費の分野別割を分析する。アジア・太平洋戦争期から戦後までの科学研究費の分野別割合を包括的に扱った研究は，これまで見当たらない。先行研究の中には，

1930 年代〜40 年代前半の研究費の分野別割合について触れた研究もあるが，扱う対象および時期は限定的である。廣重徹は，1933〜42 年度の日本学術振興会研究費を分析し，研究者が共同で実施する総合研究については産業的・軍事的要請に合わせて工学への配分が増加したこと，個人研究については分野別割合の変動が比較的少ないことを明らかにしている [1]。また，青木洋は，戦時期の共同研究活動を分析する中で，1939〜42 年度の科学研究費交付金の分野別割合に変化がないことを指摘している [2]。しかし，戦争末期から戦後期における科学研究費交付金の分野別割合や，日本学術振興会研究費と科学研究費交付金の分野別割合の相違，2 つの研究費の分野別割合に相違をもたらした要因などについては考察されてこなかった。

　本章では，1930 年代前半〜50 年代後半の約 25 年間における研究費の配分を，人文科学・理学・工学・農学・医学の 5 分野に分けて分析する。この分類は，1939〜44 年度における科学研究費交付金の配分 [3] や，1948 年公布の日本学術会議法 [4] に準拠しており，本章が扱う時期に実際に使用された区分をもとにしている。なお，ここでいう「人文科学」とは法学・経済学・文学など，いわゆる「文系」全般を指す。日本学術振興会研究費などのように，この 5 分野とは異なる区分で研究費を配分した場合もあったが，そうした場合には，もとのデータをこの 5 分野での区分に変換して，研究費配分を推定する。推定の仕方については，適時，その導出方法を明示することとする。なお，数学・天文学・物理学などといったより詳しい細目ごとの配分については，戦後期について部分的に資料が存在するものの，戦時期からさかのぼって網羅的に分析するだけの資料が存在しないため，本章での考察対象とはしなかった。

第 1 節　日本学術振興会研究費——1933〜44 年度

　1933 年度から給付が始まった日本学術振興会研究費は，それまであった文部省の科学研究奨励費と比べて金額が格段に大きく，1939 年度に科学研究費交付金が創設されるまでは，主要な科学研究費だった [5]。本節では，まず，1933〜44 年度の日本学術振興会研究費の分野別割合を分析する。

　日本学術振興会研究費の種目は，個人援助補助（個人研究とも呼ばれる）と特

別及小委員会経費（総合研究とも呼ばれる）に大きく区分される。個人援助補助は，個々の研究者に対して研究支援を行うもので，分野別に設置された 12 の常置委員会によって，援助の可否や補助額が審査された。特別及小委員会経費は，日本学術振興会自体が研究を実施する費用で，特に重要な研究事項や複数の常置委員会に関係する研究事項を担う特別委員会および，12 の常置委員会のもとに編成された小委員会の研究費である[6]。12 の常置委員会ごとの個人援助補助と，個々の特別委員会および小委員会の経費は，各年度の日本学術振興会学術部『事業報告』および東京大学文書館所蔵の「内田祥三関係資料」に含まれる日本学術振興会関係の資料により知ることができる[7]。内田祥三（1885～1972 年）は，1907 年，東京帝国大学工科大学建築学科を卒業し，東京帝国大学講師，同助教授を経て，21 年に同教授となった建築学者である。1923 年の関東大震災後，東京帝国大学構内の復興計画を手がけ，安田講堂や総合図書館などゴシック様式の建物群を設計したことで知られる。1942 年に東京帝国大学第 1 工学部長となり，1943～45 年には東京帝国大学第 14 代総長を務めたことで，戦時の学術行政に関わることになった[8]。

　本節では，次節以降で扱う科学研究費交付金と比較するため，日本学術振興会の 12 の常置委員会を，人文科学・理学・工学・農学・医学の 5 分野に分類し直し，日本学術振興会研究費の分野別割合の推移を分析する。すなわち，第 1 常置委員会（所管事項は法律学・政治学）[9]，第 2 常置委員会（哲学・史学・文学），第 3 常置委員会（経済学・商業学）で審査する個人援助補助および，これら常置委員会のもとに編成された小委員会の経費を人文科学に分類する。以下同様に，第 4 常置委員会（数学・物理学・天文学・地球物理学），第 6 常置委員会（地質学・地理学・海洋学），第 7 常置委員会（博物学・植物学・人類学）関連の個人援助補助および小委員会経費を理学に，第 5 常置委員会（純正化学・応用化学・薬学・化学工学・農芸化学），第 9 常置委員会（応用物理学・機械工学・船舶工学・航空機工業・採鉱学・冶金学），第 10 常置委員会（応用電気学・電気工業），第 11 常置委員会（土木学・建築学）関連の個人援助補助および小委員会経費を工学に，第 12 常置委員会（農学・林学・獣医学・水産学）関連の個人援助補助および小委員会経費を農学に，第 8 常置委員会（医学・衛生学）関連の個人援助補助および小委員会経費を医学に分類する。また，2 つ以上の常設委員会で共同

審査される個人研究補助および，特別委員会の経費を「特別委員会他（特委他と略記）」と分類する。これらの分類に基づいて 1933〜44 年度の日本学術振興会研究費の分野別割合をまとめたのが，表 16 である [10]。なお，ここで工学に分類した第 5 常置委員会には，理学・医学・農学に関する研究も一部含まれているため，表 16 における工学の割合は実際よりもやや大きくなっていると思われる。

表 16 からは，第 1 に，人文科学・理学・農学・医学・特別委員会他に比べて，工学の割合が高いことがわかる。工学の割合は 32〜43％ で，全期間を通じて割合が最も高い。これに対して，人文科学は 4〜17％，理学は 6〜26％，農学は 2〜7％，医学は 8〜19％ と相対的に少ない。第 2 に，各分野の増減に注目すると，後年になるほど，人文科学および理学の割合が減少し，特別委員会他の割合が拡大したことがわかる。

特別委員会他の多くは特別委員会における研究で，例えば，1942 年度の特別委員会他の費用の内，97.5％ が特別委員会の研究費である。1942 年度の特別委員会の内，研究費が高額なものを高額な順にならべると，（1）第 10 特別委員会（研究事項：特殊用途用鋼の研究），（2）第 20 特別委員会（南方過剰植産資源新規利用に関する研究），（3）第 7 特別委員会（航空燃料の研究），（4）第 18 特別委員会（航空に関する研究），（5）第 17 特別委員会（不足資源問題速決に関する研究）である [11]。こうした，産業的・軍事的要請に基づいた実用的な工学分野の研究が増加していったのである。

実用的分野の割合が上昇したのは，産業界からの用途指定寄付金や，軍部や官庁からの委託研究費が増加したためである。日本学術振興会では，もともと応用研究を重視していたが，1937 年の日中戦争勃発以降，「事変緊急諸問題」に一層注力するという運営方針を打ち出した [12]。この運営方針を下支えすることになったのが，用途指定寄付金と委託研究費の増加だった。日本学術振興会では，設立当初より，政府の補助金に加えて産業界からの用途指定寄付金を受け取っていたが，1937 年度までは用途指定寄付金の割合は研究費全体のわずか数％ だった。1938 年度になると軍部や官庁からの委託研究費も受け取るようになり，その額は年々増加した。1941 年度には，日本合成繊維協会・日本生薬統制会・日立製作所などからの用途指定寄付金や，軍部および官庁から

表16 1933〜44年度の日本学術振興会研究費の分野別割合（単位：千円）

		人文科学	理 学	工 学	農 学	医 学	特委他	合 計
1933	個人援助	72	133	184	25	32	4	449
	委員会	15		26		20	3	64
	計	87 (16.9%)	133 (25.9%)	209 (40.8%)	25 (4.9%)	52 (10.1%)	7 (1.3%)	513
1934	個人援助	73	108	203	25	43	6	458
	委員会	30	30	87	3	56	12	219
	計	104 (15.4%)	138 (20.4%)	290 (42.9%)	27 (4.1%)	98 (14.5%)	19 (2.8%)	676
1935	個人援助	72	109	169	33	47	2	430
	委員会	29	22	96	5	71	25	249
	計	101 (14.9%)	130 (19.2%)	265 (39.0%)	38 (5.6%)	118 (17.3%)	27 (3.9%)	679
1936	個人援助	64	74	149	39	54	20	400
	委員会	37	24	123	8	79	57	327
	計	101 (13.9%)	98 (13.4%)	272 (37.5%)	46 (6.3%)	133 (18.3%)	76 (10.5%)	727
1937	個人援助	53	64	114	27	38	15	312
	委員会	55	148	191	10	107	77	588
	計	108 (12.0%)	212 (23.6%)	305 (33.9%)	37 (4.1%)	145 (16.1%)	93 (10.3%)	900
1938	個人援助	50	59	117	24	31	30	310
	委員会	52	84	310	10	198	361	1,015
	計	102 (7.7%)	144 (10.8%)	427 (32.2%)	33 (2.5%)	229 (17.2%)	391 (29.5%)	1,325
1939	個人援助	42	51	96	27	27	45	288
	委員会	75	104	501	8	226	372	1,285
	計	116 (7.4%)	155 (9.8%)	597 (37.9%)	36 (2.3%)	253 (16.1%)	417 (26.5%)	1,573
1940	個人援助	62	77	120	53	47	53	413
	委員会	107	116	548	4	186	468	1,428
	計	169 (9.2%)	194 (10.5%)	668 (36.3%)	57 (3.1%)	233 (12.6%)	521 (28.3%)	1,841

年								計
1941	個人援助 委員会	71 147	93 118	154 858	55 16	58 204	49 723	480 2,067
	計	218 (8.6%)	211 (8.3%)	1,012 (39.7%)	71 (2.8%)	263 (10.3%)	772 (30.3%)	2,547
1942	個人援助 委員会	58 122	89 146	174 903	51 12	55 224	26 1,015	453 2,423
	計	180 (6.3%)	235 (8.2%)	1,077 (37.5%)	63 (2.2%)	280 (9.7%)	1,041 (36.2%)	2,876
1943	個人援助 委員会	38 112	87 122	190 1,071	55 20	62 203	10 1,156	442 2,683
	計	149 (4.8%)	209 (6.7%)	1,261 (40.4%)	74 (2.4%)	265 (8.5%)	1,166 (37.3%)	3,125
1944	個人援助 委員会	19 177	51 180	184 1,143	42 49	31 240	10 1,121	338 2,910
	計	196 (6.0%)	232 (7.1%)	1,327 (40.9%)	91 (2.8%)	271 (8.3%)	1,131 (34.8%)	3,248

100 円以下を四捨五入したため合計額が合わない場合がある。

の委託研究費が研究費全体の 33% を占めるようになり，その内 49% は工学分野に，41% は特別委員会に配分された [13]。産業界・軍部・官庁は実用的分野に資金を振り向ける傾向が極めて強かったので，こうした外部資金の増加は，日本学術振興会の研究費全体における工学や特別委員会の割合を高めることに繋がった。

　日本学術振興会研究費の制度は，1947 年度まで続いた。1945〜47 年度における配分結果については，資料がないため不明である。ただし，1946 年度および 47 年度において，日本学術振興会研究費は，次節以降で扱う科学研究費交付金の 10 分の 1 以下に留まっており，主要な研究費ではなくなっていた [14]。

第 2 節　科学研究費交付金の創設——1939〜43 年度

　日本学術振興会研究費が応用研究に重点を置いたものだったのに対して，1939 年 3 月に創設された科学研究費交付金は，基礎的分野の研究を奨励するという特徴を持っていた。1939〜45 年度における科学研究費交付金の金額は，

表17 1939〜43年度の科学研究費交付金の分野別割合（単位：千円）

	理 学	工 学	農 学	医 学	合 計
1939	810 (27.0%)	887 (29.6%)	508 (16.9%)	795 (26.5%)	3,000
1940	812 (27.1%)	885 (29.5%)	508 (16.9%)	795 (26.5%)	3,000
1941	1,245 (24.8%)	1,585 (31.6%)	833 (16.6%)	1,351 (27.0%)	5,014
1942	1,315 (27.6%)	1,375 (28.9%)	800 (16.8%)	1,266 (26.6%)	4,755
1943	2,168 (20.1%)	3,898 (36.1%)	1,927 (17.9%)	2,793 (25.9%)	10,787
研究者数 （1940 年）	987 人 (19.9%)	1379 人 (27.8%)	555 人 (11.2%)	2037 人 (41.1%)	4958 人

1943 年度は，1943 年 2 月時点の積算段階の数値。

同時期の日本学術振興会研究費の 2〜5 倍程度あり，文部省関係の研究費としては最も大きかった [15]。1939〜43 年度の研究費配分については，「内田祥三関係資料」の中に，当時の文部省科学局が作成した各年度の「科学研究費調査事項」が存在する。「科学研究費調査事項」では，理学・工学・農学・医学の分野ごとに，各研究機関に配分した研究費を記載している。この資料をもとに，当時の科学研究費交付金の分野別割合をまとめたのが表 17 である [16]。

　表 17 からは，第 1 に，科学研究費交付金では，各年度による分野別割合の変化が，前節で述べた日本学術振興会研究費に比べて少ないことがわかる。各分野の割合は，理学 20〜28%，工学 29〜36%，農学 16〜18%，医学 25〜27% である。第 2 に，日本学術振興会研究費に比べて，自然科学の各分野に万遍なく研究費を配分していたことがわかる。どちらの研究費も，工学の割合が最も高い点は同じだが，科学研究費交付金では，理学・農学・医学の割合が相対的に高く，分野間の偏りが少ない。例えば，日本学術振興会研究費では，農学は 2〜7%，医学は 8〜19% だったが，科学研究費交付金では，それぞれ 10 ポイント程度増加している。科学研究費交付金の分野別割合を，1940 年 4 月 1 日現在における文部省所管の大学・高等専門学校・研究所・実験所における自然

科学系研究者数の分野別割合と比べると，各分野の研究者数にある程度比例していることがわかる。なお，研究者数で 40% 以上を占める医学の研究費が 20% 台後半と相対的に少なく，理学・工学・農学の研究費が相対的に多くなっているが，これは医学部の教員数が組織構造上，他学部に比べて多いことが影響していると考えられる。

　万遍のない配分となったのは，科学研究費交付金の目的が，軍事技術や特定産業に直接に寄与することではなく，広範な基礎科学の振興にあったためである。文部省は，科学研究費交付金の配分を科学界の代表機関である学術研究会議に委ねていたため，文部省が学術研究会議に対して示した「選定方針」をみることで，科学研究費交付金の目的を知ることができる。1943 年 2 月に文部省が学術研究会議に希望した「昭和十八年度科学研究費（自然科学）ニ関スル調査方針」[17] には，研究題目の選定方針の第 1 項で，「現在我ガ国ニ於テ最モ重要ナル基礎的研究タルコト」と記されている。1943 年度当初までは，基礎的研究を振興するという選定方針が続いていたことがわかる。

　文部省は，基礎重視の科学研究費交付金を，応用重視の日本学術振興会研究費と相互補完の関係を持つものだと位置づけていた。文部省科学局が 1942 年末頃に作成したと思われる「第八十一回帝国議会予想質問事項並答弁資料」[18] では，「科学振興ニ関スル件」として合計 8 の質問事項と答弁案を記載している。「1. 科学振興ノ具体的方策ニツキ承リタシ」に対する答弁案の冒頭では，「大東亜戦争ノ完遂ト皇国ノ悠久ナル隆昌発展ヲ期スルニハ，我ガ国科学ヲ全面的ニ振興強化スルコトガ喫緊ノ要務デアリマス」と述べて，研究推進および研究者養成に関する諸施策の概略を説明している。ここで「全面的ニ振興強化スル」とは，研究および教育のあらゆる面を促進することだと考えられる。さらに，「5. 日本学術振興会ト文部省科学研究費トノ関係ニツキ承リタシ」では，日本学術振興会研究費が，国家重要問題の急速解決に力を注ぎ国防化事業に重点を置いているのに対して，文部省科学研究費は，国家百年の計に基づき不断に国本を培うべき科学の基礎的研究の遂行を目的とすると述べ，2 つの研究費の違いを説明する。科学の全面的な振興強化という目標達成に向けて，文部省が 2 つの研究費を相互補完的なものと位置づけていたと考えてよいだろう。

科学研究費交付金の配分において基礎的研究を重視しようとする文部省の方針は，研究者の意向に沿うものだった。1942 年 3 月頃，科学研究費交付金の配分を委ねられた学術研究会議は，会員の意見をまとめた「時局下ノ科学研究ニ関スル意見ノ総括」[19] を文部大臣および技術院総裁に提出した。「時局下ノ科学研究ニ関スル意見ノ総括」では，「研究費ニ関シテハ，此際基礎的研究ニ対シ思切ッタ巨額ノ国費ヲ支出シテ其ノ高揚ヲ図ルコトガ必要デアル。又文部省科学研究費ハ大部分ヲ従来通リ各個又ハ総合研究ニ充ツルコトヽシ，一方学術研究会議ノ意見ニ基キ其ノ一部ヲ天引キシテ特ニ重要ナル研究ニ充ツルコトモ考慮スベキ問題デアル」と記す。研究者は，基礎的研究に対する資金援助を強く訴える一方，科学研究費交付金の一部を天引きし社会的に必要な課題にあてることについてはあいまいな態度をとり，あまり積極的でなかったことが読み取れる。

第 3 節　科学研究費交付金の性格変更——1944〜45 年度

　1943 年 8 月 20 日の「科学研究ノ緊急整備方策要綱」の閣議決定により，それまでの科学振興を中心とした文部省の科学動員は，科学の戦力化へと大きく転換することとなった [20]。

　閣議決定後に科学局が作成した「第八十四回帝国議会予想質問事項並答弁資料」[21] には，閣議決定を受けて文部省の科学動員体制が変化し，科学研究費の性格が変更されたことが述べられている。「予想質問事項並答弁資料」では，「科学振興ニ関スル件」として合計 11 の質問事項と答弁案を記載している。この内「5.　科学研究費及科学研究奨励金ノ性格並交付状況ニ就キ承リ度」に対する答弁案では，「科学研究費［交付金］ハ我ガ国ノ科学ヲ根底ヨリ振起セシムベキ重要ナル基礎的研究ノ振興ヲ目的トシテ居リマス」が，閣議決定を受けて「従来ノ科学研究費［交付金］ニ依ル研究課題モ総テ此ノ［戦力増強に集中する］方向ニ切替ヘラレルコトトナリマシタ」としている。以下では，こうした政策転換が科学研究費交付金の配分に与えた影響を分析する。

　1944 年度の自然科学分野の科学研究費交付金については，堀岡正家旧蔵の資料が，防衛省防衛研究所に所蔵されている。堀岡正家は，1920 年，京都帝

表18 1944～45年の科学研究費交付金の分野別割合（単位：千円）

		理 学	工 学	農 学	医 学	人文科学	支 部	特委他	合 計
1944	個人班	543	1,571	976	981				4,070
		3,182	3,411	2,043	3,108	200			11,945
	総計	3,725	4,982	3,019	4,089	200			16,015
		(23.3%)	(31.1%)	(18.9%)	(25.5%)	(1.2%)			
1945	総計	2,330	3,800	1,470	2,400	700	5,000	3,000	18,700
		(12.5%)	(20.3%)	(7.9%)	(12.8%)	(3.7%)	(26.7%)	(16.0%)	

1945年度は配分案。人文科学の研究費の詳細は本章第4節参照。

国大学工学部電気工学科を卒業し，逓信省電気試験所第3部（電力関係）に入所した電気技術者で，39年に第3部部長，41年に電気試験所第6代所長を歴任し，43年の所長退任後，技術院総務部長を務めていた[22]。以下では，この堀岡資料に基づいて，研究費の分野別配分について検討する。1944年度の科学研究費交付金では，それまでの個人研究への助成に加えて，複数の研究者が共同で行う班研究への助成を開始した。堀岡資料には，個人研究について，理学・工学・農学・医学の分野別の配分額が記載されている[23]。一方，班研究については，班名（研究題目）・班長およびその所属・研究費を記した一覧表[24] があるが，分野別の内訳についての資料は残っていない。このため，この一覧表に記載された193の研究班を，班長の経歴・所属・研究題目などをもとに理学・工学・農学・医学に分類し，各分野における研究班の費用を合計して，分野別の研究費を計算した。分野の分類の際には，多くの研究班が1945年度も継続しているため，1945年度の研究班の分類[25] を参考にした。この結果をまとめたのが，表18の1944年度の項目である。

　1945年度の科学研究費交付金については，前述の「内田祥三関係資料」の中に，1945年3月頃に作成された学術研究会議の関係資料が残されている。ここでは，この資料をもとに分野別割合を検討する。研究費は，まず大枠で，本部自然科学研究動員委員会に1000万円，本部人文科学研究動員委員会に70万円，本部特別委員会および保留金に300万円，支部に500万円が配分された[26]。本部研究動員委員会は，以下で詳述する通り，全国レベルの班研究を担当する委員会である。特別委員会は，特定の重要研究課題に関して設置されるもので[27]，航空燃料・電波兵器などに関する特別委員会が設置された[28]。

支部は，全国7ヵ所の帝国大学所在地に設置され[29]，主に個人研究を担った[30]。支部研究費の分野別割合は不明だが，関東支部では前年度の個人研究費の配分をもとに支部研究費の配分が決定されたことがわかっている[31]。

　自然科学研究動員委員会に配分された1000万円は，学術研究会議における研究分野の区分に基づいて第1〜13部に配分され，各部でさらに10〜20程度の研究班に割り当てられた。各部の研究費配分額および研究班の情報（研究題目・研究目標・研究代表者とその所属・研究費）は一覧表の形で残っている[32]。ここでは，1944年度以前の研究費と比較するため，第1〜13部の研究費配分額を理学・工学・農学・医学に分類し直し，分野別の研究費を計算する。すなわち，第1部（数学・物理学・天文学・地球物理学）[33] 140万円，第3部（地質学・鉱物学・地理学）30万円，第4部（動物学・植物学・人類学）23万円を理学に，第5部（応用物理学・造兵学・機械工学）80万円，第6部（鉱山学・冶金学・金属工学）50万円，第7部（航空工学・船舶工学）80万円，第8部（電気工学）50万円，第9部（土木工学・建築学）50万円を工学に，第11部（農学・水産学）82万円，第12部（林学）32万円，第13部（獣医学・畜産学）23万円を農学に，第10部（医学）220万円を医学に区分する。第2部（純正化学・応用化学・農芸化学・薬学）140万円の研究班には，理学・工学・農学・医学の各分野の研究が含まれているので，第2部における12の研究班を研究代表者の所属・研究内容などをもとにして分類し，理学40万円，工学50万円，農学10万円，医学20万円とした。また，各部には当初は各班に配分しない一定の保留額が見積もられているが，第2部における保留額20万円は，第2部の主体である工学に分類した。この結果をまとめたのが，表18の1945年度の項目である。

　表18からは，政策転換があったにもかかわらず，自然科学分野の研究費配分にほとんど変化がなかったことがわかる。1944年度の科学研究費交付金は，個人研究だけをみると，理学の割合がかなり減少しているが，個人研究と班研究を合わせた研究費総額でみてみると，研究費の分野別割合は1943年度までと同じような傾向を示している。理学・工学・医学は1939〜43年度の増減の範囲内にあり，農学も1939〜43年度の最大値から1.2ポイント増加しただけである。一方で，1945年度においては，国家的必要性から研究課題を選定する特別委員会が設置された。特別委員会への研究費配分は，最大でも研究費全

体の 16% で，1942〜44 年度の日本学術振興会研究費における 35% 前後と比べると半分以下であったが，科学の戦力化という方針が科学研究費交付金の配分にも一定の影響を与えたことは認めざるを得ないだろう。なお，1944 年以前と比較して，自然科学 4 分野の合計額に占める各分野の割合が，どの程度変動したかに関しては，第 5 節で，戦後の研究費配分の動向とも比較しながら検討することとしたい。

　各分野に万遍なく研究費を配分する体制が継続した直接の原因は，1945 年度に至るまで，各研究分野の代表者からなる学術研究会議に研究費の配分決定を委ねていたことである。1945 年度の配分案は 1945 年 3 月の自然科学研究動員委員会幹事会で決定されたが [34]，幹事会メンバーは，第 1〜13 部の各研究分野の幹事から，それぞれ 1〜2 名が選出されていた [35]。こうしたメンバー構成では，各分野の幹事は自分の分野の利益を代表せざるを得ず，前年度までの実績と大きく異なる配分を行うことは難しかったものと推測できる。また，文部省が，自然科学研究動員委員会幹事らに対し，特定の研究分野に配分を集中するよう働きかけた形跡は残っていない。長期的な視点から科学を振興するという科学研究費交付金の位置づけを完全に転換することは，文部省にとっても難しく，幅広い分野への配分を，少なくとも容認していたものと考えられる。

第 4 節　人文科学への助成対象拡大

1　助成対象拡大の模索

　科学研究費交付金の助成対象は，当初は自然科学だけであったが，1941 年以降，対象を人文科学へと拡大することが検討課題となった。人文科学への助成拡大に関しては，1941 年 3 月の科学振興調査会答申第三号「科学研究ノ振作及連絡ニ関スル件」において，科学研究費交付金の配分を担う学術研究会議を拡充し，人文科学部門を新設することが提起されたことが知られている。学術研究会議の自然科学分野の研究班について分析した経営史家の青木洋は，学術研究会議の拡充過程を検討する中で，科学振興調査会答申第三号の人文科学に関する事項を紹介し，同答申に沿って 1943 年 11 月に学術研究会議に人文科学部門が設置されたことを指摘している [36]。しかし，後述するように，人文

科学への助成対象の拡大はすんなりと実現したものではなかった。人文科学への助成拡大が難航したことは，第三号答申から学術研究会議の人文科学部門設置まで2年8ヵ月かかっていることからもうかがえる。以下では，先行研究でも十分に議論されてこなかった，人文科学への助成対象拡大の経緯について述べる。

先行研究でも指摘されている通り，科学振興調査会答申第三号では，答申第一号で提起した科学行政の中枢機関の設置が十分には進んでいないとして，改めて文部省に強力なる学術行政の中枢機関を設置することを求めた。答申第三号では，文部省に「仮称学術局」を設置し「本部局ニ於テハ自然科学ノミナラズ，人文科学ニ関スル事項ヲモ所掌セシムベシ」として，新設する学術行政機関では人文科学についても所掌することを求めた。また，学術研究会議についても，「学術研究会議ニ新ニ人文科学ニ関スル部門ヲ設ケ専属会員ヲ置クコト」と答申した[37]。

同答申を受けて，学術研究会議では，1941年4月26日の第27回総会において，振興および動員の対象に人文科学を追加することが提起された。平賀譲（学術研究会議会長）は開会の挨拶において，「学術研究会議モ在来ノ自然科学ノミニテハ学術ノ発展上物足ラザル感アルヲ以テ人文科学ヲモ加フルコトヲ考慮セリ」と述べ，学術研究会議として学術の発展上，自然科学だけでは不十分であり今後は人文科学も対象に加えたいとの意向を明らかにした。平賀は続けて「文部当局ニ於テモ亦之ガ実現ニ努メラルルコトト思フ」と述べ，文部省においても人文科学を加えることを推進している旨，示唆した。以上の発言を経て，第27回総会では，科学振興に関する1942年度予算増額要求案が協議され，学術研究会議拡充に要する経費として13万円を要求することが承認された。同経費は1942年度に新たに要求するもので，人文科学部門を加えるために必要な経費であるとされ，会員約100名を増加することが予定されていた[38]。以上から，学術研究会議では，答申第三号に沿って，振興および動員の対象に人文科学を加えるため，迅速に予算要求案をまとめたことがわかる。また，特定の政策目的のために人文科学を振興するという発想ではなく，動員対象として自然科学を振興するのと同様に人文科学も振興していくべきだという，どちらかというと素朴な感覚を持って学術研究会議での議論が進んだことがうかがえ

る。

　同時期には，学術研究会議だけでなく文部省においても人文科学の研究を振興しようとしていたことが，文部大臣の主宰する帝国大学総長会議での議事録から確認できる。1941 年 6 月 13 日の帝国大学総長会議では，文部省側が帝国大学総長らに対して，人文科学の内，特に日本文化ないし東洋文化に関する研究の振興を求め，自然科学だけでなく人文科学の研究も十分して欲しいと述べている [39]。文部省においても，人文科学の振興という考え方が共有されていたことがわかる。ただし，文部省では，日本文化や東洋文化といった研究課題をあげて研究の振興を促していることから，学術研究会議に比べ，研究内容を統制し特定の研究課題を重点的に振興したいという思惑が読み取れる。

　このように 1941 年前半の段階から，文部省や学術研究会議では人文科学の振興を求めており，学術研究会議では科学振興調査会答申第三号に沿って人文科学部門を加えるための予算要求がまとめられた。さらに，文部省科学課で作成された 1942 年度予算要求案でも，学術研究会議の人文科学部門を加える経費が計上された [40]。しかし，結局，1942 年度においては人文科学部門設置は実現しなかった。人文科学部門設置が認められなかった理由や詳しい経緯は資料の制約から明らかではないが，学術研究会議の議論にみられた自然科学だけでは不十分だとする素朴な感覚や，文部省による日本文化や東洋文化に関する研究振興という理念だけでは，予算要求が認められなかったものと思われる。

2　「大東亜共栄圏建設」を追い風に

　振興対象を人文科学へと拡大することが認められるのは，アジア・太平洋戦争開戦に伴う南方進出が本格化して以降であった。1942 年になると，日本軍の南方進出により「大東亜共栄圏建設」が喫緊の行政上の課題となった。こうした状況に乗じて，1942 年 2 月 23 日，学術研究会議は「時局下ノ科学研究ニ関スル意見ノ総括」との意見書を文部大臣と技術院総裁に提出した。この意見書では，「一，一般方針」「二，研究者ノ確保及配置」「三，研究用資材ノ確保」「四，研究費ニ関スル問題」「五，大東亜共栄圏ノ科学」の項目に分けて会員の要望をまとめている。「四，研究費ニ関スル問題」では，この際，基礎研究に思い切った巨額の国費を支出してその昂揚を図ることが必要であるとして，大

幅な研究費の増額を求めた[41]。

「五，大東亜共栄圏ノ科学」で，学術研究会は，資源開発および南方経営一般の学術的方面に深く参画し，そのための科学的技術的基礎を与えるよう努力するとともに，文化的進出の企図に対して為政者に十分協力することを表明した。その上で，為政者に対しても学界の知識を取り入れることを要望したのである。そして，まずは（1）大東亜文化施設の接収・維持・整備および活用，（2）大東亜に関する各種の学術的研究調査，（3）本邦学術の大東亜共栄圏内への普及の3事項について具体的な要望をあげて実行することを求めた[42]。

1942年2月には，軍事・外交を除く「大東亜建設」に関する重要事項を調査審議するため内閣総理大臣の監督下に大東亜建設審議会が設置され，同年11月には委任統治領および占領地域の統治を担う大東亜省が設立されるなど，大東亜共栄圏の建設は当時の重要な行政課題であった。また，主に人文科学分野の研究者の発表・教育活動を統制するため文部省によって組織された日本諸学振興委員会においても，1942年度頃より「大東亜建設」に関する研究が盛んに行われるようになった。日本諸学振興委員会についての研究をまとめた教育学者の駒込武・川村肇・奈須恵子らは，1941年末の太平洋戦争開戦以降，それまで主流だった「日本精神」「国体」に関する研究課題が減少し，「大東亜建設」に関わる研究が増加したことを指摘している[43]。

1942年11月になると，科学振興調査会答申第三号に基づいて，文部省の科学課が科学局へと改組拡充され，人文科学の振興と動員が進展することとなった。文部省科学局が作成した「第八十一回帝国議会予想質問事項並答弁資料」には，人文科学分野を対象とする科学研究費交付金20万円が1943年度予算案に計上されたことが記されている。「第八十一回帝国議会予想質問事項並答弁資料」における予想質問「科学振興ノ具体的方策ニ就キ承リ度」とその回答は以下の通りである（下線は著者による）。

　　問　科学振興ノ具体的方策ニ就キ承リ度
　　答　［前略］昭和十四年度以来ノ科学研究費三百万円ヲ昭和十六年度ヨリ
　　　　　五百万円トシ，国家ニ重要ナル基礎的研究題目ヲ選定シテ，大学其他
　　　　　ノ研究機関ヲシテ之ガ研究ヲ担当セシメ，以テ我ガ国自然科学ヲ其ノ
　　　　　根底ヨリ振作スルコトト致シテ居リマスガ，昭和十八年度ヨリハ更ニ

之ヲ五百五十万円ニ増額スルコトニナツテ居リマス。尚此ノ科学研究費ハ従来自然科学方面ニ限ラシテ居リマシタガ，<u>大東亜共栄圏建設ヲ急務トスル今日人文科学方面ノ研究モ大イニ振作スルノ緊要ナルヲ認メマシテ，十八年度ヨリハ人文科学ニ対スル重要問題ノ研究費トシテ二十万円ヲ新ニ追加スルコトト致シマシタ。</u>[後略][44]

「第八十一回帝国議会予想質問事項並答弁資料」からは，これまで自然科学分野に限られていた科学研究費交付金が1943年度に人文科学にも配分されたこと，新たに人文科学に研究費を配分することが「大東亜共栄圏建設」を政策目的に掲げて正当化されたことが確認できる。

　大東亜共栄圏建設のための科学振興という理念は，当時，社会的に受容できる考え方であった。同じ第81回帝国議会では，1943年3月24日，「大東亜共栄圏ノ民族研究ニ関スル請願」が採択された。同請願の紹介議員である坂東幸太郎衆議院議員は，同日の帝国議会において，大東亜共栄圏建設のためには，共栄圏内に住む諸民族をあらゆる方面から研究することがその基礎であると思うのでありますと述べて採択を求めた[45]。大東亜共栄圏建設のために科学振興を行うという理念は，行政機関だけでなく立法府においても共有されていたと考えていいだろう。

　人文科学への助成拡大は，当初は予算要求が認められなかったが，1942年以降，アジア・太平洋戦争開戦に伴う日本軍の南方進出により「大東亜共栄圏建設」が喫緊の行政課題となったことで実現したのである。

3　戦時下の人文科学助成

　人文科学に対する科学研究費交付金の予算計上などを受けて，1943年以降，人文科学の振興と動員のための基盤整備が進められた[46]。1943年8月20日に閣議決定された「科学研究ノ緊急整備方策要綱」では，大東亜戦争の遂行を唯一絶対の目標として科学研究を強力に推進すること，学術研究会議を強化活用し大学などの科学研究機関の研究力を最高度に集中発揮することなどを定めた[47]。同要綱に基づき，1943年11月25日には学術研究会議の官制が改正され，会員定員を200名以内から400名以内に増員し新たに人文科学部門の会員を加えることになった。官制改正までに人文科学部門の会員候補の選定が進め

られ，法学関係 23 名，文学関係 34 名，経済学関係 38 名がリストアップされた [48]。さらに 1945 年 1 月 15 日には再び学術研究会議官制が改正され，会員数を 400 名以内から 700 名以内に増員した [49]。1945 年 3 月 4 日施行の学術研究会議会則によれば，各分野の定員は，第 1〜13 部までの自然科学分野が合計 560 人，第 14 部（法律学・政治学）40 人，第 15 部（哲学・史学・文学）50 人，第 16 部（経済学）40 人であった [50]。

　人文科学を振興対象に加える動きは，学術研究会議や科学研究費交付金にとどまらず，文部省の他の施策にも波及した。本書の補論で述べたように，海外の科学論文の題目速報事業においても，1943 年度になると，それまでの理学・工学・農学・医学の論文に加えて，人文科学の文献購入が組織的に行われるようになった。

　科学研究費交付金による助成対象には，実際に大東亜共栄圏の経営に関する研究課題が多数選定された。第 2 項で取り上げた「第八十一回帝国議会予想質問事項並答弁資料」では，1943 年度予算において人文科学分野に対する科学研究費交付金 20 万円を計上したと述べているが，人文科学分野の研究課題の選定や決定手続きがなされたのは 1943 年 11 月の学術研究会議官制改正後のことであった。結局，人文科学分野の科学研究費交付金が実際に支出されたのは 1944 年度のことだと思われる [51]。1944 年度における人文科学分野の研究課題については，先行研究により東北帝国大学および京都帝国大学の担当者による研究題目が明らかになっているが，全容は不明である [52]。ここでは，科学研究費交付金による人文科学への研究助成の全体像をつかむため，1945 年度の人文科学研究班（案）の研究題目について検討する。学術研究会議では 1942 年度末から複数の研究者によって実施する共同研究を重視する方針を打ち出しており，1945 年度の科学研究費交付金も研究班による研究が中心であった。表 19 をみると，人文科学研究班の研究題目には「仏印法制の調査研究」「旧蘭印法制の調査研究」「日本語並に大東亜共栄圏に於ける言語政策の研究」「南方圏の言語，人種に関する研究特別委員会」「外地及大陸経済の戦力化問題」など，大東亜共栄圏の経営に関するものが多くを含まれていることが確認できる。

表19　1945年度科学研究費交付金　人文科学研究班（案）

第14部（法律学・政治学関係）
（1）英法系諸地域の法制の調査研究　班長　我妻栄
（2）仏印法制の調査研究　班長　宮澤俊義
（3）旧蘭印法制の調査研究　班長　我妻栄
（4）企業体制の調査研究　班長　田中耕太郎
（5）現時支那に於ける政治動向の調査研究　班長　神川彦松
（6）今次大戦下に於ける反枢軸国の政治体制の調査研究　班長　高木八尺
第15部（哲学・史学・文学関係）
（1）大東亜戦並に建設に資する文化特に思想時策の根本的研究　班長　和辻哲郎
（2）日本語並に大東亜共栄圏に於ける言語政策の研究　班長　新村出
第16部（経済学関係）
（1）決戦態勢と財政問題　班長　井藤半彌
（2）決戦態勢と物価問題　班長　小島昌太郎
（3）決戦態勢と生産増強対策　班長　高瀬荘太郎
（4）決戦態勢と生活確保対策　班長　東畑精一
（5）外地及大陸経済の戦力化問題　班長　北山富久二郎
（6）我決戦態勢と反枢軸国の経済問題　班長　柳川昇
（7）戦時経済及戦後経営の歴史的研究　班長　本庄栄治郎

「昭和二十年度人文科学研究班（案）」「学術研究会議　昭和十八年」内田資料 F0004/D/20/02/046 所収。

4　戦後の人文科学助成

　科学研究費交付金は，文部省の主要な研究助成の制度として戦後も継続した。本章で取り扱う1946〜58年度においては，文部省の研究助成の半分程度を占める最大の研究費であり，2番目に金額の多い科学試験研究費補助金の2〜5倍程度の規模を持っていた[53]。

　1946年度科学研究費交付金の人文科学研究班の研究題目をみると，戦時中と比べて研究内容が変化していることがわかる。1946年度の科学研究費交付金は，班研究の他に，個人もしくは少人数で実施する「各個研究」，学術研究会議の中に設置される「特別委員会」があったが，ここでは最も金額が大きい班研究について検討する。表20をみると，「大東亜共栄圏建設」に関わる研究は姿を消し，研究題目には「民主主義」「日本再建」「婦人の社会的地位」「日

表20　1946年度科学研究費交付金　人文科学研究班

◇第13部（法律学・政治学関係）

（1）比較法制研究　班長　末弘厳太郎
（2）支那の政治動向に関する研究　班長　神川彦松
（3）第二次世界大戦に於ける米英の政治動向　班長　高木八尺
（4）農業立国に於ける農村と農業　班長　我妻栄
（5）民主主義と法律　班長　我妻栄

◇第14部（哲学・史学・文学関係）

（1）日本再建の為の哲学的及び歴史的研究　班長　和辻哲郎
（2）第二次世界大戦の認識及び国内刷新の問題　班長　落合太郎
（3）日本文化反省のための研究　班長　高橋里美
（4）戦後国民心理の諸問題　班長　佐久間鼎
（5）南方語の研究　班長　辻直四郎
（6）婦人の社会的地位に関する研究　班長　戸田貞三
（7）未開社会に於ける合議制並に専制制の研究　班長　移川子之蔵
（8）日本美術に及ぼせる外国の影響　班長　田中豊蔵

◇第15部（経済学関係）

（1）日本経済再建の根本問題　班長　舞出長五郎
（2）戦後の社会問題　班長　大内兵衛
（3）戦後の財政問題　班長　神戸正雄
（4）戦後の世界経済　班長　高瀬荘太郎

「学界消息」『人文』第1巻第1号，1947年，144–156頁。

本経済再建」といった戦後の社会状況に沿ったキーワードが並んでいる。

　一方，各研究課題を担当する班長に注目すると，戦時から戦後にかけて，研究者の顔ぶれに大きな断絶はみられない。1945年度に研究班班長を務めた14人の内5人（神川彦松・高木八尺・我妻栄・和辻哲郎・高瀬荘太郎）が1946年度も班長を務めている。

第5節　戦後の科学研究費交付金──1946〜58年度

　1946〜48年度の科学研究費交付金は，1945年度と同じく学術研究会議で審査され，自然科学分野については，学術研究会議の部制が1946年度から変更したのに伴い，第1〜12部の各部に研究費が配分された[54]。研究費の種目は，

表 21 1946〜48 年度の科学研究費交付金の配分額（単位：千円）

	人文科学	理 学	工 学	農 学	医 学	合 計
1946	1,410 (10.5%)	3,310 (24.7%)	4,030 (30.1%)	1,990 (14.8%)	2,670 (19.9%)	13,410
1947	6,510 (21.6%)	5,930 (19.6%)	8,750 (29.0%)	3,825 (12.7%)	5,165 (17.1%)	30,180
1948	21,840 (16.8%)	24,106 (18.5%)	42,207 (32.4%)	16,461 (12.6%)	25,534 (19.6%)	130,148

1946〜48 年度の科学研究費交付金には，別途，特別委員会・研究成果刊行費などの項目がある。

各個研究と班研究に分けられる。1960 年発行の日本学術振興会科学技術制度史編集委員会編『科学技術制度史』には，第 1〜12 部への研究費配分額，および人文科学への配分額が記載されている[55]。このデータを 1944 年度以前の研究費と比較するため，学術研究会議における第 1〜12 部の研究費配分額を理学・工学・農学・医学に分類し直し，分野別の研究費を計算した。すなわち，第 1 部（数学・物理学・天文学・地球物理学）[56]，第 3 部（地質学・鉱物学・地理学），第 4 部（動物学・植物学・人類学）を理学に，第 5 部（応用物理学・機械工学・船舶工学），第 6 部（鉱山学・冶金学・金属工学），第 7 部（電気工学），第 8 部（土木工学・建築学）を工学に，第 10 部（農学・水産学），第 11 部（林学），第 12 部（獣医学・畜産学）を農学に，第 9 部（医学）を医学に分類する。第 2 部（純正化学・応用化学・農芸化学・薬学）の研究課題には，理学・工学・農学・医学の各分野の研究が含まれているので，第 2 部における研究班の情報を参考に，理学・工学・農学・医学に割り振った[57]。以上の推計をもとに 1946〜48 年度の配分額をまとめたのが，表 21 である。1946〜48 年度の科学研究費交付金には，別途特別研究などへの配分もあったが，まとまった資料がないため表 21 では省略した[58]。

　表 21 からは，人文科学の割合が，1945 年度に比べて大幅に増加し，1947〜48 年度には，農学の割合を上回り，理学および医学に匹敵するほどとなったことがわかる。

　次に，1949〜58 年度の配分結果を考察する。1949〜58 年度の科学研究費交付金は，総合研究・各個研究・機関研究に分けられる。総合研究は複数の研究

者による共同研究であり，各個研究は主として個人の研究者が行う研究である。機関研究は研究機材・図書購入費などに充当される費用であり，ここでは分析の対象にしなかった[59]。研究費の配分は，文部省の諮問を受けて日本学術会議が基本方針を答申し，この答申に基づき文部省の審査会が実際の配分を行った。日本学術会議は，1949 年 1 月にそれまで研究費配分を担ってきた学術研究会議が廃止されたのに代わって新設された科学者の代表機関である[60]。総合研究および各個研究の研究費は，日本学術会議の部制にならい，第 1 部（文学），第 2 部（法学），第 3 部（経済学），第 4 部（理学），第 5 部（工学），第 6 部（農学），第 7 部（医学）の 7 つの部に配分された。また，総合研究については，複数の部にまたがる研究にも研究費が配分された。前掲『科学技術制度史』をもとに 1949〜58 年度の研究費配分状況をまとめたのが，表 22 である[61]。表における「人文科学」の項目は，第 1〜3 部への配分額の合計，「共同」は複数の部にまたがる研究への配分額である。また，機関研究については記載しなかった。

　表 22 からは，第 1 に，1948 年度の配分から大きな変化がなく，人文科学を含めた各分野に万遍なく，研究費が配分される状態が継続したことがわかる。各分野の割合は，人文科学 15〜21%，理学 16〜19%，工学 18〜27%，農学 10〜13%，医学 15〜23% である。人文科学については，1946〜48 年度に大幅に増加した状態が定着したと考えられる。自然科学の各分野への配分が大きく変動しなかった直接の原因は，前年度の配分結果や各分野の研究者数などを考慮して，当該年度の配分を決定する「配分公式」の存在である。例えば，1950 年度においては，理学・工学・農学・医学の配分を $\frac{2A+B}{3}$ の式（A は前年度の配分比，B は当年度の申請件数の比を理学・工学・農学・医学に 1：1：1：1.2 のウェイトを付けて修正したもの）を用いて決定したことがわかっている。同様に，1951 年度の総合研究は $\frac{2A + B + C + D}{5}$ の式（A は前年度の配分比，B は当年度の申請金額の比，C は申請件数の比，D は研究実働人員数の比）で配分された。こうした配分公式に基づく配分決定は，1951 年度以降も配分公式の係数を微調整して継続された[62]。既に述べたように，科学研究費交付金の配分は，創設初期の1939〜43 年度においても，各分野の研究者数にある程度比例していた。前年度の配分結果や各分野の研究者数などを考慮する「配分公式」は，研究費配分

表 22　1949〜58 年度の科学研究費交付金の配分額（単位：千円）

		人文科学	理 学	工 学	農 学	医 学	共 同	その他	合 計
1949	各個	32,693	39,936	60,016	25,121	24,515			182,281
	総合	2,920	1,559	1,223		11,145	28,300		45,147
	計	35,613 (15.7%)	41,495 (18.2%)	61,239 (26.9%)	25,121 (11.0%)	35,660 (15.7%)	28,300 (12.4%)		227,428
1950	各個	33,181	36,494	60,406	27,716	28,345			186,142
	総合	4,207	7,687	3,699	700	16,620	29,317		62,230
	計	37,388 (15.1%)	44,181 (17.8%)	64,105 (25.8%)	28,416 (11.4%)	44,965 (18.1%)	29,317 (11.8%)		248,372
1951	各個	30,982	26,000	51,440	25,300	21,080			154,802
	総合	15,630	21,120	12,620	8,950	31,130	11,850		101,300
	計	46,612 (18.2%)	47,120 (18.4%)	64,060 (25.0%)	34,250 (13.4%)	52,210 (20.4%)	11,850 (4.6%)		256,102
1952	各個	27,800	25,270	47,000	24,000	26,250			150,320
	総合	25,100	23,900	16,400	11,150	30,650	11,880		119,080
	計	52,900 (19.6%)	49,170 (18.3%)	63,400 (23.5%)	35,150 (13.0%)	56,900 (21.1%)	11,880 (4.4%)		269,400
1953	各個	25,990	24,085	44,700	23,600	31,900		200	150,475
	総合	40,750	33,800	24,350	16,765	39,500	13,750	690	169,605
	計	66,740 (20.9%)	57,885 (18.1%)	69,050 (21.6%)	40,365 (12.6%)	71,400 (22.3%)	13,750 (4.3%)	890 (0.3%)	320,080
1954	各個	25,810	25,810	43,560	23,400	35,910		200	154,690
	総合	36,160	29,590	21,040	13,730	32,100	11,730	15,677	160,027
	計	61,970 (19.7%)	55,400 (17.6%)	64,600 (20.5%)	37,130 (11.8%)	68,010 (21.6%)	11,730 (3.7%)	15,877 (5.0%)	314,717
1955	各個	23,060	22,720	40,110	21,500	33,180		160	140,730
	総合	45,950	35,890	26,270	17,540	39,840	17,110	27,300	209,900
	計	69,010 (19.7%)	58,610 (16.7%)	66,380 (18.9%)	39,040 (11.1%)	73,020 (20.8%)	17,110 (4.9%)	27,460 (7.8%)	350,630
1956	各個	24,600	22,320	40,410	21,880	31,930		160	141,300
	総合	44,500	36,390	26,270	17,090	41,040	14,110	31,250	210,650
	計	69,100 (19.6%)	58,710 (16.7%)	66,680 (18.9%)	38,970 (11.1%)	72,970 (20.7%)	14,110 (4.0%)	31,410 (8.9%)	351,950

1957	各個	30,340	35,190	55,710	29,800	43,980		230	195,250
	総合	50,670	45,950	33,300	21,650	51,700	14,280	46,410	263,960
	計	81,010 (17.6%)	81,140 (17.7%)	89,010 (19.4%)	51,450 (11.2%)	95,680 (20.8%)	14,280 (3.1%)	46,640 (10.2%)	459,210
1958	各個	33,730	40,010	61,050	34,240	49,060		240	218,330
	総合	54,630	55,630	35,410	23,000	54,830	27,400	60,320	311,220
	計	88,360 (16.7%)	95,640 (18.1%)	96,460 (18.2%)	57,240 (10.8%)	103,890 (19.6%)	27,400 (5.2%)	60,560 (11.4%)	529,550

1946 年度の総合研究は班研究を含む。

1949〜58 年度の科学研究費交付金には，別途，機関研究（研究機材及び図書購入費等）などの種目がある。

の変動を緩やかにするとともに，各分野への万遍のない配分を維持する効果を持っていた。

　第 2 に，年度ごとの変動に注目すると，まず工学および医学の増減が比較的大きいことがわかる。工学は，1949 年度の 26.9% から 1958 年度の 18.2% へと減少し，反対に医学は，1949 年度の 15.7% から 1958 年度の 19.6% へと増加している。戦争末期から戦後直後にかけて増加した工学の割合が，1949 年度以降，減少し，戦後直後まで微減していた医学の割合が，1950 年度以降，増加に転じているのは，研究者数など研究分野の規模に比例した配分へと回帰しようとする緩やかな揺り戻しと捉えることができる。

　第 3 に，1954 年度以降「その他」の割合が増加している。これは，1954 年度に「放射線障害」，1958 年度に「癌」に関する総合研究が別枠で開始され，こうした別枠の総合研究を表 22 では「その他」に分類しているためである。しかし，「その他」の割合は最も高い 1958 年度においても 11.4% に留まり，1945〜48 年度にあった特別委員会の割合には達していない。少なくとも 1958 年度時点までは，研究者の申請によらず，社会的必要性から特定の研究課題を実施するという仕組みは，科学研究費交付金においては例外的な存在だったと考えていいだろう [63]。

第 6 節　戦時と戦後の連続性

　表 17・18・21・22 をもとに，1939〜58 年度における科学研究費交付金の分

表23 1939〜58年度の科学研究費交付金の分野別割合（単位：千円）

	人文科学	理　学	工　学	農　学	医　学	合　計
1939		810 (27.0%)	887 (29.6%)	508 (16.9%)	795 (26.5%)	3,000
1940		812 (27.1%)	885 (29.5%)	508 (16.9%)	795 (26.5%)	3,000
1941		1,245 (24.8%)	1,585 (31.6%)	833 (16.6%)	1,351 (27.0%)	5,014
1942		1,315 (27.6%)	1,375 (28.9%)	800 (16.8%)	1,266 (26.6%)	4,756
1943		2,168 (20.1%)	3,898 (36.1%)	1,927 (17.9%)	2,793 (25.9%)	10,787
1944	200 (1.2%)	3,725 (23.3%)	4,982 (31.1%)	3,019 (18.9%)	4,089 (25.5%)	16,015
1945	700 (6.5%)	2,330 (21.8%)	3,800 (35.5%)	1,470 (13.7%)	2,400 (22.4%)	10,700
1946	1,410 (10.5%)	3,310 (24.7%)	4,030 (30.1%)	1,990 (14.8%)	2,670 (19.9%)	13,410
1947	6,510 (21.6%)	5,930 (19.6%)	8,750 (29.0%)	3,825 (12.7%)	5,165 (17.1%)	30,180
1948	21,840 (16.8%)	24,106 (18.5%)	42,207 (32.4%)	16,461 (12.6%)	25,534 (19.6%)	130,148
1949	35,613 (17.9%)	41,495 (20.8%)	61,239 (30.8%)	25,121 (12.6%)	35,660 (17.9%)	199,128
1950	37,388 (17.1%)	44,181 (20.2%)	64,105 (29.3%)	28,416 (13.0%)	44,965 (20.5%)	219,055
1951	46,612 (19.1%)	47,120 (19.3%)	64,060 (26.2%)	34,250 (14.0%)	52,210 (21.4%)	244,252
1952	52,900 (20.5%)	49,170 (19.1%)	63,400 (24.6%)	35,150 (13.6%)	56,900 (22.1%)	257,520
1953	66,740 (21.9%)	57,885 (19.0%)	69,050 (22.6%)	40,365 (13.2%)	71,400 (23.4%)	305,440
1954	61,970 (21.6%)	55,400 (19.3%)	64,600 (22.5%)	37,130 (12.9%)	68,010 (23.7%)	287,110

1955	69,010 (22.5%)	58,610 (19.1%)	66,380 (21.7%)	39,040 (12.8%)	73,020 (23.9%)	306,060
1956	69,100 (22.6%)	58,710 (19.2%)	66,680 (21.8%)	38,970 (12.7%)	72,970 (23.8%)	306,430
1957	81,010 (20.3%)	81,140 (20.4%)	89,010 (22.3%)	51,450 (12.9%)	95,680 (24.0%)	398,290
1958	88,360 (20.0%)	95,640 (21.7%)	96,460 (21.8%)	57,240 (13.0%)	103,890 (23.5%)	441,590

1943 年度は積算段階の数値，44 年度は一部推定値を含む，45 年度は配分案をもとにした推定値，46〜48 年度は推定値。

野別割合をまとめたのが表 23 である。表 23 では，人文科学・理学・工学・農学・医学の合計額に占める各分野の割合を示した。これは，特別委員会向けの研究費など年度によって変化する項目の影響を取り除いて，各年度における分野別割合を比較しやすくするためである。

表 23 からは，5 分野の合計額に占める各分野の割合が，人文科学 0〜23%，理学 18〜28%，工学 21〜37%，農学 12〜19%，医学 17〜27% の範囲に収まっており，年度によって大きな変化がないことがわかる。既に本章の第 3 節で，1939 年度の創設から 45 年度まで研究費配分に基本的に変動がなかったことを述べたが，戦時期から戦後期までの科学研究費交付金の分野別割合も，理学・工学・農学・医学の自然科学の配分については大きな変動がないのである。人文科学の割合は，初めて配分された 1944 年度（1.2%）から 45 年度（6.5%），46 年度（10.5%），47 年度（21.6%）と大幅に増加した。1947 年度以降はこの増加した状態が定着して 16〜23% となり，農学の割合を上回り，理学および医学に並ぶほどとなった。自然科学の各分野に万遍なく研究費を配分するという科学研究費交付金のあり方は，1945 年の終戦による戦時体制の解体を経ても基本的に変化せず戦後へ引き継がれた。幅広い分野を振興する体制は，人文科学への研究費配分の増大という形で，戦後，人文科学分野にも拡大したことがわかる。

日本学術振興会研究費と比べると，科学研究費交付金の分野別割合に変化が少ないことがさらによくわかる。比較しやすいように，人文科学や特別研究などを除いた自然科学 4 分野の合計額に占める理学・工学・農学・医学の割合を

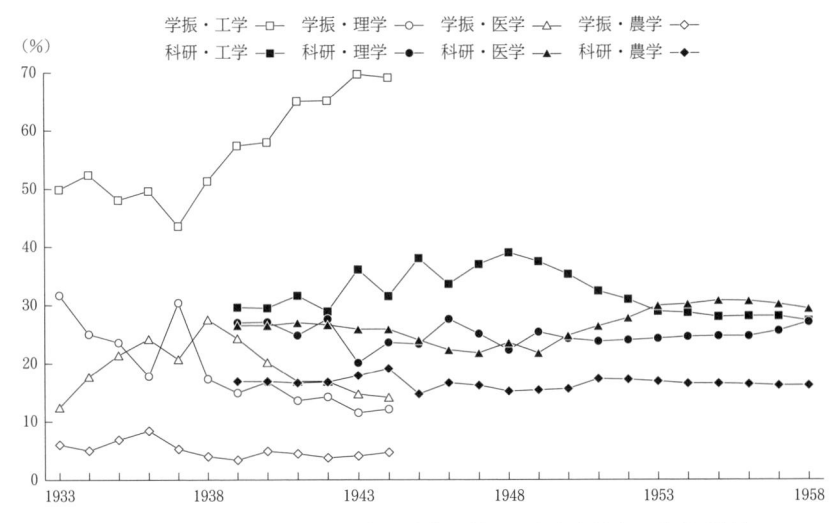

図16　1933〜58年度の日本学術振興会研究費と科学研究費交付金の分野別割合
1945〜47年度の日本学術振興会研究費の配分は不明。日本学術振興会研究費は1947年度で終了。

グラフにしたのが図16である。なお，図16では，日本学術振興会研究費の分野別割合を計算する際，第5常置委員会（純正化学・応用化学・薬学・化学工学・農芸化学）の研究費をすべて工学に分類して計算しているため，工学の割合はやや大きくなっている点に注意が必要である。

　図16からは，日本学術振興会研究費と科学研究費交付金の分野別割合には大きな違いがあることがわかる。第1に，日本学術振興会研究費では，工学の割合が非常に大きく，1943年度および44年度には70%近くに達している。一方で，農学の割合は5%前後と非常に少なく，各分野間の偏りが大きい。これに対して，科学研究費交付金では，割合が最も多い工学でも27〜39%，割合が最も少ない農学でも14〜19%と，各分野に万遍なく研究費が配分されている。第2に，日本学術振興会研究費と科学研究費交付金には，各年度による分野別割合の変化にも大きな違いがある。日本学術振興会研究費では，年度による分野別割合の変化が大きく，工学は1937〜43年まで25ポイント以上増加し，理学は1937〜43年度まで20ポイント近く減少している。これに対して，科学研究費交付金では各分野の増減が相対的に小さい。1942〜48年度にかけて，科学研究費交付金においても工学の割合が増加し，理学などの割合が減少

しているが，増減はそれぞれ 10 ポイント程度に収まっている。日本学術振興会研究費が，戦時期に急激に工学への配分を拡大したことと比較すると，科学研究費交付金が，1939 年の創設以来，戦時期および戦後期を通じて一貫して，理学・工学・農学・医学の各分野に対し万遍のない配分を続けたことは一層明らかである。

ま　と　め

1933 年に創設された日本学術振興会研究費は，工学分野を重視しており，分野ごとの研究費配分に偏りがあった。研究費配分の変化も激しく，戦時色の強まる 1930 年代末〜40 年代半ばには，産業的・軍事的要請に基づく特別委員会や工学への配分が大きく増加した。配分の変化を促したのは，産業界からの用途指定寄付金や，軍部・官庁からの委託研究費の拡大だった。

これに対して，1939 年に創設された科学研究費交付金は，自然科学の各分野に万遍なく研究費を配分するものだった。こうした研究費配分のあり方は，1943 年の科学の戦力化を求める閣議決定や，1945 年の終戦による戦時体制の解体を経ても基本的に変化しなかった。戦争末期から終戦直後にかけて，科学研究費交付金の分野別割合も多少は変化したが，日本学術振興会研究費と比べると，変化はずっと少なかった。また，産業的・軍事的要請をもとに特定の研究分野を別枠で助成するという仕組みも，科学研究費交付金の制度全体の中では例外的な存在に留まった。

1939 年の科学研究費交付金の創設によって誕生した自然科学の幅広い分野を振興する体制は，戦局の悪化する中でも継続し，戦後，人文科学への研究費配分の増大という形で，人文科学分野にも拡大した。各分野に万遍なく研究費を配分する体制が，戦争末期まで続いた直接の原因は，配分を研究者に委ねていたことである。研究費配分に携わった研究者は，それぞれの研究分野の代表として選出されていたので，各自の研究分野に不利な形で配分を大きく変えることは難しかった。また，文部省は，応用研究を重視する日本学術振興会研究費と，基礎的研究を重視する科学研究費交付金を，相互補完的なものだと捉え，戦争末期になっても幅広い分野へ配分することを容認し続けた。応用研究を重

視し特定分野の研究に注力する日本学術振興会研究費の存在自体が，科学研究費交付金が万遍のない配分を維持することを促したといえるだろう。

注
(1) 廣重徹『科学の社会史（上）』岩波書店，2002年，161-169頁。
(2) 青木洋「学術研究会議と共同研究の歴史―戦前から戦中へ―」『科学技術史』第9号，2006年。
(3) 1939〜42年度の科学研究費交付金においては，理学・工学・農学・医学の4分野に研究費が配分された（詳細は本章第2節）。人文科学については，1943年度から研究費の配分が始まった（学術体制研究会編『学術研究の背景』日本学術振興会，1953年，201頁）。
(4) 1948年7月10日公布の日本学術会議法では，第1部（文学・哲学・史学），第2部（法律学・政治学），第3部（経済学・商学），第4部（理学），第5部（工学），第6部（農学），第7部（医学・歯学・薬学）の7部制で，第1〜3部を人文科学部門，第4〜7部を自然科学部門と規定していた。その後，2004年4月14日の法律改正により，7部制から，第1部（人文科学を中心とする科学），第2部（生命科学を中心とする科学），第3部（理学及び工学を中心とする科学）の3部制に変更された。
(5) 科学技術政策史研究会編集，科学技術庁科学技術政策研究所監修『日本の科学技術政策史』社団法人未踏科学技術協会，1990年，34-36頁。
(6) 日本学術振興会学術部『昭和17年度 事業報告』1943年，37・165-178頁，巻末付録「日本学術振興会組織図」。
(7) 1933〜42年度の個人援助補助は，同上，175-178頁参照。1933〜42年度の特別及小委員会経費は，同上，165-172頁参照。1943年度の個人援助補助と特別及小委員会経費は，「昭和18年度後期研究費明細票」『内田祥三関係資料』東京大学文書館所蔵，参照コードF0004/D/20/01/031による（以下「内田資料F0004/D/20/01/031」のように略記する）。1944年度の個人援助補助と特別及小委員会経費は，「昭和19年度前期研究費明細表」「日本学術振興会 昭和一九年 其一」内田資料F0004/D/20/01/003所収。
(8) 東京大学大学史史料室編『内田祥三史料目録』東京大学大学史史料室，2008年，2-5頁。
(9) 研究分野の所管は，前掲注6)『昭和17年度 事業報告』巻末付録「日本学術振興会組織図」による。第2常置委員会以降も同様。
(10) 表16では，実際の支出額ではなく予算額を掲載した。1935年度における個人援助補助の特別委員会他の金額（2つ以上の常設委員会で共同審査される個人援助補助）は，資料の元データに誤りがあるため修正した（正しい金額については，日本学術振興会学術部『昭和16年度 事業報告』1942年，191頁を参照した）。1939〜42年度に

おける特別及小委員会経費の合計額は，資料の元データに誤りがあるため修正した。また，それぞれの小委員会が，どの常置委員会に属するかは，1933〜42年度の日本学術振興会学術部『事業報告』の巻末付録「日本学術振興会組織図」を参照した。1943年度以降に新設された小委員会については，どの常置委員会に属するかを資料からは特定できなかったため，小委員会の研究内容をもとに推定した（各小委員会の研究内容は，前掲注7)「昭和18年度後期研究費明細票」および「昭和19年度前期研究費明細表」）。

(11)　前掲注6)『昭和17年度 事業報告』165-167頁。

(12)　日本学術振興会『昭和13年度 事業報告』1940年，1頁。

(13)　数値は，各年度の日本学術振興会『事業報告』の収支報告をもとに算出した。

(14)　学術体制研究会前掲注3)書，193-197頁。

(15)　同上。

(16)　1939年度の研究費は，文部省専門学務局「昭和十五年度科学研究費調査事項」「学術研究会議 昭和十五年」内田資料 F0004/D/20/02/042 所収による。1940年度の研究費は，文部省専門学務局「昭和十六年度科学研究費調査事項」「学術研究会議 昭和十六年」内田資料 F0004/D/20/02/043 所収による。1941年度の研究費は，文部省専門学務局「昭和十七年度科学研究費調査事項」「学術研究会議 昭和十七年 其一」内田資料 F0004/D/20/02/044 所収による。1942年度および43年度の研究費は，文部省専門学務局「昭和十八年度科学研究費調査事項」「学術研究会議 昭和十八年」内田資料 F0004/D/20/02/046 所収による。ただし，1943年度は，1943年2月時点の積算段階の数値である。積算によれば，研究費の総額は1169万8847円。この内，研究所に配分された91万2330円については，資料に理学・工学・農学・医学といった分野が記載されていないため，研究所に配分された金額を除く1078万6517円の分野別内訳を，表17では用いた。1943年度の実際の研究費は，年度当初，自然科学550万円，人文科学20万円の計570万円，8月の閣議決定後に，別途，緊急科学研究費として700万円で，合計1270万円だった（「第八十四回帝国議会予想質問事項並答弁資料」『犬丸秀雄関係文書』国立国会図書館憲政資料室所蔵，資料番号35―枝番号5。以下では，「犬丸文書35-5」のように略記する）。研究者数は，「第七十六回帝国議会説明材料」犬丸文書34による。

(17)　「昭和十八年度科学研究費（自然科学）ニ関スル調査方針」前掲注16)「学術研究会議 昭和十八年」所収。

(18)　「第八十一回帝国議会予想質問事項並答弁資料」犬丸文書35-9。

(19)　学術研究会議「時局下ノ科学研究ニ関スル意見ノ総括」前掲注16)「学術研究会議 昭和十六年」所収。

(20)　「科学の全研究機関を戦力増強に集約 科学研究緊急整備方策決る」『東京朝日新聞』1943年8月21日朝刊，1頁。

(21)　前掲注 16)「第八十四回帝国議会予想質問事項並答弁資料」。

(22)　電気試験所『電気試験所最近の十年史』電気試験所，1952 年，巻頭口絵。

(23)　「昭和 19 年度学術研究会議個人研究一覧 昭和 19 年 10 月 1 日 技術院」JACAR（アジア歴史資料センター）Ref. C12121851000。

(24)　「昭和 19 年度学術研究会議研究班及研究費一覧 昭和 19 年 10 月 1 日 技術院」JACAR Ref. C12121851100。班研究の合計額については，資料の元データに誤りがあるため，表 18 には修正後の値を記載した。

(25)　1945 年度における研究班の研究分野別一覧表は，1945 年 3 月 24 日の自然科学研究動員委員会幹事会資料にある（「学術研究会議 研究動員委員会」内田資料 F0004/D/20/02/049）。

(26)　1945 年 3 月 5 日開催「自然科学，人文科学研究動員委員会連合会議」議事録メモ（同上「学術研究会議 研究動員委員会」所収）。

(27)　「学術研究会議官制 勅令第十六号 昭和二十年一月十六日改正公布」同上「学術研究会議 研究動員委員会」所収。

(28)　「特別委員会一覧表（昭和二十年四月現在)」同上「学術研究会議 研究動員委員会」所収。

(29)　前掲注 27)「学術研究会議官制 勅令第十六号 昭和二十年一月十六日改正公布」。

(30)　青木洋「学術研究会議の共同研究活動と科学動員の終局―戦中から戦後へ―」『科学技術史』第 10 号，2007 年の集計によれば，7 支部合計で，個人研究 1174 課題に対し約 379 万円が配分された。

(31)　「[1945 年 4 月 30 日開催] 学術研究会議関東支部幹事会議事要録」「学術研究会議関東支部」内田資料 F0004/D/20/02/048 所収。

(32)　1945 年 3 月 24 日開催「自然科学研究動員委員会幹事会」資料（前掲注 25)「学術研究会議 研究動員委員会」所収)。

(33)　研究分野は，「学術研究会議規程 文部省令第一号 昭和二十年一月十六日制定公布」前掲注 25)「学術研究会議 研究動員委員会」所収による。第 2 部以降も同様。

(34)　1945 年 3 月 12 日開催「自然科学研究動員委員会幹事会」議事録メモ（前掲注 25)「学術研究会議　研究動員委員会」所収)。

(35)　「学術研究会議役員名簿（手続中）昭和二十年二月現在」前掲注 31)「学術研究会議関東支部」所収。

(36)　青木洋「第二次世界大戦中の科学動員と学術研究会議の研究班」『社会経済史学』第 72 巻第 3 号，2006 年，74 頁。

(37)　「科学振興調査会答申」犬丸文書 8。

(38)　「第二十七回総会記事」前掲注 16)「学術研究会議 昭和十六年」所収。

(39)　「昭和十六年六月十七日評議会記事要旨」「評議会 昭和十六年 其一」内田資料 F0004/A/03/06 所収。

(40)　「昭和十七年度専門学務局科学課予算案要」犬丸文書 30-15。

(41)　「時局下ノ科学研究ニ関スル意見ノ総括」前掲注 16)「学術研究会議 昭和十八年」所収。

(42)　同上。

(43)　駒込武・川村肇・奈須恵子編『戦時下学問の統制と動員―日本諸学振興委員会の研究―』東京大学出版会，2011 年。

(44)　前掲注 18)「第八十一回帝国議会予想質問事項並答弁資料」。

(45)　「第八十一回帝国議会衆議院請願委員会議議事録」国立国会図書館帝国議会会議録検索システムにより閲覧。

(46)　文部省科学局では 1943 年 2 月に「人文科学研究者専門調査ニ関スル件」との通牒を出し，全国の大学などの研究者の研究題目などの調査を行ったことが，先行研究によりわかっている（駒込・川村・奈須前掲注 43) 書，234 頁）。調査結果は，科学研究費交付金の配分を行う際の基礎データになったと考えられる。

(47)　「学術研究会議事務機構ニ関スル件ヲ定ム」JACAR Ref. A14101088400，5 画像目。

(48)　「学術研究会議官制〇高等官官等俸給令中ヲ改正ス」JACAR Ref. A14101089000。

(49)　「御署名原本・昭和二十年・勅令第一六号・学術研究会議官制中改正ノ件」JACAR Ref. A04017712400。

(50)　「学術研究会議規程」「学術研究会議会則」前掲注 16)「学術研究会議 昭和十八年」所収。

(51)　「学界消息」『人文』（文部省人文科学委員会編集）第 1 巻第 1 号，1947 年，144 頁においても，「人文科学については昭和十九年に始めて二十万円が計上され［た］」と記されている。

(52)　本村昌文「村岡典嗣と人文科学研究費」『東北大学史料館紀要』第 8 号，2013 年，54-64 頁。

(53)　日本学術振興会科学技術制度史編集委員会編『科学技術制度史 第 1 分冊 科学研究費』日本学術振興会，1960 年，8 頁。

(54)　同上，2-3 頁。

(55)　同上，81-84 頁。

(56)　研究分野は，同上，81 頁による。第 2 部以降も同様。

(57)　1946 年度については，第 2 部に研究班が 15 あり，これを研究班の代表者の所属および研究分野をもとに理学 7，工学 5，農学 2，医学 1 と分類し，第 2 部の研究費 180 万円を班数に比例する形で各分野に割り振った。1947 年度については，第 2 部に研究班が 16 あり，これを理学 6，工学 6，農学 3，医学 1 と分類し，第 2 部の研究費 344 万円を班数に比例する形で各分野に割り振った。1948 年度については，第 2 部に研究班が 19 あり，これを理学 6，工学 9，農学 3，医学 1 と分類し，第 2 部の研究費 1701.1 万円を班数に比例する形で各分野に割り振った。各年度の研究班についての情

報は，青木前掲注 30) 論文による。

(58)　1947 年度には，人文科学の特別委員会に 149 万円，自然科学の特別委員会に 640 万円，研究成果刊行費・保留金などに 193 万円が配分された（人文科学の特別委員会への配分額は，日本学術振興会科学技術制度史編集委員会前掲注 53) 書，83 頁による。自然科学の特別委員会，研究成果刊行費・保留金などの配分額は，「本年度学研予算配分決る　真空技術など五特別委員会新設」『科学文化新聞』1947 年 6 月 10 日，1 頁による）。1946 年度および 48 年度における自然科学の特別委員会への配分額は不明。

(59)　日本学術振興会科学技術制度史編集委員会前掲注 53) 書，4-5 頁。なお，1949 年度には，理学および工学といった複数の研究領域にまたがる共同研究を「総合研究」と呼び，単一の研究領域における共同研究を別途「班研究」と称していたが，1950 年度以降，両者を合わせて「総合研究」と呼ぶようになった。本章では，1949 年度の研究費についても，1950 年度以降の呼称で示す。

(60)　同上，9 頁。

(61)　同上，86-87・96-97 頁。1951 年度の総合研究の合計額と 1952 年度の各個研究の合計額については，資料の元データに誤りがあったため，修正後の値を記載した。

(62)　宮山平八郎「科学研究費の配分公式」『学術月報』第 7 巻第 3 号，1954 年，137-144 頁。

(63)　本章で扱わなかった科学研究費交付金の機関研究においても，1956 年度に「原子力」，1958 年度に「物性」「エレクトロニクス」「生化学」が別枠で開始された（日本学術振興会科学技術制度史編集委員会前掲注 53) 書，4 頁）。こうした別枠の研究の増加については，今後さらに検討する必要があると思われる。

終章　本書の結論

　本書では，第 I 部「戦時期の科学技術動員体制」において，陸軍が外部の研究機関とどのように関わり，取り込もうとしてきたのかを，航空技術分野を中心に論じた。第 1 章「航空分野の戦時動員」では，科学技術動員のあり方に大きなインパクトをもたらした陸軍の要求に注目して，軍が研究機関をどのように活用しようとしたのかを明らかにした。1930 年代後半，陸軍が航空研究機関に求めたのは，工業化に役立つ応用研究であった。こうした陸軍の要求は，学術研究が主体であった東京帝国大学航空研究所への批判的認識にもとづいていた。陸軍の要求は，東京帝国大学航空研究所への陸軍による委託研究の発端となるなど，航空研究機関における応用研究の伸展に影響を与えることとなった。

　第 2 章「対日技術封鎖下の基礎研究シフト」では，陸軍の要求を変化させた対日技術封鎖の実状とそのインパクトを明らかにした。1938 年 6 月にアメリカ国務省が，アメリカ国内の航空機製造会社・輸出業者に対して，自発的な対日輸出の中止を求めると，法律的な裏付けがないにもかかわらず，日本への武器輸出は急激に減少した。プロペラや旅客機などの技術をアメリカに依存していた日本側では，武器入手のため懸命の努力が行われたが，1939 年 6 月以降，航空機材の対日輸出はほぼ途絶することとなった。技術封鎖を受けて，陸軍の要求は新たな展開をみせ，「独創的技術発達ノ温床ヲ培養」するという方針のもとで，すぐには実用化できない新技術の開発が奨励され，新技術を生み出す研究環境の整備を提言するようになった。

　第 3 章「技術院設立と科学技術振興」では，技術院での研究課題や研究機関の整備方針は，陸軍の新しい要求に基づくものだったことを示した。陸海軍は，情報封鎖下における軍の負担を軽減するため，「比較的基礎的ト見ラルヽ科学技術」を技術院で実施することを期待した。具体的には，将来の航空機の高速化や高高度化に関わってドイツなどで進められている研究課題を国内において実施することであった。また，技術院の下で計画された航空研究機関の新設は，

陸軍が1930年代半ばから繰り返し要求してきた大規模な官立航空研究所の設立と航空研究の指導統制機関設立という陸軍構想を形を変えて実現しようとするものだった。

先行研究は、日本における科学技術動員の特徴として、動員と科学技術振興の二重の構造があったことを指摘している。これに対して、本書では、応用研究推進のみを強く求めた時期があったこと、技術封鎖・情報封鎖が戦略変容の直接の原因となったことを明らかにした。日本の特徴は、アジア・太平洋戦争開戦以前の時期に応用研究が推進され、戦争中において、応用研究に加えて、すぐには実用化できない新技術の開発が奨励されたことである。行政組織としては、「比較的基礎的ト見ラルヽ科学技術」を担当する行政機関が誕生し、研究環境の整備も進められたことである。第二次世界大戦期の欧米諸国の科学者たちが、戦争前までに行っていた科学研究を一時中止し、応用研究・開発研究に取り組んだのとは対照的である。もちろん、日本においても、戦時中には、「基礎的ト見ラルヽ科学技術」だけが奨励されたわけではなく、第二次世界大戦以前の時期と同様に、応用研究・開発研究が推進された。実際、航空機製造会社や陸海軍の研究所は言うに及ばず、東京帝国大学航空研究所でも研究機の試作が続けられた。

戦時期における日本の研究開発施策の特徴は、技術院の下で実際に行われた研究の性格にも表れている。技術院の指導の下で行われた研究は、航空機開発を基本的な前提とするもので、知的好奇心に基づいた学術研究ではもちろんなかった。一方で、日本の航空機製造工業の開発現場からの要請に基づく研究でもなかった。当時の日本では、開発現場と研究機関との連繋が乏しく、開発現場から要請による「目的基礎研究」のような研究が行われることもなかったのである。こうした状況の中、ドイツから持ち込まれた成層圏医学などの研究課題が、技術院の指導の下で、実際に国内の研究機関で小規模分散的に行われた。国内の航空機製造と独立に、海外から持ち込まれた研究が行われた点に、日本の特徴があるといえるだろう。

続く第Ⅱ部「研究助成の制度化と戦後への連続」においては、研究基盤の整備が不十分であった日本では、戦時動員体制の下で、一般的な科学技術振興策が実施されたことを取り上げた。第1章「科学技術動員と軍産学の連携」では、

研究開発をめぐって，（1）軍産学連携の推進，（2）幅広い科学研究の振興，（3）プロジェクト型の研究開発，（4）一般国民からの発明募集という4つの方向性を持つ施策が行われたことを示した。日本の科学技術動員の中心的課題となったのは，（1）軍産学連携の推進，（2）幅広い科学研究の振興であった。欧米諸国と比較して，科学研究と産業技術の結びつきが希薄な中で，まず（1）軍産学連携の推進が進められ，その後，研究環境の貧弱さが応用研究を実施する上での障害になっているとの見方が広がり，（2）幅広い科学研究の振興を進めようとする動きが加速した。（3）プロジェクト型の研究開発は，優先的課題と見なされず，欧米諸国のような規模では行われなかった。また，（4）一般国民からの発明募集も国策として実施されたが，うまく機能しなかった。

第2章「科学研究費交付金の創設」では，現在の研究助成制度の源流にあたる科学研究費交付金に注目し，戦時下において基礎的研究を重視する助成制度が創設されるに至った社会的背景を明らかにした。文部省が科学振興施策を積極化するきっかけとなったのは，日中戦争下で要求された応用研究を実施する中で提起された，研究体制の貧弱さが応用研究を進める上での障害となっているという科学界からの進言だった。さらに，科学振興調査会の議論の過程では，今後の科学封鎖への危惧が，具体化しつつあった科学振興策の実施を後押しする役割を果たした。日中戦争下で基礎的分野に焦点を置く研究助成制度が創設されたことは，基礎的な研究環境の整備を重視せざるを得なかった日本の科学技術動員の特徴をよく表しているといえるだろう。

補論「文部省の科学論文題目速報事業と翻訳事業」では，戦時中に行われた科学振興施策の事例として，第二次世界大戦期における文部省の科学論文題目速報事業および翻訳事業を取り上げた。科学論文題目速報事業は，1942年4月，海外学術情報の途絶を危惧した研究者の訴えを受けて立案された。事業は，研究者の求めに応じて，主にドイツにおける最新の学術論文を国内に速報することで，国内の科学研究全般を振興しようとするものだった。翻訳事業は，大学などでの科学教育や科学研究の促進，一般の科学力の向上を目的に自然科学分野の海外書籍を翻訳しようとするもので，1943年7月，大学などの修業年限短縮により，教育および研究面で困難に直面した大学教員からの要請を受けて立案された。両事業の推移からは，研究者の要望に沿いながら，文部省が，

1943 年の閣議決定以降も，科学の戦力化からは程遠い施策を拡充していったことがわかる。

第 3 章「研究費の分野別割合にみる戦時と戦後の連続性」では，日本学術振興会研究費と科学研究費交付金の分野別割合の分析を通して，幅広い研究分野を振興する体制が，戦時から戦後へと受け継がれたことを示した。1933 年に創設された日本学術振興会研究費は工学分野の応用研究を重視しており，産業界からの用途指定寄付金や軍部・官庁からの委託研究費の拡大により工学への配分が増加するなど，研究費配分の変化も激しかった。これに対して，1939 年に創設された科学研究費交付金は，自然科学の各分野に万遍なく研究費を配分するものだった。科学研究費交付金の創設によって誕生した自然科学の幅広い分野を振興する体制は戦局の悪化する中でも継続し，戦後，人文科学への研究費配分の増大という形で人文科学分野にも拡大していった。

航空分野の科学技術動員において応用研究の進展の後に基礎シフトがあったように，研究助成の制度化についても，まず応用研究向けの研究助成を導入した後に，基礎研究を重視する制度が始まったことがわかる。同じような現象は，戦中戦後のアメリカでも見受けられる。原爆・コンピュータ・レーダーなどに代表される戦時中の科学技術動員の成功を受けて，戦後のアメリカでは，大規模な基礎研究の振興が行われたのである。戦時動員を主導した科学研究開発局（OSRD）長官のヴァネヴァー・ブッシュが大統領宛に提出した報告書「科学—その果てしなきフロンティア」（*Science, the Endless Frontier*）は，基礎研究が技術開発の源になることを訴えて基礎研究への助成を求めた。冷戦期アメリカの科学技術政策は，ブッシュの報告書に基づいて実施され，基礎科学への莫大な資金提供がなされたのは周知の通りである。

ブッシュの報告書の根幹にある「基礎研究によってイノベーションが生まれる」という考え方は，イノベーション論の分野では「リニアモデル」と呼ばれ，戦後の各国の科学技術政策にも影響を与えたとされる。科学研究費交付金の創設は，「リニアモデル」の考え方が戦時期の日本においても既に共有され，政策に反映されるほどに受容されていたことを示している。アメリカにおいても第二次世界大戦以前には，国家による基礎科学への支援が少なかったことを考えると，日本の基礎科学への助成は，まとまった規模で実施された国際的にも

早い段階の事例だったといえるだろう。

　日本の科学技術動員を推し進める主要な主体となったのは，内部に十分な技術者を持たない陸軍であった。陸軍は，海軍に比べて技術開発を軽視してきたため，結果的に外部の科学者・技術者を取り込むことに熱心だった。研究機関に対して応用研究の実施を繰り返し要求し，航空研究機関や日本学術振興会への委託研究を通じて，陸軍の研究開発に資する応用研究の進展をもたらした。一方，技術官僚や科学者は，軍の求める科学技術動員に協力することで発言力を高め，技術院の設立や科学研究交付金の創設など，自分たちの求める施策を実現していった。

　日本の科学技術動員のあり方に大きなインパクトを与えたのは，対日技術封鎖だった。アメリカによる対日技術封鎖は，応用研究を求める陸軍の要求を変化させ，日本の科学技術動員の重要な特徴である戦時中の基礎研究シフトをもたらした。1938 年以降に技術封鎖・情報封鎖が本格化すると，応用研究のみを推進するという戦略はそのままでは通用しなくなった。1930 年代，後発工業国だった日本は，表面上，一部の航空機の生産では世界に並ぶものを作ることができるようになった。しかし，製品開発を支える，広い意味での研究開発は貧弱で，海外からの情報が入らなくなる中で，国内での研究環境の整備を重視せざるを得なかったのである。また，対日封鎖への危惧は，研究助成の分野においても，具体化しつつあった基礎研究支援策の重要性を裏付ける役割を果たした。

　1939 年に創設された科学研究費交付金は，自然科学の各分野に万遍なく研究費を配分するという画期的なものだった。こうした研究費配分のあり方は，1943 年の科学の戦力化を求める閣議決定や，1945 年の終戦による戦時体制の解体を経ても変化せず，助成対象を人文科学分野に拡大し，戦後社会に定着していくこととなった。

初 出 一 覧

序　章　新　稿

第 I 部　戦時期の科学技術動員体制

第 1 章　航空分野の戦時動員

　「アジア太平洋戦争期における旧陸軍の航空研究機関への期待」『科学史研究』43, 2004 年,「戦前戦中期における軍と大学—東京帝国大学航空研究所と航空学科の事例—」高田馨里編『航空の 20 世紀』日本経済評論社, 2020 年

第 2 章　対日技術封鎖下の基礎研究シフト

　新稿（「『独創的技術発達ノ温床』を要求」博士論文, 2004 年をもとに大幅に拡充）

第 3 章　技術院設立と科学技術振興

　「陸軍における「航空研究所」設立構想と技術院の航空重点化」『科学史研究』42, 2003 年

第 II 部　研究助成の制度化と戦後への連続

第 1 章　科学技術動員と軍産学の連携

　「展望 日本の戦時科学技術体制」『科学史研究』52, 2013 年,「昭和戦前・戦中期における研究開発をめぐる諸施策—星一発議の発明募集事業を中心に—」『科学史研究』55, 2016 年

第 2 章　科学研究費交付金の創設

　「日中戦争下における基礎研究シフト—科学研究費交付金の創設—」『科学史研究』51, 2012 年

補　論　文部省の科学論文題目速報事業と翻訳事業

　「第二次世界大戦期における文部省の科学論文題目速報事業および翻訳事業

—犬丸秀雄関係文書を基に—」『科学史研究』52，2013 年
第 3 章　研究費の分野別割合にみる戦時と戦後の連続性
　「日本学術振興会研究費と科学研究費交付金の分野別割合にみる戦時と戦後
　の連続性」『科学史研究』53，2015 年，「研究助成の制度化と戦後への連続
　—科学研究費交付金の人文科学への拡大を中心に—」『日本史研究』743 号，
　2024 年

終　章　新　稿

あとがき

　本書のテーマである戦時期日本の科学技術動員について研究を始めたのは，四半世紀前の博士課程在学中のことです。2004 年に東京工業大学大学院に提出した博士論文「太平洋戦争初期における旧日本陸軍の航空研究戦略の変容」では，主に防衛省防衛研究所所蔵の資料を用いて，陸軍の航空研究機関への期待や要求が，対日技術封鎖をきっかけに変化したことを明らかにしました。博士論文の内容は，本書第Ⅰ部（主に第 1 章と第 3 章）に示されています。博士論文をまとめる中で，政策変更のきっかけの一つとなった対日技術封鎖について，資料や研究がほとんどないことがわかってきました。博士論文を審査していただいた先生方からは，対日技術封鎖についてもう少し手厚く記述するようにコメントをいただいたと記憶しています。残念ながら博士論文では，入手できた資料や時間の制約もあり，このコメントに十分に応えることはできませんでした。博士課程修了時には，博士論文を提出したという達成感とともに，宿題を与えられたという感覚が残りました。この気持ちが，本書の残りの部分（第Ⅰ部第 2 章および第Ⅱ部）の研究を進めるモチベーションになったのは間違いありません。博士論文の指導および審査をしていただいた山崎正勝名誉教授（主査），木本忠昭名誉教授，渡辺千仭名誉教授，薬谷敏晴名誉教授，故梶雅範教授，中島秀人名誉教授，橋本毅彦東京大学名誉教授，河村豊東京工業高等専門学校名誉教授に，改めて謝意を表します。

　技術封鎖や科学封鎖は，技術や学術情報が入手できなくなるという現象なので，海外から新技術が導入されたり，新しい研究内容が伝わってきたりしたことと比べると，資料が残りづらい傾向にあります。また，戦前戦中期の日本では，アメリカやイギリスなどの技術や情報に依存していることを，一般の場で訴えることは，難しかったと思われます。さらに，戦時中に外国での学術情報を入手することは，諜報活動という側面を持つため，公的な記録が残りにくいという問題もあります。こうした点に悩まされながらも，2007 年に公開され

た「犬丸秀雄関係文書」などを分析することで，少しずつ対日封鎖についての具体的状況がつかめてきました。

　対日封鎖に関する内容を含む本書第Ⅰ部第2章および第Ⅱ部の研究をまとめたのは，2010年に国立公文書館アジア歴史資料センターに調査員として着任して以降のことです。アジア歴史資料センターでは，大学院で所属していた科学社会学・科学技術史のコミュニティーとは異なる，幅広い分野の大学院生やポスドク，公務に携わる方々と日常的に接する機会に恵まれました。日本近現代史・軍事史・政治史・外交史・日本と各国との交流史や外交実務に精通した方々から，研究を深める上での貴重な示唆を得て，研究の幅を広げることができました。波多野澄雄センター長をはじめとする職場の皆様に，心よりお礼申し上げます。

　吉川弘文館編集部の若山嘉秀氏・大熊啓太氏には，本書の企画から出版に至るまで，多大なご支援をいただきました。若山氏から本書の企画のお話をいただき，これまでの研究を一冊の本にまとめるという構想が具体化する中で気持ちが高ぶったことを覚えています。それなのに，コロナ禍で図書館や資料館の臨時休業もあって資料調査が捗らないことなどを言い訳に，数年が過ぎてしまいました。その間も，折りをみて連絡をいただき，執筆途中の内容に暖かいコメントをいただき，なんとか原稿を仕上げることができました。また，大熊氏には，入稿後の原稿の編集や校正などをご担当いただき，重複部分や表記揺れなどの細かい部分まで丁寧に見ていただきました。

　もちろん，本書の内容はすべて，著者個人の責任によるものであり，所属組織などを代表するものではないことを念のためお断りしておきます。

　原稿をまとめるのに手間取っている間に，ロシアのウクライナ侵攻やイスラエルのガザ攻撃が起こり，現実の社会的課題として「戦争」について考えざるを得ない状況にあります。民生技術と軍事技術を連携させながら発展させようとする施策も世界的に広がっています。今年，第二次世界大戦中の原爆開発を描いた映画「オッペンハイマー」がアカデミー賞を受賞したのも，こうした社会状況と無縁ではないでしょう。また科学技術政策においては，イノベーション重視の傾向が強まる一方で，国際的に見た日本の研究力の低下傾向が鮮明となるなど，基礎研究を含めた科学研究全般をどのように支えていくのかという

問題も喫緊の課題となっています。本書が，そうした現在の重要な諸問題を議論する上で，少しでも役立つものとなれば幸いです。

　最後に，この四半世紀をともに歩んできた妻，妻の両親および実家の両親に心から感謝の意を表したいです。いつも本当にありがとう。

　本書の刊行にあたっては，独立行政法人日本学術振興会 2024 年度科学研究費助成事業（科学研究費補助金）研究成果公開促進費（採択課題番号：24HP5081）の交付を受けました。

　　2024 年 9 月

水　沢　　光

索　　引

Ⅰ　人　　名

II　事　項

著者略歴

1974年　東京都に生まれる
1998年　東京大学教養学部基礎科学科卒業
2004年　東京工業大学大学院社会理工学研究科博士課程修了
現　在　国立公文書館アジア歴史資料センター研究員, 博士 (学術)

〔主要著書〕
『軍用機の誕生』吉川弘文館, 2017 年

日本の戦時科学技術動員体制
―軍産学連携と研究助成の制度化―

2024年(令和6)11月20日　第 1 刷発行	

著　者　水_{みず}　沢_{さわ}　　光_{ひかり}

発行者　吉　川　道　郎

発行所　株式会社　吉川弘文館
〒113-0033 東京都文京区本郷 7 丁目 2 番 8 号
電話 03-3813-9151 〈代〉
振替口座 00100-5-244
https://www.yoshikawa-k.co.jp/

印刷＝株式会社 理想社
製本＝株式会社 ブックアート

水沢　光著

軍用機の誕生

日本軍の航空戦略と技術開発

（歴史文化ライブラリー）

四六判・208頁／1700円

第一次世界大戦を経て、兵器としての飛行機が重視され始めるなか、日本陸海軍も独自の戦略的期待や用兵思想に基づき軍官民を挙げて研究開発を進めていく。陸海軍それぞれの航空戦略の違い、国産技術の確立や研究機関の整備などを明らかにするとともに、科学者と技術者を総動員し、世界的レベルの名機を生み出した科学技術体制の実態を描き出す。

吉川弘文館
（価格は税別）